"十四五"职业教育国家规划教材

 工业和信息化部"十四五"规划教材

 浙江省普通高校"十三五"新形态教材

高等职业院校"互联网+"系列精品教材

省级在线开放
课程配套教材

Web 前端开发项目化教程
（第 3 版）

主编　胡平　林雪华　李知菲

副主编　刘潇禹　余维海

主审　邱晓华

電子工業出版社

Publishing House of Electronics Industry

北京·BEIJING

内 容 简 介

本书使用 HTML5+CSS3 技术，采用校企合作、校校合作方式编写，注重培养学生的 Web 前端开发能力。全书分为 8 个项目。项目 1～项目 5 是职业养成性项目，案例中既有 HTML+CSS 的基础技能，更着重介绍 HTML5 的新标签、CSS3 的新属性，包括浮动、定位、文本、背景、边框、表单、多列布局、动画、音频、视频等内容。这 5 个项目包含 Web 前端的必要技能，也是必修内容，满足大多数院校的课程教学需要。在内容设计上，将知识点融入项目开发的各个子任务中，让学生边学、边操作、边提高，其中项目 5 是采用响应式布局的仿做项目。Web 前端开发是教育部首批"1+X"职业技能等级证书项目之一，为使学生在提高操作技能的同时掌握必要的理论知识，本书附有职业技能客观测试题目。项目 6～项目 8 是选修或拓展内容，供教师和学生按需选择，也可作为本课程的实训项目。其中项目 6 是实战项目，由真实项目的开发者带着读者一起开发一个企业官网；项目 7 是提升项目，是一个移动端推广项目；项目 8 是拓展性游戏开发项目，使用 canvas 技术制作飞机大战游戏。本书构建 Web 前端应用的多种场景，具有较高的职业适应性，教师可根据实际情况选择相匹配的项目安排教学。

本书为高等职业本专科院校计算机类、电子信息类、通信类等专业的教材，也可作为开放大学、成人教育、自学考试、中职学校、培训班的教材，以及网站技术人员的参考用书。

图书在版编目（CIP）数据

Web 前端开发项目化教程 / 胡平，林雪华，李知菲主编. —3 版. —北京：电子工业出版社，2023.8
高等职业院校"互联网+"系列精品教材
ISBN 978-7-121-44800-3

Ⅰ. ①W… Ⅱ. ①胡… ②林… ③李… Ⅲ. ①网页制作工具－高等职业教育－教材 Ⅳ. ①TP393.092.2

中国版本图书馆 CIP 数据核字（2022）第 250497 号

责任编辑：陈健德（E-mail:chenjd@phei.com.cn）
印　　刷：天津画中画印刷有限公司
装　　订：天津画中画印刷有限公司
出版发行：电子工业出版社
　　　　　北京市海淀区万寿路 173 信箱　邮编 100036
开　　本：787×1 092　1/16　印张：17.75　字数：454.4 千字
版　　次：2015 年 9 月第 1 版
　　　　　2023 年 8 月第 3 版
印　　次：2024 年 1 月第 3 次印刷
定　　价：69.00 元

前　言

当今社会已进入万物互联的时代，电脑、移动终端与人们的生活密不可分，在这些智能终端中呈现给 Web 用户的界面"窗口"就是"Web 前端"。Web 前端的应用广泛、技术发展快，其相应岗位的人员需求量大，因此，培养高素质的 Web 前端开发人才显得尤为紧迫和重要。

本书采用校企合作、校校合作的编写方式，及时融入新技术，基于递进式项目设置内容。教材开发团队由 3 名具有扎实教学功底的一线高校教师和 2 名具有丰富的项目开发经验且深知行业企业规范的企业教师组成。全书以立德树人为根本任务，围绕 Web 前端开发人才培养目标，依据"1+X"证书标准和软件行业职业素养要求，寓思政教育于项目载体中，培养"以德为先、德技兼备、协作开源、止于至善"的 Web 前端开发人才。

本书具有以下特点：

1. 守正创新，构建技术类课程融入素质教育的新路径

（1）通过项目融入思政内容，引发学生的情感共鸣。Web 前端是 Web 用户与网络交互的窗口，可以是网站的网页，也可以是 Web 系统的界面，可以是 App 的界面，还可以是移动端的推广页，比如在微信朋友圈经常看到的邀请函、项目推广宣传、培训报名宣传等等。学生在学习一定的 Web 前端开发技能后，可设计出不同主题的前端页面。从本课程的特点出发，坚持"内容即教育"的教学内容选择原则，将中华传统文化、人文教育、责任担当等融入技术主题，学生在搜集整理素材、开发项目的过程中，润物细无声地接受思政教育，"技术主题"与"思政主题"有机融合，培养学生的爱国情怀和学习积极性。

（2）将职业素养融入课程教学，培养学生的软件行业职业操守。学生在学校学习 Web 前端系列课程后，可从事 Web 前端工程师等职业岗位。软件行业有不少的职业规则，本书从细小、容易被忽视但很重要的职业规则入手，在教学过程中不断培育学生的"识大局、拘小节、懂规矩、强能力"的职业操守。强调代码规范、注释规范、及时保存、定期备份、信息伦理等要求，提升学生的职业规则意识。引入企业的版权保护内容，提高学生的版权意识。通过项目开发，提高团队的协作与沟通能力，着力培养学生精益求精、敢于创新、严谨务实的敬业精神。

2. 通过项目实战，创设 Web 前端的多场景应用

本书精选 8 个项目，在前 5 个项目中介绍 Web 前端开发的必要技能，能够满足大多数院校的课程教学需要（参考学时 56 学时）；在后 3 个项目中介绍专门项目的实战经验和方法，供教师和学生按需选学，也可作为本课程的实训项目。这 8 个教学项目各具特色，由简单到复杂、由体验模仿到实战、由 PC 端到移动端，构建 Web 前端的多场景应用，具有较高的职业适应性，符合企业对 Web 前端开发人才的岗位要求。搭建真实的 Web 前端开发情境，将知识点融入项目案例，帮助学生在项目开发过程中理解知识和应用技术，最大化地激发学生的学习动力，提升实践技能。同时，本书内容充分对接 Web 前端开发"1+X"证书标准，结合证书要求设计开发项目，使学生在提高操作技能的过程中掌握必要的理论知识，还设有职业技能知识点考核题，助力"1+X"证书的考取。

3. 融合立体化教学资源，开展线上线下混合式教学

本书建有丰富的教学资源，除提供电子教学课件、习题答案、项目素材等资源外，还提

供大量的微课视频，方便学生利用移动端辅助学习。在浙江省高等学校在线开放课程共享平台建有与教材内容统一的在线开放课程（开课批次不同时课程网址会有所区别，建议直接在该平台搜索"web 前端开发"就可以找到本课程）。教师可以利用该在线开放课程资源，定时发布主题讨论、电子教学课件、微课视频、阶段性作业、拓展资源，开展测验、考试等，方便教师使用本书开展线上线下混合式教学。现已建成 900 多分钟的微课视频、400 多个"1+X"职业技能考核题、5 套考试卷等资源，实现纸质教材与线上数字化资源的融合。除上述数字化教学资源外，还为教师提供课程教学大纲、授课计划、全部案例源代码等。

　　本书由金华职业技术学院胡平、林雪华和浙江师范大学李知菲任主编，由上海柯瀚网络科技有限公司刘潇禹和北京千峰互联科技有限公司武汉分公司余维海任副主编，由邱晓华教授进行主审。本书由胡平统稿，其中项目 1 由林雪华、胡平编写，项目 2、项目 5、项目 7 由胡平编写，项目 3、项目 4 由李知菲编写，项目 6 由刘潇禹编写，项目 8 由余维海编写。在编写本书的过程中，编者得到了金华职业技术学院王成福教授、王伟斌副教授和吕梦娜同学的大力支持与帮助，在此向他们表示诚挚的谢意。

　　因编者水平有限，加之编写时间仓促，书中难免有疏漏和欠妥之处，恳请广大读者批评指正。

　　为了方便教师教学，本书提供配套的电子教学课件、微课视频及习题答案等，请有需要的教师扫一扫书中的二维码阅览或下载相应的教学资源或登录华信教育资源网（http://www.hxedu.com.cn）免费注册后下载，有问题时请在网站留言或与电子工业出版社联系。

编　者

目　录

项目 1　简单网页设计 ………………… 1

　教学导航 ……………………………… 1

　项目描述 ……………………………… 1

　　1.1　Web 前端开发语言与开发工具 ……… 2

　　　1.1.1　认识 Web 前端开发语言 ……… 2

　　　1.1.2　开发工具 ………………… 2

　　任务 1-1　创建 Web 项目 ………… 5

　　1.2　HTML 和 CSS 基础 …………… 9

　　　1.2.1　HTML 语法结构 …………… 9

　　　1.2.2　HTML 常用标签 ………… 10

　　任务 1-2　制作文字新闻页面 …… 14

　　任务 1-3　制作线上学习生活宝典页面 …… 15

　　　1.2.3　引入 CSS 样式表 ………… 20

　　　1.2.4　CSS 基础选择器 ………… 20

　　　1.2.5　伪类选择器 …………… 22

　　　1.2.6　常用 CSS 样式 ………… 23

　　任务 1-4　制作图文新闻页面 …… 25

　　1.3　CSS3 常用的新增选择器 …… 27

　　任务 1-5　给导航条添加 CSS 样式 …… 28

　　1.4　HTML5 常用的新增标签 …… 31

　　任务 1-6　制作一个常见问题答疑页面 …… 33

　　1.5　盒模型 ………………… 34

　　任务 1-7　制作"五环之歌"页面 …… 35

　职业技能知识点考核 1 …………… 41

　项目拓展 …………………………… 45

　讨论：你有过丢失数据的惨痛经历吗？…… 45

项目 2　文本类网页设计 …………… 46

　教学导航 …………………………… 46

　项目描述 …………………………… 46

　　2.1　文本处理 ………………… 47

　　　2.1.1　文本阴影 …………… 47

　　　2.1.2　溢出文本处理 ……… 48

　　任务 2-1　制作网站新闻列表区 … 49

　　2.2　特殊字体 ………………… 52

　　任务 2-2　制作古诗页面 ………… 53

　职业技能知识点考核 2 …………… 57

　项目拓展 …………………………… 57

　讨论：代码能正确执行，可以不用管编写规
　　范吗？…………………………… 58

项目 3　图像类网页设计 …………… 59

　教学导航 …………………………… 59

　项目描述 …………………………… 59

　　3.1　背景 …………………… 60

　　　3.1.1　背景的定义 …………… 60

　　　3.1.2　背景的原点位置 ……… 61

　　　3.1.3　背景的显示区域 ……… 63

　　　3.1.4　背景图像的大小 ……… 63

　　　3.1.5　背景图像的定位 ……… 65

　　任务 3-1　制作信纸页面 ………… 66

　　3.2　边框 …………………… 71

　　　3.2.1　圆角边框 …………… 71

　　　3.2.2　图像边框 …………… 73

　　　3.2.3　渐变 ………………… 75

　　任务 3-2　制作风景页面 ………… 78

　　3.3　盒阴影 ………………… 83

　　　3.3.1　盒阴影的使用 ……… 83

　　　3.3.2　溢出处理 …………… 84

　　任务 3-3　制作文明公约页面 …… 84

　职业技能知识点考核 3 …………… 88

　项目拓展 …………………………… 90

　讨论：公司开发的项目源代码等资料可以
　　私自备份吗？…………………… 90

项目 4　媒体杂志类网页设计 ……… 91

　教学导航 …………………………… 91

　项目描述 …………………………… 91

　　4.1　简单动画 ………………… 92

　　　4.1.1　元素的变形 …………… 92

　　　4.1.2　元素的旋转 …………… 92

4.1.3　元素的缩放和翻转··············94

4.1.4　元素的移动··············94

4.1.5　同时使用多个变形函数··············95

4.1.6　定义变形原点··············96

4.1.7　过渡效果··············97

任务 4-1　制作滑动的导航条··············99

任务 4-2　制作照片墙页面··············102

4.2　表单··············106

4.2.1　表单输入类型··············107

4.2.2　新的表单元素··············108

4.2.3　新的表单属性··············109

任务 4-3　制作学员信息页面··············109

4.3　音频和视频··············115

4.3.1　插入音频··············115

4.3.2　插入视频··············116

任务 4-4　制作音频页面··············117

4.4　多列布局··············118

任务 4-5　制作电子杂志页面··············119

职业技能知识点考核 4··············124

项目拓展··············126

讨论：网上的素材可以随便使用吗？··············126

项目 5　响应式布局网站设计··············128

教学导航··············128

项目描述··············128

5.1　网页布局··············129

5.1.1　浮动··············129

任务 5-1　制作学校风景页面··············131

5.1.2　清除浮动··············137

任务 5-2　制作萌新指南页面··············139

5.1.3　定位··············144

任务 5-3　制作网页焦点图··············150

5.2　响应式网站首页的分析··············153

任务 5-4　制作位置固定的导航条··············154

任务 5-5　制作响应式网页主体部分··············158

任务 5-6　制作两栏式网页尾部··············162

5.3　项目整合··············166

职业技能知识点考核 5··············170

项目拓展··············170

讨论：编写代码时有必要编写注释吗？··············170

项目 6　企业官网设计··············172

教学导航··············172

项目描述··············172

任务 6-1　创建项目··············173

任务 6-2　观察效果图··············173

任务 6-3　编写初始化 CSS 样式··············174

任务 6-4　编写可复用的头部··············175

任务 6-5　编写可复用的底部··············177

任务 6-6　首页引入已编写好的头部··············179

任务 6-7　首页引入已编写好的底部··············181

任务 6-8　编写首页横幅广告部分··············182

任务 6-9　编写首页的"儿童精品课"模块··············185

任务 6-10　编写首页的"父母充电站"模块··············187

任务 6-11　编写首页的剩余部分··············189

任务 6-12　编写"关于我们"页面··············191

任务 6-13　编写"联系我们"页面··············192

任务 6-14　收尾工作··············195

项目拓展··············197

讨论：软件测试是专门挑刺吗？··············197

项目 7　移动端推广项目制作··············198

教学导航··············198

项目描述··············198

7.1　大图轮播雏形——Swiper 的使用··············200

7.2　大图轮播的修饰··············204

7.3　大图轮播的个性化设计——API 文档的使用··············206

7.4　真正的大图轮播——用图片替换文字··············209

7.5　设置动画——Swiper Animate 的使用··············211

任务 7-1　移动端推广项目准备工作··············215

任务 7-2　制作简历首页··············218

任务 7-3　制作"基本资料"页面··············220

任务 7-4　制作"荣誉"页面··············222

任务 7-5　制作"我的技能"页面··············224

任务 7-6 制作"我的作品"页面………225

任务 7-7 制作尾页…………226

7.6 代码汇总…………227

项目拓展…………231

讨论：软件开发文档可有可无吗？…………231

项目 8 使用 canvas 制作飞机大战游戏…232

教学导航…………232

项目描述…………232

8.1 canvas 的应用…………233

8.2 canvas 绘图步骤…………234

8.3 canvas 绘图基础…………235

8.4 canvas 动画基础…………240

8.5 动画中的碰撞检测…………242

任务 8-1 游戏功能分析…………246

任务 8-2 图片预加载…………246

任务 8-3 绘制滚动背景图…………249

任务 8-4 创建英雄机对象…………250

任务 8-5 绘制子弹…………253

任务 8-6 监听键盘事件控制英雄机方向…………258

任务 8-7 绘制敌机…………262

任务 8-8 碰撞检测…………268

讨论：对单位不满意时可以"删库跑路"吗？…275

参考文献…………276

项目 1

简单网页设计

教学导航

教	教学重点	1. HTML 常用标签;	2. CSS 基础选择器;
		3. 初识 CSS3 和 HTML5;	4. 盒模型
	教学难点	1. 路径;	2. CSS3 选择器
	推荐教学方式	任务驱动、项目引导、教学做一体化	
	建议学时	12 学时	
学	推荐学习方法	结合教师的引导，通过实践完成相应的任务，在项目任务中学习新知识和新技能，并通过不断总结经验来提升操作技能，积累职业素养	
	必须掌握的理论知识	1. 熟悉 HTML 语法结构; 2. 熟悉 HTML 常用标签和 CSS 常用属性; 3. 了解 CSS3 常用新增选择器，熟悉 HTML5 常用新增标签; 4. 理解盒模型	
	必须掌握的技能	1. 熟悉编辑器的使用; 2. 会根据需求选择合适的 HTML 标签; 3. 会引入 CSS 样式，能根据需求设置 CSS 样式; 4. 会使用 HTML5 新增标签	
	必须具备的职业素养	1. 养成在实训室进行安全、规范操作的习惯; 2. 养成及时保存、定期备份的习惯	

项目描述

　　本项目将带领大家一起认识 Web 前端开发语言，创建 Web 项目，熟悉 HTML 常用标签和 CSS 基础选择器，了解 CSS3 常用的新增选择器和 HTML5 的常用新增标签，理解盒模型。通过制作文字新闻页面、线上学习生活宝典页面、图文新闻页面、"五环之歌"页面等，并创建超链接，提升简单网页设计的能力。

1.1　Web 前端开发语言与开发工具

Web 前端开发是创建 Web 页面或 App 等前端界面呈现给用户的过程，通过 HTML、CSS 及 JavaScript 以及衍生出来的各种技术、框架、解决方案，来实现互联网产品的用户界面交互。Web 前端开发从网页制作演变而来，随着互联网技术的发展和 HTML5、CSS3 的应用，现代的网页更加美观、交互效果显著、功能更加强大。Web 前端开发跟随移动互联网的快速发展，带来大量高性能的移动终端设备应用。

扫一扫看认识
前端开发语言
教学课件

1.1.1　认识 Web 前端开发语言

人与人之间的交流沟通会用到各种语言，如汉语、英语、法语等；作为一个 Web 前端工程师，要通过浏览器交换信息，需要使用浏览器所能识别的语言。浏览器能够识别的语言包括 HTML（Hyper Text Markup Language，超文本标记语言）、CSS（Cascading Style Sheets，层叠样式表）、JavaScript（脚本语言）。HTML 负责搭建结构；CSS 负责设计样式；JavaScript 负责制作交互行为，用于增强网页的动态功能。可以用毛坯房做一个比喻，HTML 负责创建格局（哪里是客厅，哪里是卧室，哪里是卫生间等等），CSS 负责装修（铺地板、贴瓷砖、粉刷墙壁等等），JavaScript 负责人和房子之间的交互（例如，按遥控器可以开启窗帘，按电器上的按钮可以对电器进行控制等等）。HTML 的最新版本是 HTML5，CSS 的最新版本是 CSS3。

Web 相关技术中最重要的 3 项技术就是 HTML5、CSS3 和 JavaScript。

1.1.2　开发工具

扫一扫看安装
HBuilder（Mac
系统）教学课件

可以进行 Web 前端开发的工具有很多，如 WebStrom、Visual Studio Code（VSCode）、HBuilder 等，大家可以根据需要进行选择。本项目主要使用 HBuilder 编辑器来开发，读者可以使用其他的开发工具。HBuilder 可以在其官网上免费下载，Windows 系统和 Mac 系统的软件均有提供。

1.　安装 HBuilder（Mac 系统）

扫一扫看安装
HBuilder（Mac 系
统）微课视频

（1）下载后的安装文件，如图 1-1 所示。

（2）双击安装文件，将 HBuilder 拖动到 Applications 中，如图 1-2 所示，程序开始安装，安装进度如图 1-3 所示。

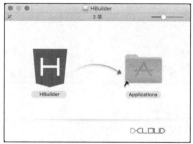

图 1-1　HBuilder 安装文件（Mac 系统）　　　图 1-2　HBuilder 安装

（3）程序安装好后，在应用程序中就能找到 HBuilder 图标，如图 1-4 所示。

（4）双击 HBuilder 的图标，弹出如图 1-5 所示的提示框，单击"打开"按钮。

图 1-3　HBuilder 安装进度　　　　图 1-4　安装好的 HBuilder 图标（Mac 系统）

（5）在 HBuilder 登录界面中单击"暂不登录"按钮，如图 1-6 所示。

图 1-5　HBuilder 首次打开提示框（Mac 系统）　　图 1-6　HBuilder 登录界面

这样即可打开 HBuilder 软件。

（6）要退出 HBuilder，单击左上角的红色按钮即可，如图 1-7 所示。

2. 安装 HBuilder（Windows 系统）

（1）下载安装程序，将安装文件的压缩包复制到桌面，如图 1-8 所示。

　　　　　　　　　扫一扫看安装 HBuilder（Windows 系统）教学课件

图 1-7　退出 HBuilder 界面　　图 1-8　HBuilder 安装文件（Windows 系统）

（2）双击压缩包文件，在解压后的文件夹内，双击"HBuilder.exe"可执行文件，如图 1-9 所示，即可进入 HBuilder 的登录页面（与 Mac 系统下的界面相同）。单击"暂不登录"

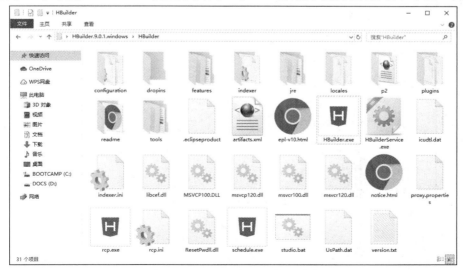

图 1-9　HBuilder 解压后的文件夹

按钮，即可打开 HBuilder 的界面，操作与在 Mac 系统下基本一致，这里不再赘述。建议创建一个桌面快捷方式，如图 1-10 所示。

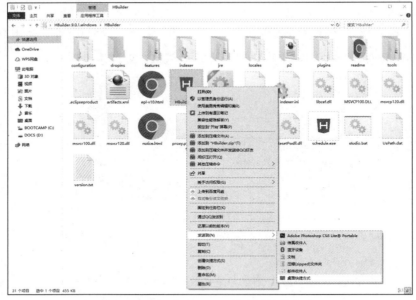

图 1-10　创建 HBuilder 的桌面快捷方式

创建好的桌面快捷方式如图 1-11 所示。

3.　认识 HBuilder 界面

HBuilder 的界面除顶部的菜单栏外，还包括菜单栏下面的快捷按钮区、左侧的项目管理器，中间区域的工作区，如图 1-12 所示。初次使用 HBuilder 时可以仔细阅读默认打开的"HBuilder 入门"选项卡，熟悉 HBuilder 的相关操作。

图 1-11　HBuilder 的快捷
方式（Windows 系统）

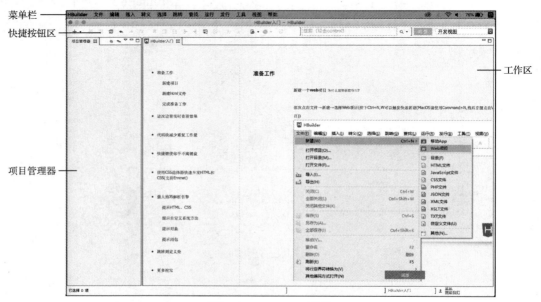

图 1-12　HBuilder 界面

任务 1-1 创建 Web 项目

扫一扫看创建 Web 项目教学课件

扫一扫看创建 Web 项目微课视频

创建 Web 项目是开始 Web 前端开发的第一步，也是决定后续 Web 前端项目能否正常浏览、运行的关键一步。很多初学者会忽略这个步骤，等后续过程中出现问题时再返回来检查，反而会增加工作量，因此要牢固掌握创建 Web 项目的技能。下面就详细介绍在 HBuilder 中创建 Web 项目的方法，并简要说明 HBuilder 软件的使用方法。

1. 在 HBuilder 中创建 Web 项目

下面讲述如何在 HBuilder 中创建 Web 项目。

（1）选择"文件"→"新建"→"Web 项目"命令，如图 1-13 所示。也可以按快捷键 Ctrl+N（在 Mac 系统中快捷键为 Command+N），然后选择"Web 项目"。

（2）在弹出的"创建 Web 项目"对话框中输入项目名称，如图 1-14 所示。一般把 Web 项目命名为"web"，也可以根据自己的需要，在"web"后面加一些后缀，或者命名为其他的名字，这里把 Web 项目命名为"webhp"。

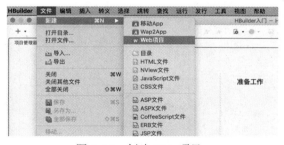

图 1-13 创建 Web 项目

图 1-14 "创建 Web 项目"对话框

注意：Web 项目所在的文件夹和里面文件的名称建议不要使用中文名，因为中文名在 HTML 文档中容易生成乱码，从而导致链接产生错误或背景图像显示不出来等问题。文件名尽量使用英文或汉语拼音。

（3）选择 Web 项目的保存位置，如桌面，单击"完成"按钮。这时在左侧的项目管理器中，就可以看到刚才创建的 Web 项目了，如图 1-15 所示。

在项目管理器中"webhp"Web 项目文件夹中，包括 3 个子文件夹：css、img、js，1 个名为"index.html"的网页文件（这是 Web 项目首页的名字，一个网站必需且只能有一个首页）。这个 Web 项目文件夹已创建在桌面，如图 1-16 所示。桌面的 Web 项目文件夹结构和在 HBuilder 中看到的是一样的。

2. 在 Web 项目中新建子文件夹

在 Web 项目中，一般地，除了首页我们还会制作很多张网页（也称为页面，简称页），如果它们都直接保存在 Web 项目文件夹中会显得很乱。所以，通常会在 Web 项目文件夹中再创建一个子文件夹，命名为"html"，用来保存后面创建的网页文件。这个操作也可以在 HBuilder 中进行。方法如下：

图 1-15　项目管理器中的 Web 项目

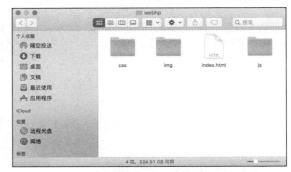

图 1-16　Web 项目文件夹

（1）在项目管理器中单击"webhp"目录，选择"文件"→"新建"→"目录"命令，如图 1-17 所示。

（2）在弹出的"新建文件夹"对话框的"输入或选择父文件夹"文本框中默认已输入"webhp"［如果这个文本框中是空白的，则是因为在步骤（1）中没有单击 Web 项目的文件夹名字"webhp"，就需要在下方目录结构中选择对应的文件夹。］再在"文件夹名"文本框中输入"html"，如图 1-18 所示。

图 1-17　新建子文件夹命令

图 1-18　"新建文件夹"对话框

（3）单击"完成"按钮，这时子文件夹就创建好了。在项目管理器中可以看到创建好的"html"子文件夹，如图 1-19 所示。同时在桌面的"webhp"文件夹中也可以看到"html"子文件夹，如图 1-20 所示。

图 1-19　新建子文件夹后的 Web 项目

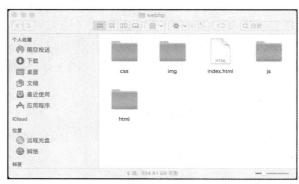

图 1-20　新建子文件夹后的 Web 项目文件夹

3. 重命名文件夹或文件

需要重命名 Web 项目的文件夹或文件时，先单击选中要重命名的文件夹或文件，然后用鼠标右击，在弹出的快捷菜单中选择"重命名"命令即可，如图 1-21 所示。

4. 删除文件夹或文件

需要从 Web 项目中删除文件夹或文件时，先单击选中要删除的文件夹或文件，然后右击，在弹出的快捷菜单中，选择"删除"命令，如图 1-22 所示。这时系统会弹出一个"删除资源"提示框，如图 1-23 所示，询问是否要确定删除文件夹或文件，单击"确定"按钮后即可将文件夹或文件删除。

图 1-21 重命名文件夹或文件

图 1-22 删除文件夹或文件

图 1-23 "删除资源"提示框

5. 常用的视图

在项目管理器中双击 Web 项目中的"index.html"文件，打开文件。目前，"index.html"是一个空文件，只有网页的基本结构代码。默认的视图是"开发视图"，这个是给专业的编程人员使用的，如图 1-24 所示。

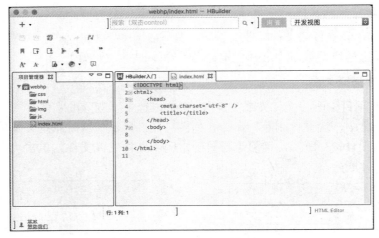

图 1-24　开发视图

　　初学者更喜欢的是"边改边看模式"（单击"开发视图"后面的箭头图标），这是一个所见即所得的视图，如图 1-25 所示。这个视图下，在中部的代码区编写代码，在右边的 Web 浏览器区域可以看到对应的网页效果。在 Windows 系统中也可按快捷键 Ctrl+P（在 Mac 系统中快捷键为 Command+P）进入边改边看模式。在此模式下，如果当前打开的是 HTML 文件，每次保存后均会自动刷新以显示当前的页面效果（若为 JS、CSS 文件，如与当前浏览器区域中打开的页面有引用关系时也会自动刷新）。

6. 新建网页文件

　　（1）如果想要新建一张网页，先在项目管理器中单击"html"文件夹，再选择"文件"→"新建"→"HTML 文件"命令，如图 1-26 所示。

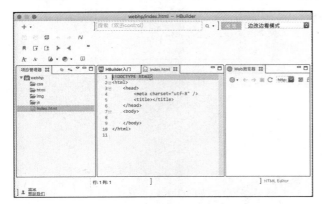

图 1-25　边改边看模式

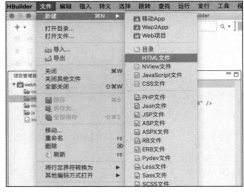

图 1-26　新建 HTML 文件命令

　　（2）在弹出的"创建文件向导"对话框中，先确认"文件所在目录"为"html"文件夹，再输入文件名，这里使用默认的文件名，单击"完成"按钮，如图 1-27 所示。

　　这样在 html 文件夹里就新建了一个名为"new_file.html"的网页文件。可以在代码区域中对这张网页进行编辑，编辑并保存后，可以预览一下其效果，这里使用谷歌浏览器 Chrome 来预览，如图 1-28 所示。

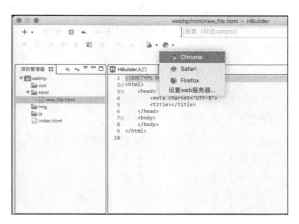

图 1-27　创建文件向导　　　　　　　　　　图 1-28　预览

1.2　HTML 和 CSS 基础

1.2.1　HTML 语法结构

1．HTML5 文档结构

新建一个 HTML 文件后，HBuilder 会自动创建该文件的 HTML5 文档结构。

```
<!DOCTYPE html>
<html>
<head>
    <meta charset="UTF-8">
    <title>Document</title>
</head>
<body>
    <!--注释 -->
</body>
</html>
```

<!DOCTYPE>声明位于文档的最前面，处于 <html> 标签之前，用于向浏览器说明当前文档使用哪个 HTML 版本，不可省略。<!DOCTYPE html>是 HTML5 的声明，与以往版本相比较要简单很多。

每一个 HTML 文档都是以<html>标签开始，以</html>标签结束。

整个文档分成两个部分：<head>…</head>和<body>…</body>。

其中，<head>标签表示网页的头部，HTML 文档的头部信息主要用来封装位于文档头部的标签（如<title>、<meta>、<link>及<style>等），描述文档的标题、作者及和其他文档的关系等。一个 HTML 文档只能含有一对<head>标签，绝大多数文档头部包含的数据不会真正作为内容显示在页面中。

<body>标签用于定义 HTML 文档所要显示的内容。一个 HTML 文档只能含有一对<body>

标签，且<body>标签必须位于<html>标签内、<head>标签之后，与<head>标签是并列关系。

<!--...-->是注释语句，其中的内容用于对代码进行解释，不会显示到浏览器中，一般写在代码段上方。代码是写给计算机的，注释是写给程序员看的。在 HBuilder 中添加注释的快捷键，使用 Windows 系统时为组合键 Ctrl+/，使用 Mac 系统时为组合键 Command+/。

2．HTML5 语法规则

（1）标签不区分大小写。

（2）允许属性值不使用引号。

（3）允许部分标志性属性的属性值省略。

注意：虽然 HTML5 采用比较宽松的语法格式，简化了代码，但是为了代码的完整性和严谨性，建议开发人员采用严谨的代码编写格式，这样更有利于团队合作及后期代码的维护。本书中的 HTML 标签名、类名、标签属性和大部分属性值统一用小写。

3．HTML5 的新特性

（1）提供了一组丰富的语义化标签来描述布局中的不同区域。

（2）音频、视频能力的增强是 HTML5 的最大突破。

（3）化繁为简，简化 DOCTYPE 和字符集声明。

（4）新的表单控件。

1.2.2　HTML 常用标签

扫一扫看 HTML
常用标签教学课
件

Web 前端网页元素是通过 HTML 标签写出来的，下面来了解标签的分类、标签的关系和常用标签。

1．标签分类

1）双标签

大多数的 HTML 标签都是双标签，它们是由开始标签和结束标签组成的。开始标签的名称放在一对尖括号<>里，而结束标签与开始标签的不同就是在标签名称前加了一个"/"。比如：<p>……</p>就是双标签，<p>是开始标签，表示一个段落的开始；</p>是结束标签，表示一个段落的结束；<p>和</p>之间是段落里的内容。

2）单标签

单标签是由一个标签组成的，比如
。在 HTML5 中，
和
两种写法都是允许的。

2．标签关系

1）嵌套关系

标签之间的嵌套关系也称为父子关系，子元素缩进书写。比如：<head>和<title>标签就是嵌套关系，书写时<title>标签向右缩进。

```
<head>
    <meta charset="UTF-8">
    <title>Document</title>
</head>
```

2）并列关系

标签之间的并列关系也称为兄弟关系，它们对齐书写。比如：<head>标签和<body>标签就是并列关系。

```
<head>
</head>
<body>
</body>
```

标签之间的关系只有以上两种，不存在交叉关系。

3. 排版标签

1）标题标签

HTML 提供了 6 个等级的标题标签，即<h1>、<h2>、<h3>、<h4>、<h5>和<h6>。其中用<h1>定义最大的标题，用<h6>定义最小的标题。例如：

```
<h1>这是标题 1</h1>
<h2>这是标题 2</h2>
<h3>这是标题 3</h3>
<h4>这是标题 4</h4>
<h5>这是标题 5</h5>
<h6>这是标题 6</h6>
```

标题标签里的文字是加粗显示的，独自占一行，一级标题的字号最大，六级标题的字号最小。

2）段落标签

<p>标签定义段落，就如同我们平常写文章一样，整个网页也可以分为若干个段落。例如：

```
<p>这是段落 1</p>
<p>这是段落 2</p>
```

段落标签的文字也是另起一行的，段落之间的间距比较大。

3）换行标签

如果希望某段文本强制换行显示，就需要使用换行标签
，它是一个单标签。例如：

```
这是第一行<br />
这是第二行<br />
```

和段落文字相比，这两行文字的行间距比较小。

4）水平线标签

使用<hr />标签来画一条水平线，hr 就是英文 horizon（水平线）的缩写。在默认情况下，这条水平线的长度等于浏览器窗口的宽度。

4. 文本格式化标签

1）加粗

可以使用<b>标签和<strong>标签为文本添加加粗效果，这两个标签都是双标签。

2）倾斜

可以使用<i>标签和<em>标签为文本添加倾斜效果，这两个标签都是双标签。

5. 图像标签

<img>标签定义 HTML 页面中的图像，它是一个单标签。常用的图像格式有 jpg、png、gif。例如：

```
<img src="../img/hp.jpg"/>
```

在该语法中 src 属性用于指定图像文件的路径，它是<img>标签的必需属性。<img>标签的属性如表 1-1 所示。

小贴士：HBuilder 会即时给予提示，方便快捷录入代码，比如：在<body>标签中输入"img"，就会出现如图 1-29 所示的提示。双击提示列表中的"img_src"项，会出现 Web 项目中 img 文件夹内的图像列表，如图 1-30 所示，选择需要的图片双击，既可插入相应的图片，也会自动书写代码，如"<img src="../img/chishang.jpg"/>"。

表 1-1　<img>属性值及参数

属性	值	描　　述
src	URL	规定显示图像的 URL
alt	text	规定图像的替代文本
width	pixels	规定图像的宽度
height	pixels	规定图像的高度

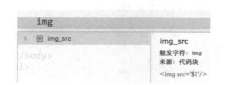

图 1-29　img 代码提示

图 1-30　图像列表提示

在上面的<img>标签中 src 属性的属性值是"../img/chishang.jpg"，这是图像的路径，意思是从当前 html 文件到图像的路径，其中"../"表示向上一级路径。当前的 html 文件在 html 子文件夹中，图像文件在 img 子文件夹中，那么，从 html 文件到图像文件的访问路径是：先从 html 文件夹中向上一级，到达 Web 项目的根目录，再访问 img 文件夹中的 chishang.jpg 图像，这就是"../img/chishang.jpg"属性值的含义。

路径分为相对路径和绝对路径，我们平时做的 Web 项目通常使用相对路径。相对路径的语法通常有以下三种。

（1）同一级：直接写名字。

（2）上一级：../文件夹名称/文件名。

（3）下一级：文件夹名称/文件名。

我们可以从大学生活中的场景来理解路径。

场景一：A 寝室的张三想找同寝室的李四（两个人都在 A 寝室里），那么直接叫名字就好了。所以，同一级的路径直接写文件名称，如：<img src="hp.jpg"/>。

场景二：A 寝室的张三想找同楼层 B 寝室的王五（两个人在各自寝室里），那么他需要先推开 A 寝室的门来到走廊上（即来到上一级目录），再敲开 B 寝室的门，找到王五。所以，

上一级的路径先加 "../"，再写 "文件夹名称/"，再写文件名，如：<img src="../img/hp.jpg"/>。

场景三：走在走廊上的张三（已处于上一级目录），想找在 B 寝室的王五，那么他直接敲开 B 寝室的门，就可以找到王五了。所以，下一级的路径，先写 "文件夹名称/"，再写文件名，如<img src="img/hp.jpg"/>。

6. 超链接标签

<a>标签定义超链接（简称为链接），用于从一个页面链接到另一个页面，也可以链接到当前或其他页面的锚点。<a>标签最重要的属性是 href 属性，它指定链接的目标。鼠标移动到创建了链接的网页元素上时，鼠标指针变成手形，单击即可访问链接的页面或锚点。在所有浏览器中，设置了超链接的文字的默认外观为：未被访问的链接带有下画线而且是蓝色的，已被访问的链接带有下画线而且是紫色的，活动链接带有下画线而且是红色的。<a>标签的属性如表 1-2 所示。

表 1-2　<a>标签的常用属性值及参数

属性	值	描述
href	URL	规定链接指向的页面的 URL
target	_blank	在新的浏览器窗口打开链接

超链接一般分为外部链接和内部链接。外部链接指的是链接到外部网站的链接，通常用于友情链接。例如：

```
<a href="https://info.jhc.cn">访问金华职业技术学院信息工程学院网站</a>
```

在文字 "访问金华职业技术学院信息工程学院网站" 上创建了链接，单击文字，就跳转到金华职业技术学院信息工程学院网站。注意，外部链接中 "href" 的属性值必须是完整的网址。外部链接页面通常在新的浏览器窗口中打开，所以，代码可以完善为：

```
<a href="https://info.jhc.cn" target="_blank">访问金华职业技术学院信息工程学院网站</a>
```

内部链接指的是网站内部的链接。在文字和图像上都可以创建链接，在文字或图像外添加<a>标签，并指定 href 的属性值，属性值需要正确书写路径，可以借助 HBuilder 的提示快捷输入，也可以根据路径的书写规则自行书写。例如：

```
<a href="../html/chishang.html">这是一个链接</a>
```

有时，还没有做好链接到的页面，但想制作链接的外观，可以制作空链接，方法是将 href 的属性值设置为 "#"。

```
<a href="#">这是一个空链接</a>
```

7. 无序列表标签

<ul>标签定义无序列表。将<ul>标签与<li>标签一起使用，创建无序列表，之所以称为 "无序列表"，是因为其各个列表项之间没有顺序级别之分，通常是并列的。例如：

```
<ul>
    <li>HTML5</li>
    <li>CSS3</li>
    <li>JavaScript</li>
</ul>
```

8. 有序列表标签

\<ol\>标签定义有序列表，列表排序以数字来显示，使用\<li\>标签来定义列表选项。例如：

```
<ol>
    <li>成长项目</li>
    <li>提高项目</li>
    <li>拓展项目</li>
</ol>
```

任务 1-2 制作文字新闻页面

扫一扫下载
制作文字新
闻页面素材

综合运用 HTML 常用标签，使用所给素材完成新闻页面的制作，示例如图 1-31 所示。

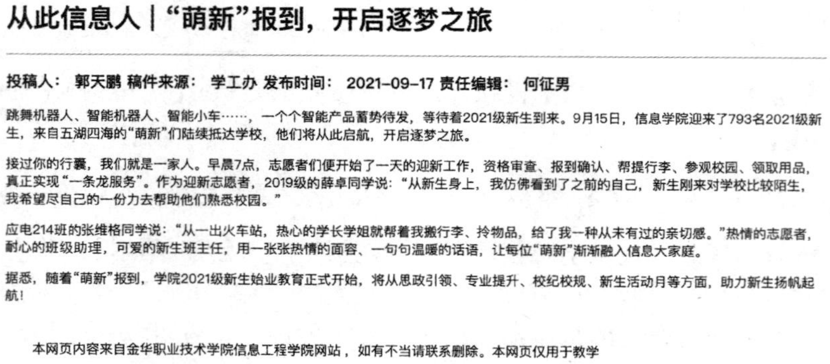

从此信息人｜"萌新"报到，开启逐梦之旅

投稿人： 郭天鹏 稿件来源： 学工办 发布时间： 2021-09-17 责任编辑： 何征男

跳舞机器人、智能机器人、智能小车……，一个个智能产品蓄势待发，等待着2021级新生到来。9月15日，信息学院迎来了793名2021级新生，来自五湖四海的"萌新"们陆续抵达学校，他们将从此启航，开启逐梦之旅。

接过你的行囊，我们就是一家人。早晨7点，志愿者们便开始了一天的迎新工作，资格审查、报到确认、帮提行李、参观校园、领取用品，真正实现"一条龙服务"。作为迎新志愿者，2019级的薛卓同学说："从新生身上，我仿佛看到了之前的自己，新生刚来对学校比较陌生，我希望尽自己的一份力去帮助他们熟悉校园。"

应电214班的张维格同学说："从一出火车站，热心的学长学姐就帮着我搬行李、拎物品，给了我一种从未有过的亲切感。"热情的志愿者，耐心的班级助理，可爱的新生班主任，用一张张热情的面容、一句句温暖的话语，让每位"萌新"渐渐融入信息大家庭。

据悉，随着"萌新"报到，学院2021级新生始业教育正式开始，将从思政引领、专业提升、校纪校规、新生活动月等方面，助力新生扬帆起航！

本网页内容来自金华职业技术学院信息工程学院网站，如有不当请联系删除。本网页仅用于教学

图 1-31 文字新闻页面

对照效果图，分析这张页面的结构，包括标题、水平线、作者、四个段落等信息。这些结构可以使用\<h1\>、\<hr\>、\<h3\>、\<p\>标签来实现，换行可以使用\<br\>标签实现，然后再把标题、作者、段落文字添加到对应的开始标签和结束标签之间。在 html 文件夹中新建 HTML 文件，代码如下：

```
<!DOCTYPE html>
<html>
    <head>
        <meta charset="UTF-8">
        <title></title>
    </head>
    <body>
        <h1>从此信息人 ｜"萌新"报到，开启逐梦之旅</h1>
        <hr />
        <h3>投稿人：郭天鹏 稿件来源：学工办 发布时间：2021-09-17 责任编辑：何征男
</h3>
        <p>
        跳舞机器人、智能机器人、智能小车……，一个个智能产品蓄势待发，等待着 2021 级
新生到来。9 月 15 日，信息学院迎来了 793 名 2021 级新生，来自五湖四海的"萌新"们陆续抵达学校，
他们将从此启航，开启逐梦之旅。
        </p>
```

```
        <p>
            接过你的行囊，我们就是一家人。早晨 7 点，志愿者们便开始了一天的迎新工作，资格
审查、报到确认、帮提行李、参观校园、领取用品，真正实现"一条龙服务"。作为迎新志愿者，2019 级
的薛卓同学说："从新生身上，我仿佛看到了之前的自己，新生刚来对学校比较陌生，我希望尽自己的一份
力去帮助他们熟悉校园。"
        </p>
        <p>
            应电 214 班的张维格同学说："从一出火车站，热心的学长学姐就帮着我搬行李、拎物
品，给了我一种从未有过的亲切感。"热情的志愿者，耐心的班级助理，可爱的新生班主任，用一张张热情
的面容、一句句温暖的话语，让每位"萌新"渐渐融入信息大家庭。
        </p>
        <p>
            据悉，随着"萌新"报到，学院 2021 级新生始业教育正式开始，将从思政引领、专业
提升、校纪校规、新生活动月等方面，助力新生扬帆起航！
        </p>
        <br /><br /><br /><br />
        <p>
            本网页内容来自金华职业技术学院信息工程学院网站，如有不当请联系删除。本网页仅
用于教学
        </p>
    </body>
</html>
```

任务 1-3　制作线上学习生活宝典页面

扫一扫下载制作
线上学习生活宝
典页面素材

综合运用 HTML 常用标签，使用所给素材制作线上学习生活宝典页面，示例如图 1-32
所示。

图 1-32　"金职线上学习生活宝典"页面

该页面包含标题、段落、图片和 3 个超链接。在 html 文件夹中新建一个 HTML 文件，
命名为"jzxsxxshbd.html"（文件名可自行命名），依次添加<h1>、<p>、<img>、<a>标签，

并添加标签里的内容。网页有 3 个链接，分别链接到公众号篇、网页篇、App 篇。<a>标签中的 href 属性值可以依据预先命名好的 html 文件名手动输入，也可以待这三张页面完成后，利用 HBuilder 的代码提示功能快捷完成。代码如下：

```
<!DOCTYPE html>
<html>
    <head>
        <meta charset="UTF-8">
        <title></title>
    </head>
    <body>
        <h1>金职线上学习生活宝典</h1>
        <p>来自五湖四海的小"萌新"们，欢迎大家加入信息工程学院这个大家庭。你们准备
好迎接接下来的大学生活了吗？从父母无微不至地照顾到独立生活，从舒适圈到一个陌生的环境。在这里悄
悄告诉大家，合理规划好大学生活，你一定会有意想不到的收获。那么，刚进入大学如何适应新环境？如何
将学习与生活便捷化？接下来，就为你奉上金职线上学习生活宝典。</p>
        <img src="../img/info.jpeg"/>
        <p><a href="gongzhonghao.html">公众号篇</a></p>
        <p><a href="wangyepian.html">网页篇</a></p>
        <p><a href="app.html">App 篇</a></p>
        <p> </p>
        <p> </p>
        <p>本网页内容来自金职院信息团委微信公众号，如有不当请联系删除。本网页仅用于
教学</p>
    </body>
</html>
```

点击"公众号篇"的文字链接，链接到"公众号篇"页面，如图 1-33 所示。

在 html 文件夹中新建"gongzhonghao.html"文件。"公众号篇"页面包括标题、图像、段落等网页元素，在<body>标签中依次插入<h1>、<h3>、<img>、<p>标签，并添加内容。使用<a>标签创建返回到"金职线上学习生活宝典"页面的链接。代码如下：

```
<!DOCTYPE html>
<html>
    <head>
        <meta charset="UTF-8">
        <title></title>
    </head>
    <body>
        <h1>公众号篇</h1>
        <h3>学校官方公众号</h3>
        <img src="../img/xuexiaogonghao.
jpg"/>
        <h3>信息工程学院官方公众号</h3>
```

图 1-33 "公众号篇"页面

```
        <img src="../img/xinxixueyuangonghao.jpg"/>
        <p><a href="jzxsxxshbd.html">返回</a></p>
        <p> </p>
        <p> </p>
        <p>本网页内容来自金职院信息团委微信公众号,如有不当请联系删除。本网页仅用于
教学</p>
    </body>
</html>
```

点击"返回",返回到"金职线上学习生活宝典"页面。点击"网页篇"文字链接,打开"网页篇"页面,如图 1-34 所示。

网页篇

浙江省高等学校在线开放课程共享平台

浙江省高等学校在线开放课程共享平台是集成网络教、学、师生交流互动、答疑和管理等功能的网站,包括以浙江省的精品、优质课程为主线,高度整合与课程相关的所有资源;以课程为中心,展开作业、考试、答疑、讨论、获得学分、评价等互动教学活动。上面的优质的教学资源真得很丰富,国家精品课程和省级精品课程都可以自主选择学习,是实打实的资源宝库,小"萌新"们不要错过哦!

返回

本网页内容来自金职院信息团委微信公众号,如有不当请联系删除。本网页仅用于教学

图 1-34　"网页篇"页面

在 html 文件夹中新建"wangyepian.html"文件。"网页篇"页面包括标题、图像、段落等网页元素,在<body>标签中依次插入<h1>、<h3>、<img>、<p>标签,并添加相应内容。使用<a>标签创建返回到"金职线上学习生活宝典"页面的链接。代码如下:

```
<!DOCTYPE html>
<html>
    <head>
        <meta charset="UTF-8">
        <title></title>
    </head>
    <body>
        <h1>网页篇</h1>
        <h3>浙江省高等学校在线开放课程共享平台</h3>
        <img src="../img/shengpingtai.png"/>
        <p>浙江省高等学校在线开放课程共享平台是集成网络教、学、师生交流互动、答疑和
管理等功能的网站,包括以浙江省的精品、优质课程为主线,高度整合与课程相关的所有资源;以课程为中
心,展开作业、考试、答疑、讨论、获得学分、评价等互动教学活动。上面的优质的教学资源真得很丰富,
```

国家精品课程和省级精品课程都可以自主选择学习，是实打实的资源宝库，小"萌新"们不要错过哦！</p>

```
            <p><a href="jzxsxxshbd.html">返回</a></p>
            <p> </p>
            <p> </p>
            <p>本网页内容来自金职院信息团委微信公众号，如有不当请联系删除。本网页仅用于
教学</p>
        </body>
    </html>
```

点击"返回"，返回到"金职线上学习生活宝典"页面。点击"App 篇"文字链接，打开"App 篇"页面，如图 1-35 所示。

A_{PP} 篇

学习强国

"学习强国"学习平台是由中宣部主管，以深入学习贯彻习近平新时代中国特色社会主义思想为主要内容，以互联网大数据为支撑的思想文化聚合平台。PC平台拥有"学习新思想""学习文化""环球瞭野"等17个板块、180多个一级栏目，手机客户端有"学习""视频学习"两大板块38个频道，聚合了大量可免费阅读的期刊、古籍、公开课、歌曲、戏曲、电影、图书等资料。

学习通

"学习通"是基于微服务架构打造的课程学习、知识传播与管理分享平台。它利用超星20余年来积累的海量的图书、期刊、报纸、视频、原创等资源，集知识管理、课程学习、专题创作、办公应用于一体，为读者提供一站式学习与工作环境。很多课程都会用这个App进行课程签到、课程讨论，上课时老师也会在里面发布抢答、随机选人回答问题的活动，并将课后作业发布在学习通App上。

钉钉

"钉钉"是专为全球组织打造的一个工作商务沟通、协同、智能移动办公平台，帮助数千万组织降低沟通、协同、管理成本，提升办公效率，实现数字化新工作方式。远程视频会议，消息已读未读，DING消息任务管理，让沟通更高效；移动办公考勤，签到，审批，钉钉脑图，免费企业OA，钉钉教育解决方案，让工作学习更简单！大家日常生活中会使用钉钉来进行考勤打卡、请假、寝室报修、线上会议等，功能也超强大，日常必备哦！

志愿汇

"志愿汇"通过网站、App、网络信息系统等互联网科技手段助力志愿服务、公益行为。通过人脸识别、市民卡刷卡终端等科学手段记录志愿者的志愿服务时数，并运用到志愿者激励、政府及社会征信体系、社会组织评估、城市服务等方方面面。学院的大部分志愿活动会在志愿汇App上进行报名和签到。

易校园

"易校园"为大学生提供校园卡在线服务、校内后勤服务、教务服务、校内缴费服务，让大学生活更容易，我们在校园里常用的就是校园卡充值、利用校园卡进行二维码付款、缴纳电费、在线订餐等，有它在手，走遍金职都不怂。

返回

本网页内容来自金职院信息团委微信公众号，如有不当请联系删除。本网页仅用于教学

图 1-35 "App 篇"页面

在 html 文件夹中新建 app.html。"App 篇"页面包括标题、图像、段落等网页元素，在 <body>标签中依次插入<h1>、<h3>、<img>、<p>标签，并添加相应内容。使用<a>标签创建返回到"金职线上学习生活宝典"页面的链接。代码如下：

```html
<!DOCTYPE html>
<html>
    <head>
        <meta charset="UTF-8">
        <title></title>
    </head>
    <body>
        <h1>App 篇</h1>
        <h3>学习强国</h3>
        <img src="../img/xuexiqiangguo.jpg"/>
        <p>"学习强国"学习平台是由中宣部主管，以深入学习贯彻习近平新时代中国特色社会主义思想为主要内容，以互联网大数据为支撑的思想文化聚合平台。PC 平台拥有"学习新思想""学习文化""环球视野"等 17 个板块、180 多个一级栏目，手机客户端有"学习""视频学习"两大板块 38 个频道，聚合了大量可免费阅读的期刊、古籍、公开课、歌曲、戏曲、电影、图书等资料。</p>
        <h3>学习通</h3>
        <img src="../img/xuexitongapp.jpg"/>
        <p>"学习通"是基于微服务架构打造的课程学习、知识传播与管理分享平台。它利用超星 20 余年来积累的海量的图书、期刊、报纸、视频、原创等资源，集知识管理、课程学习、专题创作、办公应用于一体，为读者提供一站式学习与工作环境。很多课程都会用这个 App 进行课程签到、课程讨论，上课时老师也会在里面发布抢答、随机选人回答问题的活动，并将课后作业发布在学习通 App 上。</p>
        <h3>钉钉</h3>
        <img src="../img/dingdingapp.jpg"/>
        <p>"钉钉"是专为全球组织打造的一个工作商务沟通、协同、智能移动办公平台，帮助数千万组织降低沟通、协同、管理成本，提升办公效率，实现数字化新工作方式。远程视频会议，消息已读未读，DING 消息任务管理，让沟通更高效；移动办公考勤，签到，审批，钉钉脑图，免费企业 OA，钉钉教育解决方案，让工作学习更简单！大家日常生活中会使用钉钉来进行考勤打卡、请假、寝室报修、线上会议等，功能也超强大，日常必备哦！</p>
        <h3>志愿汇</h3>
        <img src="../img/zhiyuanhuiapp.jpg"/>
        <p>"志愿汇"通过网站、App、网络信息系统等互联网科技手段助力志愿服务、公益行为。通过人脸识别、市民卡刷卡终端等科学手段记录志愿者的志愿服务时数，并运用到志愿者激励、政府及社会征信体系、社会组织评估、城市服务等方方面面。学院的大部分志愿活动会在志愿汇 App 上进行报名和签到。</p>
        <h3>易校园</h3>
        <img src="../img/yixiaoyuanapp.jpg"/>
        <p>"易校园"为大学生提供校园卡在线服务、校内后勤服务、教务服务、校内缴费服务，让大学生活更容易，我们在校园里常用的就是校园卡充值、利用校园卡进行二维码付款、缴纳电费、在线订餐等，有它在手，走遍金职都不愁。</p>
        <p><a href="jzxsxxshbd.html">返回</a></p>
        <p> </p>
        <p> </p>
        <p>本网页内容来自金职院信息团委微信公众号，如有不当请联系删除。本网页仅用于教学</p>
    </body>
</html>
```

1.2.3　引入 CSS 样式表

CSS 被称为网页的美容师。CSS 提供了丰富的功能，如字体、颜色、背景的控制及整体排版等。

CSS 样式表主要有三种形式：行内式（也叫内联式）、内部式（也叫内嵌式）和外部式（也叫外链式），因此引入 CSS 样式表的途径主要有三种。

1. 行内式

行内式就是直接把 CSS 代码添加到 HTML 标签中，即作为 HTML 标签的属性存在。通过这种方法，可以很简单地对某个元素单独定义样式。格式：

```
<标签名　style="属性1:属性值1；属性2:属性值2；属性3:属性值3；……">
    内容
</标签名>
```

2. 内部式

将 CSS 代码集中写在 HTML 文档的<head>头部标签中，并且用<style>标签定义。语法：

```
<style type="text/css">
    选择器{
        属性1:属性值1;
        属性2:属性值2;
        ……
    }
</style>
```

3. 外部式

将所有的样式放在一个或多个以.css 为扩展名的外部样式表文件中，通过 link 标签将外部样式表文件链接到 HTML 文档中。语法：

```
<head>
    <link rel="stylesheet" type="text/css"  href="css 文件路径"
</head>
```

外部样式表实现了结构（HTML）与样式（CSS）完全分离，是 Web 项目经常使用的 CSS 引入方式，这样可以实现 CSS 样式的复用。对于不具有复用意义的 CSS 样式表，可以使用内部式，比如本书中的一些小案例就是使用内部式。

扫一扫看 CSS 基础选择器教学课件

1.2.4　CSS 基础选择器

选择器的作用是找到特定的 HTML 页面元素。CSS 基础选择器分为标签选择器、类选择器、id 选择器和通配符选择器。

1. 标签选择器

标签选择器是指用 HTML 标签名称作为选择器，按标签名称分类，为页面中某一类标签指定统一的 CSS 样式。基本语法格式如下：

```
标签名{
        属性 1:属性值 1;
        属性 2:属性值 2;
        属性 3:属性值 3;
        ……
    }
```

例如：

```
p{
    font-size:12px;
    color:#f90;
}
```

上面这段 CSS 样式代码用于设置 HTML 页面中所有的段落文本的字体大小为 12 像素，颜色为#f90（橙色）。

2. 类选择器

类选择器使用"."（英文句号）进行标志，后面紧跟类名，基本语法格式如下：

```
.类名{
    属性 1:属性值 1;
    属性 2:属性值 2;
    属性 3:属性值 3;
    ……
    }
```

该语法中，类名即为 HTML 元素的 class 属性值，类名不能数字开头，不能用中文名。类选择器最大的优势是可以为同一类的多个元素定义相同的样式。例如：

```
<p class="important">…</p>
<h2 class="important">…</h2>
```

在上面的代码中，这个<p>标签和这个<h2>标签的 class 都指定为"important"，则可以设置这个类共用的 CSS 样式：

```
.important{
    color:red;
}
```

上面这段 CSS 样式代码用于设置 HTML 页面中类名为"important"的所有元素的颜色为红色。

3. id 选择器

id 选择器使用"#"进行标志，后面紧跟 id 名，基本语法格式如下：

```
#id名{
    属性 1:属性值 1;
    属性 2:属性值 2;
    属性 3:属性值 3;
    ……
    }
```

该语法中，id 名即为 HTML 元素的 id 属性值，命名规则与类名相同。元素的 id 属性值是唯一的，只能对应于文档中某一个具体的元素。

例如：

```
<p id="first">…</p>
```

在上面的代码中，<p>标签的 id 指定为 first。则可以设置这个 id 的 CSS 样式：

```
#first{
    font-size: 24px;
}
```

上面这段 CSS 样式代码用于设置 HTML 页面中 id 为 first 的元素的字体大小为 24 像素。

4. 通配符选择器

通配符选择器用"*"号表示，它是所有选择器中作用范围最广的，能匹配页面中所有的元素。其基本语法格式如下：

```
*{
    属性 1:属性值 1;
    属性 2:属性值 2;
    属性 3:属性值 3;
    ……
}
```

例如：

```
*{
    margin: 0;                    /* 定义外边距为 0*/
    padding: 0;                   /* 定义内边距为 0*/
}
```

上面这段 CSS 代码使用通配符选择器定义 CSS 样式，用于清除所有 HTML 标签的默认内外边距。

1.2.5 伪类选择器

超链接文字默认的外观是：未被访问的链接带有下画线而且是蓝色的，已被访问的链接带有下画线而且是紫色的，活动链接带有下画线而且是红色的。而实际大多数网页的超链接文字的显示样式并不是这样的，这是使用伪类选择器设置了超链接文字不同状态下的样式。可以设置四种链接状态，例如：

```
/*未访问过的链接*/
a:link{
    color: black;
    text-decoration: none;         /*无下画线*/
}
/*已访问过的链接*/
a:visited{
    color: #ddd;
```

```
}
/*当鼠标放在链接上时*/
a:hover{
    color: red;
}
/*链接被点击的那一刻*/
a:active{
    color: yellow;
}
```

未访问过的链接文字是黑色无下画线的，已访问过的链接文字是浅灰色的，当鼠标放在链接上时文字是红色的，链接被点击的那一刻文字是黄色的。

可以根据需要设置超链接文字的一种或几种状态的样式，但需要注意：a:hover 必须写在 a:link 和 a:visited 之后才有效；a:active 必须写在 a:hover 之后才有效。

1.2.6 常用 CSS 样式

扫一扫看常用
CSS 样式教学
课件

1. 背景

CSS 允许使用纯色作为背景，也允许使用背景图像。使用 background 属性设置背景。例如：

```
body{
    background:url(../img/bg.jpg);
}
p{
    background:gray;
}
```

上面这段 CSS 代码将 HTML 页面的背景设置为 bg.jpg 图像，将<p>标签的背景颜色设置为灰色。

2. 文本

1）缩进文本

text-indent 属性可以方便地实现文本缩进。这个属性最常见的用途是将段落的首行缩进。例如：

```
p{
    text-indent: 2em;
}
```

em 为文字的高度，2em 等于当前字体尺寸的两倍高度，"text-indent: 2em;" 的意思是文本缩进 2 个文字的高度。因为汉字是方块字，高度和宽度相等，所以，也就是缩进两个文字的宽度。

2）文本颜色

color 属性用于定义文本的颜色，其取值方式可以是预定义的颜色值，如 red、green、blue 等；也可以是十六进制数，如#ff0000、#ff9900、#123ab7 等，十六进制是最常用的定义颜色的方式；还可以是 RGB 颜色值，rgb()函数使用红（R）、绿（G）、蓝（B）三个颜色的叠加来生成各种颜色。红（R）、绿（G）、蓝（B）的取值范围为 0～255，也可以使用百分比 0%～100%。如红色可以表示为 rgb(255,0,0)。

3）水平对齐

text-align 属性规定元素中文本的水平对齐方式。值 left、right 和 center 分别设置元素中的文本左对齐、右对齐和居中。

4）行间距

line-height 属性用于设置行间距，就是行与行之间的距离。在一般情况下，行距比字号大 7、8 像素左右。

5）文本修饰

text-decoration 属性用于文本的修饰，包括下画线、上画线、删除线等。text-decoration 常用属性值如表 1-3 所示。

在链接文字中主要用于删除链接中的下画线。例如：

表 1-3　text-decoration 常用属性值

值	描　述
underline	定义文本下的一条线
overline	定义文本上的一条线
line-through	定义穿过文本下的一条线

```
a:link{
        text-decoration:none;
}
```

3. 字体

1）字体系列

font-family 属性设置文本的字体系列。谷歌浏览器默认字体为微软雅黑。font-family 属性可以设置几个字体名称作为一种"后备"，如果浏览器不支持第一种字体，将尝试下一种字体，以此类推，如果都没有则以默认的字体为准。

注意：如果字体系列的名称超过一个字，它必须用引号，例如：

```
font-family:"宋体";
```

如果字体中包含空格、#、$等符号，必须加引号。多个字体系列用英文逗号分隔指明。例如：

```
p{
    font-family:"Times New Roman", Times, serif;
}
```

2）字号大小

font-size 属性设置文本的字号大小。单位大多数时候用 px（像素）。例如：

```
p{
    font-size:14px;
}
```

谷歌浏览器默认文字大小为 16px。不同浏览器默认字号大小不一致。

3）字体粗细

font-weight 属性设置字体粗细，属性值如表 1-4 所示。

表 1-4　font-weight 属性值

值	描　述
normal	默认值（不加粗）
bold	定义粗体（加粗）
100～900	400 等同于 normal，而 700 等同于 bold

在很多情况下，由于系统作了最相近的匹配，因此看不出不同的 font-weight 值之间细微的区别。

4）字体倾斜

font-style 属性可设置字体倾斜。例如：

```
p{
    font-style: italic;
}
```

font-style 属性也可以给斜体标签改为普通模式。例如：

```
em{
    font-style: normal;
}
```

小贴士：文本设置 CSS 样式时，经常在需要设置样式的部分文本上添加<span>标签。<span>标签在行内定义一个区域，也就是一段文本可以被<span>划分成好几个区域，从而实现某种特定效果。<span>本身没有任何属性。<span>标签被用来组合文档中的行内元素。如果不对<span>应用样式，那么<span>元素中的文本与其他文本不会有任何视觉上的差异。可以为<span>应用 id 或 class 属性，既可以增加适当的语义，又便于对<span>应用样式。

任务 1-4　制作图文新闻页面

 扫一扫下载
制作图文新
闻页面素材

综合运用 HTML 常用标签和 CSS 常用选择器，使用所给素材完成图文新闻页面的制作，如图 1-36 所示。

图 1-36　图文新闻

对照效果图，分析这张页面的结构，包括标题、水平线、作者、三个段落、图像等信息。这些结构可以使用<h1>、<hr>、<h3>、<p>、<img>等标签来实现，然后再把对应的内容添加进去。新闻文字使用深灰色，有的文字为了突出显示，设置为其他颜色（橙色、蓝色），还有的文字加了下画线，段落首行空两格。代码如下：

```html
<!DOCTYPE html>
<html>
    <head>
        <meta charset="UTF-8">
        <title></title>
        <style type="text/css">
            *{
                color: #333;
            }
            h1,h3{
                text-align: center;
            }
            p{
                text-indent: 2em;
                line-height: 24px;
            }
            div{
                text-align: center;
            }
            .jjb{
                color: orange;
            }
            .date{
                text-decoration: underline;
                color: cornflowerblue;
            }
        </style>
    </head>
    <body>
        <h1>2021 年 9 月全国计算机等级考试在我校举行</h1>
        <hr />
        <h3>投稿人： 黄蓉 稿件来源：
            <span class="jjb">继教部</span> 发布时间：
            <span class="date">2021-09-27</span> 责任编辑： 何征男
        </h3>
        <p>近日，第 62 次全国计算机等级考试工作在我校信息工程学院举行。</p>
        <p>全国计算机等级考试（National Computer Rank Examination，简称 NCRE），
```

是经原国家教育委员会（现教育部）批准，由教育部教育考试院（原教育部考试中心）主办，面向社会，用于考查应试人员计算机应用知识与技能的全国性计算机水平考试体系。级别分为：一级、二级、三级、四级。报名者不受年龄、职业、学历等限制，可根据自己学习情况和实际能力选考相应的级别和科目。考生可按照省级承办机构公布的流程在网上进行报名。</p>

```html
        <p>据悉，本次考试设有 8 个考场、4 个考试批次，内容覆盖全国计算机等级考试一级
```

至四级，共 1400 余名考生报考。省、市考试院的领导来校进行了指导和巡视，对学院严密和严谨的组织管理工作给予了高度评价。</p>

```
        <div><img src="../img/jsjks.jpeg"/></div>
    </body>
</html>
```

小贴士：<div>标签可定义 HTML 文档中的分区或节，可以把文档分割为独立的、不同的部分，是页面布局中使用非常广泛的标签。<div>标签类似于一个容器，通过为<div>设置 class 或 id 来表示网页的不同区域。

1.3　CSS3 常用的新增选择器

扫一扫看 CSS3 常用的新增选择器教学课件

CSS 主要用于设置 HTML 页面中的文本（字体、大小、对齐方式等）、图片（宽度、高度、边框样式、边距等）及版面的布局等外观显示样式。

CSS3 是 CSS 的新版本，该版本提供了更加丰富且实用的规范，如背景和边框、颜色、文字特效、多列布局、动画等。响应式布局设计就是通过 CSS3 的媒体查询来实现的。

1. 伪类选择器

表 1-5 为常用的伪类选择器。

表 1-5　常用的伪类选择器

元 素 名	描 述
:root	选择文档中的根元素
:last-child	选择父元素的最后一个子元素
:only-child	父元素有且只有一个子元素，即一个元素是它父元素的唯一子元素
:only-of-type	父元素有且只有一个指定类型的元素
:nth-child(n)	匹配父元素的第 n 个子元素
:nth-last-child(n)	匹配父元素的倒数第 n 个子元素
:nth-of-type(n)	匹配父元素定义类型的第 n 个子元素
:nth-last-of-type(n)	匹配父元素定义类型的倒数第 n 个子元素
:enabled	匹配启用状态的元素
:disabled	匹配禁用状态的元素
:checked	匹配被选中的 input 元素
:default	匹配默认元素

2. 伪元素选择器

表 1-6 为常用的伪元素选择器。

表 1-6　常用的伪元素选择器

元 素 名	描 述
::first-line	匹配文本块的首行
::first-letter	匹配文本内容的首字母
::before	在选中元素的内容之前插入内容
::after	在选中元素的内容之后插入内容

任务 1-5　给导航条添加 CSS 样式

扫一扫看给导航条添加 CSS 样式教学课件

扫一扫看给导航条添加 CSS 样式微课视频

导航条的效果如图 1-37 所示。这是一个典型的导航条，在这个导航条中，背景颜色有两种：深灰色和浅灰色，奇数行的背景颜色是深灰色，偶数行的背景颜色是浅灰色。当把鼠标指针放到导航条上的某一栏目上时，该栏目的背景变成淡蓝色（扫描上面的二维码可见页面颜色）。

导航条的制作步骤如下：

（1）在 Web 项目的"html"子文件夹中新建一个 HTML 文件。

（2）按照网页制作流程，先搭建其网页结构。

导航条的标签是<nav>，导航条中的栏目用<ul>和<li>标签。在 body 标签中插入<nav>标签，在<nav>标签里插入<ul>标签。通过观察，发现每个栏目的文字都有超链接，所以，每个栏目的标签结构是"<li><a>栏目文字</a></li>"，一共有 10 个栏目，也就是这样的语句要写 10 条。在 HBuilder 中有一个简便的录入方法，输入"(li>a)*10"，再按 Tab 键（注意：要在英文输入法状态下输入），10 条代码就自动生成了，如图 1-38 所示。这个快捷方法的含义是：<li>标签里嵌套了一个<a>标签，这样的结构有 10 个。

```
<body>
    <nav>
        <ul>
            <li><a href=""></a></li>
            <li><a href=""></a></li>
            <li><a href=""></a></li>
            <li><a href=""></a></li>
            <li><a href=""></a></li>
            <li><a href=""></a></li>
            <li><a href=""></a></li>
            <li><a href=""></a></li>
            <li><a href=""></a></li>
            <li><a href=""></a></li>
        </ul>
    </nav>
</body>
```

图 1-37　导航条的效果　　　图 1-38　导航条网页结构代码

接下来，把 10 个栏目的内容分别输入到 10 条代码中，最终代码如下：

```
<body>
    <nav>
        <ul>
            <li><a href="">HTML5 培训</a></li>
            <li><a href="">CSS3 培训</a></li>
            <li><a href="">JavaScript 培训</a></li>
            <li><a href="">Java 培训</a></li>
            <li><a href="">PHP 培训</a></li>
            <li><a href="">iOS 培训</a></li>
            <li><a href="">Andriod 培训</a></li>
            <li><a href="">UI 设计培训</a></li>
            <li><a href="">C++培训</a></li>
            <li><a href="">Python 培训</a></li>
        </ul>
    </nav>
</body>
```

这时导航条的结构就建好了，其阶段效果如图 1-39 所示。

（3）设置对应的 CSS 样式。

在<head>标签中的<title>标签后面添加<style>标签，HBuilder 会自动给<style>标签添加 type 属性，值为"text/css"。

① 设置<nav>标签的 CSS 样式。设置宽度为 260 像素，高度为 350 像素。代码如下：

```
nav{
    width: 260px;
    height: 350px;
}
```

② 设置<ul>标签的 CSS 样式。去掉项目列表前面默认的圆点，代码如下：

```
ul{
    list-style: none;
}
```

导航条的阶段效果如图 1-40 所示。

③ 设置<li>标签的 CSS 样式。行高为 35 像素，背景颜色使用 rgba()函数。rgba()函数使用红（R）、绿（G）、蓝（B）、透明度（A）的叠加来生成各种颜色。红（R）、绿（G）、蓝（B）的取值范围为 0～255，透明度（A）取值范围为 0（完全透明）～1（完全不透明）。RGB 的值都是 0 时表示黑色，A 的值设置为 0.9 时表示背景色为深灰色。代码如下：

```
li{
    line-height: 35px;
    background: rgba(0,0,0,0.9);
}
```

网页效果如图 1-41 所示。

- HTML5培训
- CSS3培训
- JavaScript培训
- Java培训
- PHP培训
- iOS培训
- Andriod培训
- UI设计培训
- C++培训
- Python培训

HTML5培训
CSS3培训
JavaScript培训
Java培训
PHP培训
iOS培训
Andriod培训
UI设计培训
C++培训
Python培训

图 1-39　导航条的阶段效果 1　　图 1-40　导航条的阶段效果 2　　图 1-41　导航条的阶段效果 3

④ 设置<a>标签的 CSS 样式。取消超链接文字的下画线，设置超链接文字的颜色是白色。此时，超链接文字紧贴在<li>的左边缘，如图 1-42 所示。

设置左内边距为 30 像素（内边距在第 1.5 节中介绍）。导航条的阶段效果如图 1-43 所示。

```
a{
    text-decoration: none;
    color: white;
```

```
        padding-left: 30px;
    }
```

（4）设置偶数行的栏目背景色为浅灰色。

在 CSS3 版本出现前，可以把奇数行和偶数行设置为两个不同的类（class），然后分别为这两个类设置背景颜色。在 CSS3 出现后，新增了一个伪类选择器:nth-child(n)，可以设置第 n 个子元素，因此，可以换一种方法来实现为偶数行设置背景色。如何去表达偶数行呢？可以用:nth-child(2n)来表示。代码如下：

```
li:nth-child(2n){
    background: rgba(0,0,0,0.7);
}
```

这时偶数行的背景颜色就变成浅灰色了。导航条的阶段效果如图 1-44 所示。

图 1-42 导航条的阶段效果 4　　图 1-43 导航条的阶段效果 5　　图 1-44 导航条的阶段效果 6

（5）设置鼠标指针放到某个栏目上面时的 CSS 样式。

设置当鼠标指针放到某个栏目上时，背景颜色变成浅蓝色。代码如下：

```
li:hover{
        background: dodgerblue;
    }
```

这时导航条就完成了。导航条页面代码如图 1-45 所示。

```
<!DOCTYPE html>                                color: white;
<html>                                         padding-left: 30px;
  <head>                                     }
    <meta charset="UTF-8">               </style>
    <title></title>                    </head>
    <style type="text/css">          <body>
      nav{                             <nav>
        width: 260px;                    <ul>
        height: 350px;                   <li><a href="">HTML5 培训</a></li>
      }                                  <li><a href="">CSS3 培训</a></li>
      ul{                                <li><a href="">JavaScript 培训</a></li>
        list-style: none;                <li><a href="">Java 培训</a></li>
      }                                  <li><a href="">PHP 培训</a></li>
      li{                                <li><a href="">iOS 培训</a></li>
        line-height: 35px;               <li><a href="">Andriod 培训</a></li>
        background: rgba(0,0,0,0.9);     <li><a href="">UI 设计培训</a></li>
      }                                  <li><a href="">C++培训</a></li>
      li:nth-child(2n){                  <li><a href="">Python 培训</a></li>
        background: rgba(0,0,0,0.7);    </ul>
      }                                </nav>
      li:hover{                       </body>
        background: dodgerblue;      </html>
      }
      a{
        text-decoration: none;
```

图 1-45 导航条页面代码

1.4　HTML5 常用的新增标签

HTML5 常用的新增标签包括以下几种。

1．header

<header>标签用于定义页面的页眉信息。

2．nav

<nav>标签用于定义导航链接。

3．article

<article>标签用于定义一个独立的内容。

4．aside

<aside>标签用于定义当前页面或文章的附属信息部分，它可以包含与当前页面或主要内容相关的引用、侧边栏、广告、导航条等其他类似的有别于主要内容的部分。

5．section

<section>标签用于网页中的区块。

6．footer

<footer>标签用于定义一个页面或者区域的页尾。

7．details 和 summary

<details>标签用于描述文档或文档某个部分的细节。<summary>标签经常与<details>标签配合使用，作为<details>标签的第一个子元素，用于为<details>定义标题。标题是可见的，当用户单击标题时，会显示或隐藏<details>中的其他内容。

8．meter

<meter>标签用于表示指定范围内的数值。<meter>标签有多个常用的属性，如表 1-7 所示。

表 1-7　meter 属性值

属　　性	说　　明
high	定义度量的值位于哪个点被界定为高的值
low	定义度量的值位于哪个点被界定为低的值
max	定义最大值，默认值是 1
min	定义最小值，默认值是 0
optimum	定义什么样的度量值是最佳的值。如果该值高于 high 属性值，则意味着值越高越好。如果该值低于 low 属性值，则意味着值越低越好
value	定义度量的值

例如，制作一个学生成绩列表。根据学生的不同得分，用不同的颜色表示，如图 1-46 所示。

（1）新建一张网页。

（2）插入一个<h2>标签，里面输入"学生成绩列表"。

（3）输入文字"张三："，接着添加<meter>标签，为其设置属性：value 值是 75，min 值是 0，max 值是 100，low 值是 60，high 值是 80，optimum 值是 100。代码如下：

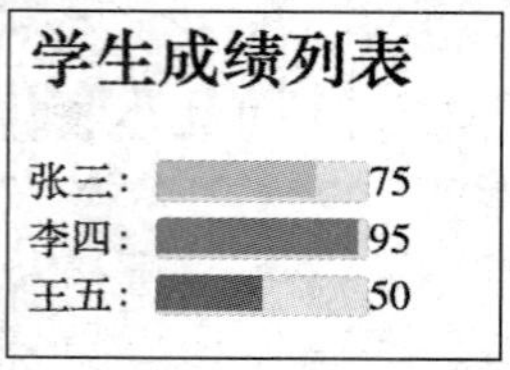

```
        张 三 ： <meter value="75" min="0" max="100"
low="60" high="80"
            optimum="100"> </meter>75</br>
```

学生成绩列表	
张三：	75
李四：	95
王五：	50

图 1-46　meter 案例效果图

设置这些属性值的意义是将张三的分数设置为 75，最低分是 0 分，最高分是 100 分，60 是低分，80 是高分，100 分是最佳分。然后在</meter>后面输入"75"，这样可以在图示后面显示这个学生的分数。最后插入换行标签
。

用同样的方法设置李四和王五的成绩。meter 案例网页代码如图 1-47 所示。

```
<!DOCTYPE html>
<html>
  <head>
    <meta charset="UTF-8">
    <title></title>
  </head>
  <body>
    <h2>学生成绩列表</h2>
    张三：<meter value="75" min="0" max="100" low="60" high="80" optimum="100"></meter>75<br />
    李四：<meter value="95" min="0" max="100" low="60" high="80" optimum="100"></meter>95<br />
    王五：<meter value="50" min="0" max="100" low="60" high="80" optimum="100"></meter>50<br />
  </body>
</html>
```

图 1-47　meter 案例网页代码

9. mark

<mark>标签的主要功能是在文本中高亮显示某些字符，以引起用户注意。

例如，制作一张古诗的网页，有的词高亮显示，如图 1-48 所示。

（1）新建一张网页。

（2）网页标题用<h2>标签，作者用<h4>标签。

（3）每行诗句用<p>标签。

（4）给重点词语加<mark>标签。

mark 案例网页代码如图 1-49 所示。

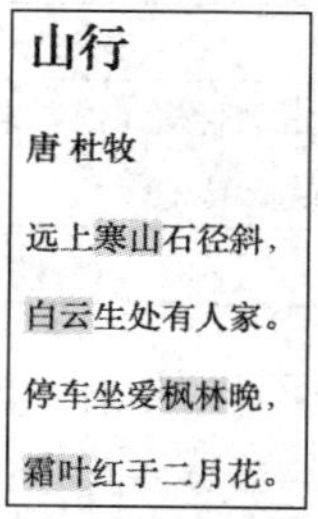

山行

唐 杜牧

远上寒山石径斜，

白云生处有人家。

停车坐爱枫林晚，

霜叶红于二月花。

图 1-48　mark 案例效果

```
<!DOCTYPE html>
<html>
  <head>
    <meta charset="UTF-8">
    <title></title>
  </head>
  <body>
    <h2>山行</h2>
    <h4>唐 杜牧</h4>
    <p>远上<mark>寒山</mark>石径斜，</p>
    <p><mark>白云</mark>生处有人家。</p>
    <p>停车坐爱<mark>枫林</mark>晚，</p>
    <p><mark>霜叶</mark>红于二月花。</p>
  </body>
</html>
```

图 1-49　mark 案例网页代码

任务 1-6　制作一个常见问题答疑页面

扫一扫看常见问题答疑页面

扫一扫看制作一个常见问题答疑页面微课视频

扫一扫看制作常见问题答疑页面教学课件

制作一个常见问题答疑页面，默认效果如图 1-50 所示。

> **常见问题答疑**
>
> ▶ 什么是HTML5?
> ▶ 哪些浏览器支持HTML5?
> ▶ 什么是雪碧图?
> ▶ 什么是字体图标?
> ▶ CSS3有哪些新特性?
> ▶ 有三个兄弟div，给div设计样式float:left，如何使第二个div不浮动?　（不能用CSS3选择器）

图 1-50　答疑页面默认效果

当单击某一个问题时，会显示出该问题的答案，如图 1-51 所示；再次单击该问题时，将答案内容隐藏。

> **常见问题答疑**
>
> ▶ 什么是HTML5?
> ▶ 哪些浏览器支持HTML5?
> ▼ 什么是雪碧图?
>
> CSS雪碧图(sprite)是一种网页图片应用处理方式，它允许将一个页面涉及的所有零星图片都包含到一张大图中。
>
> ▶ 什么是字体图标?
> ▶ CSS3有哪些新特性?
> ▶ 有三个兄弟div，给div设计样式float:left，如何使第二个div不浮动?　（不能用CSS3选择器）

图 1-51　答疑页面展开问题后的效果

制作这个页面时主要使用了\<details\>标签和\<summary\>标签。步骤如下。

（1）新建一个页面。

（2）将标题放在\<h2\>标签中。代码如下：

```
<h2>常见问题答疑</h2>
```

（3）制作第一个问题答疑。插入一个\<details\>标签，在里面先插入一个\<summary\>标签，在该标签里输入问题，再插入一个\<p\>标签，在该标签里输入答案。代码如下：

```
<details>
    <summary>什么是HTML5? </summary>
    <p>HTML5是最新的HTML标准。HTML5的设计目的是在移动设备上支持多媒体。</p>
</details>
```

保存。答疑页面阶段效果如图 1-52 所示。

单击问题以后，会显示答案，效果如图 1-53 所示。

> **常见问题答疑**
>
> ▶ 什么是HTML5?

图 1-52　答疑页面阶段效果 1

> **常见问题答疑**
>
> ▼ 什么是HTML5?
> HTML5是最新的HTML标准。HTML5的设计目的是在移动设备上支持多媒体。

图 1-53　答疑页面阶段效果 2

（4）按照同样的方法，完成其余设计。答疑页面代码如图 1-54 所示。

```
<!DOCTYPE html>
<html>
  <head>
    <meta charset="UTF-8">
    <title></title>
  </head>
  <body>
    <h2>常见问题答疑</h2>
    <details>
      <summary>什么是 HTML5？</summary>
      <p>
        HTML5 是最新的 HTML 标准。HTML5 的设计目的是在移动设备上支持多媒体。</p>
    </details>
    <details>
      <summary>哪些浏览器支持 HTML5？</summary>
      <p>
        几乎所有的高版本浏览器，Safari、Chrome、Firefox、Opera、IE8 以上都支持 HTML5。</p>
    </details>
    <details>
      <summary>什么是雪碧图？</summary>
      <p>
        CSS 雪碧图(sprite) 是一种网页图片应用处理方式，它允许将一个页面涉及的所有零星图片都包含到一张大图中。</p>
    </details>
    <details>
      <summary>什么是字体图标？</summary>
      <p>
        字体图标就是利用字体来显示网页中的纯色图标或者特殊字体。</p>
    </details>
    <details>
      <summary>CSS3 有哪些新特性？</summary>
      <ol>
        <li>圆角（border-radius）</li>
        <li>阴影（box-shadow）</li>
        <li>文字加特效（text-shadow）</li>
        <li>渐变（gradient）</li>
        <li>动画（transform）</li><br />
        ……
      </ol>
    </details>
    <details>
      <summary>有三个兄弟 div，给 div 设计样式 float:left，如何使第二个 div 不浮动？（不能用 CSS3 选择器）</summary>
      <p>
        给第 2 个 div 加 float:none;</p>
    </details>
  </body>
</html>
```

图 1-54　答疑页面代码

1.5　盒模型

扫一扫看盒模型教学课件

CSS 中的一个基本概念就是盒模型，所谓盒模型就是把 HTML 页面中的元素看作是一个矩形区域，即元素的盒子。

盒模型由 margin（外边距）、border（边框）、padding（内边距）、content(内容)四部分组成，如图 1-55 所示。margin、border 和 padding 都是有上下、左右 4 个方向的，这 4 个方向的值可能相同，也可能不同。比如：margin-top 表示上外边距，border-bottom 表示下边框，padding-left 表示左内边距。

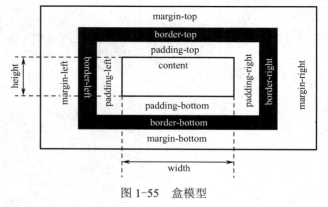

图 1-55　盒模型

为了更直观地理解盒模型,我们可以想象一下,大家都有网购的经验,假设你收到了一个快递纸箱,把纸箱打开,从上面俯视纸箱:纸箱中间是你购买的商品,这就是内容 content;为防止在运输过程中发生碰撞后损坏商品,一般商家会在纸箱内、商品周围塞一些泡沫塑料块来减震,这些泡沫塑料块就是内边距 padding;纸箱的纸板是有一定厚度的,这个厚度就是边框 border;纸箱与它周围其他纸箱之间的空隙就是外边距 margin。

任务 1-7 制作"五环之歌"页面

扫一扫看制作
"五环之歌"
页面微课视频

下面来制作"五环之歌"页面(如图 1-56),首先来观察这个页面的特点。

这个页面由 5 个<div>组成,这 5 个<div>彼此嵌套。从外层向里层看,第一个<div>有着细细的虚线框,第 2 个<div>有着相对比较粗的蓝色实线框,第 3 个<div>有着紫红色的背景,第 4 个和第 5 个<div>都有着白色的细虚线框(扫描二维码可见页面颜色)。这个案例的制作主要是加强对盒模型的理解。

按照网页制作的流程,先创建 5 个彼此嵌套的<div>,然后分别设置这 5 个<div>的 CSS 样式。具体操作步骤如下:

(1)在 Web 项目的"html"子文件夹中新建页面文件。单击 Web 项目的"html"子文件夹,选择"文件"→"新建"→"HTML 文件"命令,如图 1-57 所示。

扫一扫看制作
"五环之歌"
页面教学课件

图 1-56 "五环之歌"页面效果

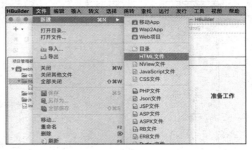

图 1-57 新建网页

(2)在弹出的"创建 HTML 文件向导"对话框中,确认文件所在目录是否正确,再给文件命名为"wuhuan.html",单击"完成"按钮,如图 1-58 所示。

(3)在<body>标签中创建一个<div>,id 是"box1",在这个<div>中嵌套一个<div>,id 是"box2",再嵌套一个<div>,id 是"box3",再嵌套一个<div>,id 是"box4",再在里边嵌套一个<div>,id 是"box5"。这时这个网页的结构就建好了。选择"文件"→"保存"命令保存。"五环之歌"页面结构代码如图 1-59 所示。

(4)在<title>标签后面添加<style>标签,在<style>标签中分别对 id 名为 box1、box2、box3、box4、box5 的 5 个<div>设置 CSS 样式。

① 对 id 名为 box1 的<div>设置 CSS 样式。

由于 box1 是 id 名,所以,为它添加 CSS 样式时,需在它名字前面加#。设置宽度为 350 像素,高度为 350 像素,边框为 1 像素的黑色虚线框。代码如下:

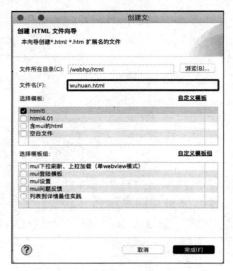

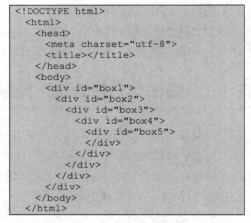

图 1-58　新建"wuhuan.html"文件　　　　图 1-59　"五环之歌"页面结构代码

```
#box1{
    width: 350px;
    height: 350px;
    border: 1px dashed black;
}
```

保存。页面的阶段效果如图 1-60 所示。

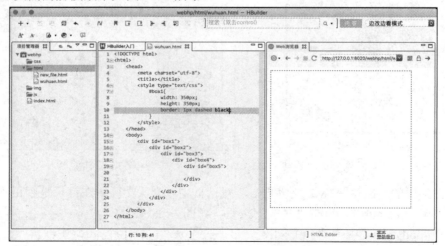

图 1-60　"五环之歌"页面的阶段效果 1

小贴士：border 属性可以设置 border-width、border-style、border-color 属性，用于指定元素边框的宽度、样式和颜色。

② 对 id 名为 box2 的<div>设置 CSS 样式。

设置宽度为 300 像素，高度为 300 像素，边框为 5 像素的蓝色实线框，保存。代码如下：

```
#box2{
    width: 300px;
    height: 300px;
```

```
    border: 5px solid dodgerblue;
}
```

在边改边看模式下，在右边的 Web 浏览器中可以看到此时的页面效果，如图 1-61 所示。

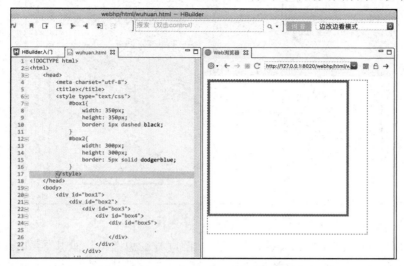

图 1-61　"五环之歌"页面的阶段效果 2

我们发现这两个<div>的左上角是重合的，希望 box2 能在 box1 内居中显示，可以设置 box2 的内边距，内边距是多少呢？ box1 和 box2 都是正方形，box1 的宽度为 350 像素，box2 的宽度为 300 像素，350-300=50（像素），分给左右两边是 50/2=25（像素），再减掉 box2 的边框 5 像素，25-5=20（像素），所以 box2 的内边距是 20 像素。代码如下：

```
padding: 20px;
```

保存。页面的阶段效果如图 1-62 所示。

图 1-62　"五环之歌"页面的阶段效果 3

③ 对 id 名为 box1 的<div>补充设置 CSS 样式。为 box1 设置内边距 30 像素。代码如下：

```
padding: 30px;
```

保存。页面的阶段效果如图 1-63 所示。

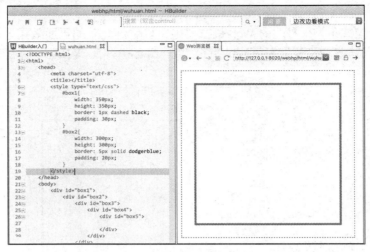

图 1-63 "五环之歌"页面的阶段效果 4

上面两个<div>的 CSS 样式就设置好了。按照同样的思路，设置其他<div>的 CSS 样式。

④ 对 id 名为 box3 的<div>设置 CSS 样式。宽度为 218 像素，高度为 218 像素，背景颜色为紫红色（英文单词为 plum）。计算 box3 的内边距为（300-218）/2=41，所以内边距是 41 像素。

```
#box3{
    width: 218px;
    height: 218px;
    background: plum;
    padding: 41px;
}
```

保存。页面的阶段效果如图 1-64 所示。

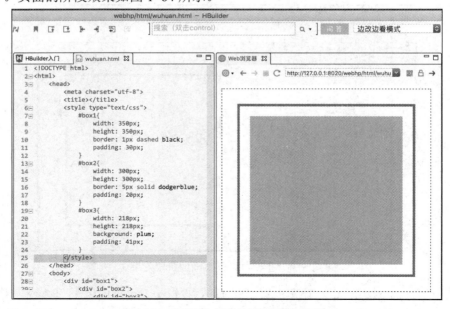

图 1-64 "五环之歌"页面的阶段效果 5

⑤ 对 id 名为 box4 的<div>设置 CSS 样式。设置宽度为 210 像素，高度为 210 像素，边框为 1 像素的白色虚线框。计算 box4 的内边距为（218-210）/2-1=3，所以内边距是 3 像素。代码如下：

```
#box4{
    width: 210px;
    height: 210px;
    border: 1px dashed white;
    padding: 3px;
}
```

保存。页面的阶段效果如图 1-65 所示。

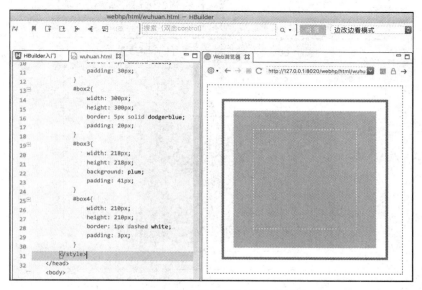

图 1-65　"五环之歌"页面的阶段效果 6

⑥ 对 id 名为 box5 的<div>设置 CSS 样式。设置宽度为 208 像素，高度为 208 像素，边框为 1 像素的白色虚线框。box5 不需要设置内边距。代码如下：

```
#box5{
    width: 208px;
    height: 208px;
    border: 1px  dashed white;
}
```

保存。页面的阶段效果如图 1-66 所示。

（5）如果希望"五环之歌"页面水平居中显示，可以给最外层的 box1 增加 CSS 样式。代码如下：

```
margin: 0 auto;
```

保存。在谷歌浏览器中预览"五环之歌"页面的效果，如图 1-67 所示。

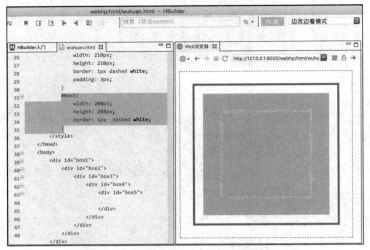

图 1-66 "五环之歌"页面的阶段效果 7

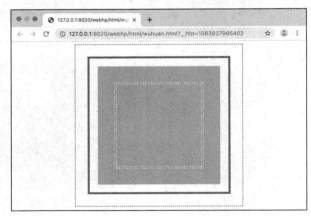

图 1-67 在谷歌浏览器中预览"五环之歌"页面的效果

小贴士：margin 属性可以设置外边距。margin 有四个子属性：margin-top（上外边距）、margin-right（右外边距）、margin-bottom（下外边距）、margin-left（左外边距）。margin 简写属性可以有 1 到 4 个值。

设置 4 个值。比如：

```
margin:10px 5px 15px 20px;
```

表示上、右、下、左外边距分别是 10px、5px、15px、20px。

设置 3 个值。比如：

```
margin:10px 5px 15px;
```

表示上、右和左、下外边距分别是 10px、5px、15px。

设置 2 个值。比如：

```
margin:10px 5px;
```

表示上和下、右和左外边距分别是 10px、5px。当左右外边距的值设置为 auto 时表示水平居中。

设置 1 个值。比如：

```
margin:10px;
```

表示 4 个方向的外边距都是 10px。

"五环之歌"页面的代码如图 1-68 所示。

```
<!DOCTYPE html>                                #box4{
<html>                                             width: 210px;
  <head>                                           height: 210px;
    <meta charset="utf-8">                         border: 1px dashed white;
    <title></title>                                padding: 3px;
    <style type="text/css">                    }
      #box1{                                   #box5{
        width: 350px;                              width: 208px;
        height: 350px;                             height: 208px;
        border: 1px dashed black;                  border: 1px dashed white;
        padding: 30px;                         }
        margin: 0 auto;                       </style>
      }                                    </head>
      #box2{                               <body>
        width: 300px;                        <div id="box1">
        height: 300px;                         <div id="box2">
        border: 5px solid dodgerblue;            <div id="box3">
        padding: 20px;                             <div id="box4">
      }                                              <div id="box5">
      #box3{                                         </div>
        width: 218px;                              </div>
        height: 218px;                           </div>
        background: plum;                        </div>
        padding: 41px;                         </div>
      }                                      </body>
                                           </html>
```

图 1-68　"五环之歌"页面的代码

职业技能知识点考核 1

扫一扫看职业
技能知识点考
核 1 答案

一、单选题

1. <b>标签的作用是（　　　）。

   A. 显示加粗文本效果　　　　　　　　B. 显示斜体文本效果

   C. 显示小号字体效果　　　　　　　　D. 显示大号字体效果

2. 用来标示有序列表的标签是（　　　）。

   A. ul　　　　　　B. ol　　　　　　C. li　　　　　　D. dl

3. 以下标签不是负责组织 HTML 文档基本结构的是（　　　）。

   A. html　　　　　　B. head　　　　　　C. body　　　　　　D. title

4. 在一个<img>标签中决定图片文件位置的属性是（　　　）。

   A. alt　　　　　　B. title　　　　　　C. src　　　　　　D. href

5. 构成一个网页的两个最基本的元素是（　　　）。

   A. 文字和图片　　　B. 音乐和链接　　C. 图片和链接　　　D. 动画和音乐

6. <caption>标签是代表（　　　）。

   A. 表单下拉框　　　B. 窗口帧技术　　C. 表格标题　　　D. 没有这个标签

7. 下列选项中定义标题最合理的是（　　　）。

   A. <span class="header">文章标题</span>

   B. <p><b>文章标题</b></p>

C. <h1>标题</h1>

D. <div>文章标题</div>

8. 以下选项可以添加"水平线"的标签是（　　　）。

A. hr   B. br   C. height   D. i

9. 在 HTML 中，样式表按照应用方式可以分为 3 种类型，其中不包括（　　　）。

A. 内嵌样式表   B. 行内样式表   C. 外部样式表   D. 类样式表

10. 如果在 catalog.html 中包含如下代码，则该 HTML 文档在 IE 浏览器中打开后，用户单击此链接将（　　　）。

```
<a href="#novel">小说</a>
```

A. 使页面跳转到同一文件夹下名为"novel.html"的 HTML 文档

B. 使页面跳转到同一文件夹下名为"小说.html"的 HTML 文档

C. 使页面跳转到 catalog.html 包含名为"novel"的锚记处

D. 使页面跳转到同一文件夹下名为"小说.html"的 HTML 文档中名为"novel"的锚记处

11. 以下说法正确的是（　　　）。

A. <a>标签是页面链接标签，只能用来链接到其他页面

B. <a>标签是页面链接标签，只能用来链接到本页面的其他位置

C. <a>标签的 src 属性用于指定要链接的地址

D. <a>标签的 href 属性用于指定要链接的地址

12. 以下关于网页文件命名的说法错误的是（　　　）。

A. 建议使用长文件名或中文文件名，以便更清楚易懂

B. 使用字母和数字，不要使用特殊字符

C. 用字母作为文件名的开头，不建议使用数字

D. 使用下画线或破折号来模拟分隔单词的空格

13. 以下有关列表的说法中，错误的是（　　　）。

A. 有序列表和无序列表可以互相嵌套

B. 指定嵌套列表时，也可以具体指定项目符号或编号样式

C. 无序列表应使用<ul>和<li>标签符进行创建

D. 在创建列表时，<li>标签符的结束标签符不可省略

14. 以下选项中不能用来表示 CSS 颜色的是（　　　）。

A. red   B. #FF0000   C. rgb(f,0,0)   D. rgb(100%,0,0)

15. a:hover 表示超链接在（　　　）时的状态。

A. 鼠标按下   B. 鼠标来移入   C. 鼠标放上去   D. 访问过后

16. 通常一个 Web 项目的主页默认文档名是（　　）

A. index.html   B. main.html   C. webpage.html   D. homepage.html

17. 下列代码可去掉文本超链接的下画线的是（　　　）。

A. a{text-decoration:no underline;}   B. a{underline:none;}

C. a{decoration:no underline;}   D. a{text-decoration:none;}

18. 下列不是<img>标签的属性的是（　　　）。

A. src   B. width   C. usemap   D. shape

19. 在 HTML 中，CSS 即层叠样式表，是一种用来表现 HTML 文件样式的计算机语言，下列说法不正确的是（　　　）。

    A. color 可以设置背景色   B. text-indent 规定了段落的缩进

    C. width 可以设置宽度   D. font-size 可以设置文字大小

20. 为了优化 HTML 结构，文档的页眉一般使用（　　　）语义化标签。

    A. <head>   B. <nav>   C. <section>   D. <header>

21. 下面关于 CSS 的描述，错误的是（　　　）。

    A. CSS 内容可以写在标签内的 style 属性中，也可以写在一个外部的 CSS 文件中

    B. CSS 内容前后有花括弧 "{}"，每个属性之间用分号分隔，属性与属性值之间用冒号隔开

    C. 在 jQuery 中，可以对选中标签进行一个或者多个属性及属性值的设置

    D. 对于某 id 属性对应的标签进行 CSS 定义时，对同一个 CSS 属性进行了两次设置，将以第一次定义为准，系统自动忽略其后相同定义

22. 在 HBuilder 中，下面对视图的说法正确的是（　　　）。

    A. 开发视图   B. 边改边看模式

    C. 团队同步视图   D. 其他三项说法都对

23. 在 HTML 中，（　　　）用来表示空格。

    A. ®   B. ©   C. "   D.

24. 下面关于文件路径的说法错误的是（　　　）。

    A. "../" 是返回当前目录的上一级目录

    B. "../" 是返回当前目录的下一级目录

    C. 访问下一级目录直接输入相应的目录名即可

    D. 文件路径指文件存储的位置

25. 在 HTML 中，下列有关邮箱的链接书写正确的是（　　　）。

    A. <A href="telnet:zhangming@aptech.com">发送邮件</A>

    B. <A href="mail:zhangming@aptech.com">发送邮件</A>

    C. <A href="ftp:zhangming@aptech.com">发送邮件</A>

    D. <A href="mailto:zhangming@aptech.com">发送邮件</A>

26. 嵌入在 HTML 文档中的图像格式可以是（　　　）。

    A. *.gif   B. *.jpg   C. *.png   D. 以上都可以

27. 每段文字都需要首行缩进两个字的距离，该设置的属性是（　　　）。

    A. text-transform   B. text-align   C. text-indent   D. text-decoration

28. 下列选项中不是 HTML5 新增的语义化标签元素的是（　　　）。

    A. section   B. head   C. article   D. aside

29. 在 HTML5 中，（　　　）元素用于组合标题元素。

    A. <group>   B. <header>   C. <headings>   D. <hgroup>

30. 在一些编辑器中，输入 "html:5"，按 Tab 键后会出现 HTML 文件主体内容，这里的 5 指的是（　　　）

    A. HTML 版本号   B. HTML 文件的文件名

C. 没有实际意义   D. HTML 编号

31. HTML5 的正确 DOCTYPE 是（   ）。

     A. <!DOCTYPE html>   B. <!DOCTYPE HTML5>

     C. <!DOCTYPE HTML PUBLIC "-//W3C//DTD HTML 5.0//EN" "http://www.w3.org/TR/ html5/strict.dtd">

32. 以下关于 HTML5 的说法不正确的是（   ）。

     A. HTML5 标准还在制定中   B. HTML5 兼容以前 HTML4 下的浏览器

     C. <canvas>标签替代 flash   D. 简化的语法

33. 以下标签不是 HTML 5 的语义化标签的是（   ）。

     A. <header></header>   B. <section></section>

     C. <marquee></marquee>   D. <article></article>

34. 在制作 Web 前端项目时，下面属于 HBuilder 工作范围的是（   ）。

     A. 内容信息的搜集整理   B. 美工图像的制作

     C. 把所有有用的东西组合成网页   D. 网页的美工设计

35. 下面可以用来做 HTML 代码编辑器的是（   ）。

     A. 记事本程序   B. Photoshop

     C. flash   D. 其他三项都不可以

36. 下面的协议是超文本传输协议的是(   )

     A. http   B. ftp   C. gopher   D. news

二、多选题

1. 下列选项可以作为<a>标签中 target 属性的值的是（   ）。

     A. _content   B. _valign   C. _blank   D. _self

2. 在 HTML 中，使用 HTML 元素的 class 属性，将样式应用于网页上某个段落的代码如下所示：

```
<p class="firstp">这是一个段落</p>
```

下面选项中，（   ）正确定义了上面代码引用的样式规则。

     A. <style type="text/css">

           p{color:red;}

       </style>

     B. <style type="text/css">

           #firstp{color:red;}

       </style>

     C. <style type="text/css">

           .firstp{color:red;}

       </style>

     D. <style type="text/css">

           P.{color:red;}

       </style>

3. HTML5 新增的结构元素有（   ）。

A. header B. article C. aside D. nav

4. 以下标签书写正确的是（   ）。

A. `<p/>` B. `<br/>` C. `<hr/>` D. `<img/>`

三、判断题

1. `<div><span></div></span>` 是合法的。   （   ）
2. HTML 是 Hypertext Markup Language 的缩写，中文翻译为超文本传输协议。（   ）
3. HTML5 不再支持 frame 框架，同时也废除了 frameset、frame、noframes 这 3 个元素。   （   ）
4. HTML 提供了 5 个等级的标题。   （   ）
5. 在 CSS3 之前，只能通过 opacity 属性定义颜色值，只能使用 RGB 模式设置元素的不透明度。   （   ）

项目拓展

以"我眼中的大学"为主题，自行搜集素材，创建 Web 项目，使用 HTML 常用标签和 CSS 基础选择器，设计、制作 4 张图文结合的网页（1 张首页、3 张二级页面），可以是大学的风景、历史、某一个地方等等，并为这 4 张网页设置超链接。

讨论：你有过丢失数据的惨痛经历吗？

你在以往的学习生活中，有过丢失数据的惨痛经历吗？

我看到过学生丢失数据的经历。在最后一次实训课上，同学们用电脑撰写实训报告，准备在下课前提交。有个同学坐在第一排，我听到他说了一声"好嘞"，然后很有成就感地按了一下 Enter 键，我知道他写好了实训报告。紧接着我听到他叫了一声："哎呀，关机啦！"原来是不小心膝盖触到了主机箱的电源按钮。我赶紧问他保存了吗？他说没有。他可怜巴巴地看着我，我对他说："我很同情你，重新去写一份实训报告吧，下课前提交。"最后，他在下课前重新写了一份实训报告交上来。我猜他由于时间的关系，他的这份实训报告可能没有之前的那份写得好，但我希望他记住这次经历。在课堂上，我会建议同学们在写文档、程序时，写一段内容就按一次 Ctrl+S 组合键进行保存，并要定期备份。

在软件行业中，有明确的规则：编写代码时要注意及时保存、定期备份，防止由于断电、硬盘损坏等原因造成代码丢失。

不仅仅是在校生，职场里也会发生数据丢失的事情。我校有个毕业生在医疗软件行业，为医院开发软件。项目交付给甲方后，要求数据库一天备份一次。他们曾经有个甲方医院没按要求及时备份数据库，结果，有一次服务器出现故障，数据修复后还是丢失了三个月的数据，整个医院的人为此手工补录数据一星期。如果这家医院之前能按照要求每天备份数据库，哪会有这个遭遇呢？这是一次惨痛的教训。

在大数据时代，小到一个 Word 文档、一张老照片，大到一个信息化系统、一个数据库，都是非常重要的。电子产品的故障是说来就来、没有预兆的。为了尽可能地避免这种损失，要养成及时保存、定期备份的习惯，这也是一种职业素养。

项目2

文本类网页设计

教	教学重点	1. 文本阴影; 2. 特殊字体	
	教学难点	1. 文本阴影; 2. 特殊字体	
	推荐教学方式	任务驱动、项目引导、教学做一体化	
	建议学时	4 学时	
学	推荐学习方法	结合教师的引导,通过实践完成相应的任务,在项目任务中学习新知识和新技能,并通过不断总结经验来提升操作技能,积累职业素养	
	必须掌握的理论知识	1. 熟悉 text-shadow 属性语法; 2. 熟悉 white-space 属性、text-overflow 属性、word-wrap 属性; 3. 熟悉@font-face 属性语法	
	必须掌握的技能	1. 会设置文本阴影; 2. 会设置服务器字体	
	必须具备的职业素养	1. 培养规范书写代码的习惯; 2. 提高沟通能力、语言表达能力	

项目描述

　　本项目我们将学习文本的处理和特殊字体的使用,包括文本阴影、溢出文本、服务器字体等;通过制作网站新闻列表区、白居易的《池上》等页面,提升文本类网页设计的能力。

2.1　文本处理

2.1.1　文本阴影

使用 text-shadow 属性制作文本阴影效果。

1. text-shadow 属性

text-shadow 属性的语法如下：

```
text-shadow: h-shadow v-shadow blur color;
```

h-shadow：必需，表示阴影在水平方向上相对于文字本身的偏移距离。

v-shadow：必需，表示阴影在垂直方向上相对于文字本身的偏移距离。

h-shadow 和 v-shadow 是由浮点数字和长度单位组成的长度值，可以为负值。水平向右、垂直向下为正值，水平向左、垂直向上为负值。

blur：可选，表示阴影模糊的距离。是由浮点数字和长度单位组成的长度值，不可以为负值。该值可以省略，表示模糊作用距离为 0，即没有模糊效果。

color：可选，表示阴影的颜色。

2. 文本的阴影效果

给一段文字添加右下方向的阴影，如图 2-1 所示。

（1）新建一张网页。

（2）插入<p>标签，在标签内输入文字"文字阴影"。

（3）为段落文字设置 CSS 样式。字号 36 像素、橙色、加粗，为文字添加阴影：水平向右、垂直向下各偏移 5 像素，模糊 3 像素，阴影颜色为灰色。代码如下：

```
p{
    font-size: 36px;
    color: orange;
    font-weight: bold;
    text-shadow: 5px 5px 3px #333;
}
```

保存，预览，实现预期目标。文字阴影（右下方向）网页代码如图 2-2 所示。

```
<!DOCTYPE html>
<html>
  <head>
    <meta charset="UTF-8">
    <title></title>
    <style type="text/css">
      p{
        font-size: 36px;
        color: orange;
        font-weight: bold;
        text-shadow: 5px 5px 3px #333;
      }
    </style>
  </head>
  <body>
    <p>文字阴影</p>
  </body>
</html>
```

图 2-1　文字阴影（右下方向）效果　　　　　图 2-2　文字阴影（右下方向）网页代码

如果想添加多个阴影的话，多组参数之间用逗号分隔。例如，为如上文字制作右下角阴影的同时，再制作一个左上角的阴影。则文字阴影的代码如下：

```
text-shadow: 5px 5px 3px #333,-5px -5px 3px blue;
```

保存并预览，文字阴影（多个阴影）效果如图 2-3 所示。

小贴士：颜色值可以用#后面加 6 位十六进制数来表示。这是使用 RGB 颜色模式来表示颜色，前两位表示 R（红色），中间两位表示 G（绿色），后两位表示 B（蓝色）。其中，#ffffff 表示白色，#000000 表示黑色，#ff0000 表示红色，#00ff00 表示绿色，#0000ff 表示蓝色。当前两位的两个数字相同、中间两位的两个数字相同、后两位的两个数字相同时，6 位的十六进制数可以简写为 3 位，例如，#ffffff 可以简写为#fff，#ff9900 可以简写为#f90。

3. 文本的描边效果

使用 text-shadow 属性制作一个文字的描边效果，如图 2-4 所示。

使用 text-shadow 属性制作描边效果的原理：从上下、左右 4 个方向各制作一个偏移 1 像素的阴影，颜色是灰色。代码如下：

```
text-shadow: 0-1px #333,0 1px #333,-1px 0 #333, 1px 0  #333;
```

4. 文本的发光效果

使用 text-shadow 属性还可以制作文字的发光效果，如图 2-5 所示。

图 2-3　文字阴影（多个阴影）效果　　图 2-4　文字描边效果　　图 2-5　文字发光效果

使用 text-shadow 属性制作文字的发光效果的原理：不设置水平和垂直的偏移距离，仅设置模糊作用距离，可以通过修改模糊作用距离数值来实现强度不同的发光效果。

设置 CSS 样式。先为整张网页添加背景颜色为黑色。代码如下：

```
body{
    background: black;
}
```

再为文字添加阴影。代码如下：

```
text-shadow: 0 0 10px white;
```

2.1.2　溢出文本处理

1. overflow 属性

overflow 属性是对溢出内容的处理，其属性值如表 2-1 所示。

表 2-1　overflow 属性值

值	描　　述
visible	默认值。内容不会被修剪，会呈现在元素框之外

续表

值	描　述
hidden	内容会被修剪，并且其余内容是不可见的
scroll	内容会被修剪，但是浏览器会显示滚动条以便查看其余的内容
auto	如果内容被修剪，则浏览器会显示滚动条以便查看其余的内容
inherit	规定应该从父元素继承 overflow 属性的值

2. white-space 属性

不论源代码中有多少空格，在浏览器中只会显示一个字符的空白。在 CSS 中，使用 white-space 属性可设置空白字符的处理方式，其属性值如表 2-2 所示。

表 2-2　white-space 属性值

值	描　述
normal	默认。空白字符会被浏览器忽略
pre	空白字符会被浏览器保留。其行为方式类似 HTML 中的 <pre> 标签
nowrap	文本不会换行，文本会在同一行上继续，直到遇到 标签为止
pre-wrap	保留空白字符序列，但是正常地进行换行
pre-line	合并空白字符序列，但是保留换行符
inherit	规定应该从父元素继承 white-space 属性值

3. text-overflow 属性

text-overflow 属性规定当文本溢出包含元素时发生的事情。语法如下：

```
text-overflow: clip | ellipsis |string;
```

clip：默认值，表示修剪文本，直接裁切掉溢出的文本。
ellipsis：显示省略符号来代表被修剪的文本。
string：使用给定的字符串来代表被修剪的文本。

 扫一扫下载新闻列表区素材

任务 2-1　制作网站新闻列表区

 扫一扫看制作网站新闻列表区教学课件

 扫一扫看制作网站新闻列表区微课视频

常在网站首页开辟出一个空间，作为新闻或通知的文章列表区域。例如，金华职业技术学院信息工程学院网站的首页，其新闻列表区域尺寸是固定的，当新闻标题超出指定范围时，超出部分的标题文字就会以"…"的形式来体现，如图 2-6 所示。

下面我们来看看文章列表的制作方法，最终效果如图 2-7 所示。在这个文章列表中，一共包括 5 条文章信息，它有固定的显示宽度，当标题文字超出显示宽度时，超出的部分就以"…"的形式来体现。

制作步骤如下：

（1）在 Web 项目的"html"子文件夹中新建一个 HTML 文件。

（2）按照网页制作流程，先搭建网页结构。对于这个文章列表，我们使用<ul><li>…</li>…</ul>标签来搭建。

图 2-6　金华职业技术学院信息工程学院网站首页

在 body 标签中，先输入<ul>标签，由于有 5 个文章标题，所以里面嵌入 5 个<li>标签，每个<li>标签中的标题文字都有超链接，所以，每条<li>标签这样书写：<li><a></a></li>，这样的语句书写 5 次（也可以写好一条，再复制 4 次）。在 HBuilder 中有更简便的录入方法，输入"(li>a)*5"，再按 Tab 键。这样输入的含义是：<li>标签里嵌套一个<a>标签，这样的结构有 5 条。

再在每行代码的<a>标签中录入文章标题文字。代码如下：

> 信息工程学院实习就业基地授牌仪式在……
>
> 金湖大讲堂 黄恩：避免抑郁症，做情……
>
> 我校召开2019年全国职业院校技能大……
>
> 释放激情，"羽"众不同 ——信息学院……
>
> 高职院校专业建设骨干专业治理能力提……

图 2-7　文章列表最终效果

```
<ul>
    <li><a href="">信息工程学院实习就业基地授牌仪式在中芯国际集成电路制造（上
        海）有限公司圆满举行</a></li>
    <li><a href="">金湖大讲堂 黄恩：避免抑郁症，做情绪的主人</a></li>
    <li><a href="">我校召开 2019 年全国职业院校技能大赛"集成电路开发及应用"竞
        赛承办工作协调会</a></li>
    <li><a href="">释放激情，"羽"众不同 ——信息学院第三届部门羽毛球比赛
        </a></li>
    <li><a href="">高职院校专业建设骨干专业治理能力提升培训班在我校开班
        </a></li>
</ul>
```

保存。文章列表网页阶段效果如图 2-8 所示。

（3）设置 CSS 样式。在<head>标签里的<title>标签后面添加<style>标签，设置如下样式。

① 文字字号 12 像素，文字颜色深灰色，超链接文字无下画线，行高 22 像素。代码如下：

```
a{
    font-size: 12px;
    color: #333;
    text-decoration: none;
```

```
        line-height: 22px;
    }
```

② 设置<li>标签的 CSS 样式。宽度设置为 220 像素，在设置宽度后，中文超出限定宽度后会自动换行，如图 2-9 所示。

- 信息工程学院实习就业基地授牌仪式在中芯国际集成电路制造（上海）有限公司圆满举行
- 金湖大讲堂 黄恩：避免抑郁症，做情绪的主人
- 我校召开2019年全国职业院校技能大赛"集成电路开发及应用"竞赛承办工作协调会
- 释放激情、"羽"众不同 ——信息学院第三届部门羽毛球比赛
- 高职院校专业建设骨干专业治理能力提升培训班在我校开班

图 2-8　文章列表阶段效果 1

- 信息工程学院实习就业基地授牌仪式在中芯国际集成电路制造（上海）有限公司圆满举行
- 金湖大讲堂 黄恩：避免抑郁症，做情绪的主人
- 我校召开2019年全国职业院校技能大赛"集成电路开发及应用"竞赛承办工作协调会
- 释放激情，"羽"众不同 ——信息学院第三届部门羽毛球比赛
- 高职院校专业建设骨干专业治理能力提升培训班在我校开班

图 2-9　文章列表阶段效果 2

这时的效果与我们的初衷不符，标题自动换行会影响到布局尺寸，我们希望每个文章标题占一行，因此我们使用 white-space 属性，它的值为 nowrap，这就规定了段落中的文本不换行。此时，有的行的标题文字就冲出了宽度限制，为了看清楚效果，我们给 li 设置一个 1 像素的实线边框，效果如图 2-10 所示。

该怎样让超出宽度的标题文字用 "..." 来体现呢？通常用 overflow 属性和 text-overflow 属性配合来实现，先设置 overflow 的值为 hidden，再设置 text-overflow 的值为 ellipsis，效果如图 2-11 所示。

- 信息工程学院实习就业基地授牌仪式在中芯国际集成电路制造（上海）有限公司圆满举行
- 金湖大讲堂 黄恩：避免抑郁症，做情绪的主人
- 我校召开2019年全国职业院校技能大赛"集成电路开发及应用"竞赛承办工作协调会
- 释放激情，"羽"众不同 ——信息学院第三届部门羽毛球比赛
- 高职院校专业建设骨干专业治理能力提升培训班在我校开班

图 2-10　文章列表阶段效果 3

- 信息工程学院实习就业基地授牌仪式在...
- 金湖大讲堂 黄恩：避免抑郁症，做情...
- 我校召开2019年全国职业院校技能大赛...
- 释放激情，"羽"众不同 ——信息学院...
- 高职院校专业建设骨干专业治理能力提...

图 2-11　文章列表阶段效果 4

现在，我们把<li>的黄色边框去掉。对照网页效果，发现每行的标题文字下面都有一条灰色的直线，这该怎么实现呢？border 属性有 4 个子属性，可以设置上下左右 4 个方向的边框，可以通过给<li>添加 1 像素的灰色底部边框来实现。这时预期效果的文章列表就完成了。

<li>的 CSS 样式代码如下：

```
    li{
        width: 220px;
        white-space: nowrap;
        /*border: 1px solid orange;*/
        overflow: hidden;
        text-overflow: ellipsis;
```

```
      border-bottom: 1px solid #ccc;
    }
```

文章列表网页代码如图 2-12 所示。

```
<!DOCTYPE html>
<html>
  <head>
    <meta charset="utf-8">
    <title></title>
    <style type="text/css">
      a{
        font-size: 12px;
        color: #333;
        text-decoration: none;
        line-height: 22px;
      }
      li{
        width: 220px;
        white-space: nowrap;
        /*border: 1px solid orange;*/
        overflow: hidden;
        text-overflow: ellipsis;
        border-bottom: 1px solid #ccc;
      }
    </style>
  </head>
  <body>
    <ul>
    <li><a href="">信息工程学院实习就业基地授牌仪式在中芯国际集成电路制造（上海）有限公司圆满举行</a></li>
    <li><a href="">金湖大讲堂 黄恩：避免抑郁症，做情绪的主人</a></li>
    <li><a href="">我校召开 2019 年全国职业院校技能大赛"集成电路开发及应用"竞赛承办工作协调会</a></li>
    <li><a href="">释放激情，"羽"众不同 ——信息学院第三届部门羽毛球比赛 </a></li>
    <li><a href="">高职院校专业建设骨干专业治理能力提升培训班在我校开班</a></li>
    </ul>
  </body>
</html>
```

图 2-12　文章列表网页代码

小贴士：在 HBuilder 中添加行注释的快捷键是：Ctrl+/（Windows 系统）或 Command+/（Mac 系统）

2.2　特殊字体

扫一扫看特殊字体教学课件

1. 边界换行

word-wrap 属性允许长单词或 URL 地址换行到下一行。其语法如下：

```
word-wrap: normal | break-word;
```

其中，normal 只在允许的换行点换行（浏览器保持默认处理）；break-word 在长单词或 URL 地址内部进行换行。

2. 服务器字体

@font-face 属性是 CSS3 的新增属性，用于定义服务器字体。通过@font-face 属性，开发者可以在用户计算机未安装字体时，使用任何喜欢的字体。使用@font-face 属性定义服务器字体的基本语法格式如下：

```
@font-face{
        font-family:字体名称;
        src:字体路径;
    }
```

在上面的语法格式中，font-family 用于指定该服务器字体的名称，该名称可以自己定义；src 属性用于指定该字体文件的路径。

扫一扫下载制作古诗页面素材

任务 2-2　制作古诗页面

扫一扫看制作古诗页面教学课件

扫一扫看制作古诗页面微课视频

我们来制作如图 2-13 所示的古诗页面。这首诗是唐代诗人白居易写的《池上》。这个页面有一张和古诗内容相配的背景图，按照古人的书写习惯从右往左竖向书写，文字的字体不是系统自带的，文字有阴影效果。

下面来制作这个古诗页面（事先把背景图保存到 Web 项目的"img"文件夹中）：

图 2-13　古诗页面效果

（1）在 Web 项目的"html"子文件夹中，新建一个 HTML 文件。

（2）按照网页的制作流程，先在\<body\>标签中创建网页的整体结构。

古诗标题放在\<h1\>标签中，4 句诗句分别放在 4 个\<p\>标签中，作者名字放在\<h2\>标签中。代码如下：

```
<body>
    <h1>池上</h1>
    <p>小娃撑小艇，</p>
    <p>偷采白莲回。</p>
    <p>不解藏踪迹，</p>
    <p>浮萍一道开。</p>
    <h2>白居易</h2>
</body>
```

古诗页面阶段效果如图 2-14 所示。

（3）设置 CSS 样式。在\<title\>标签后面添加\<style\>标签。

① 为\<body\>标签添加整个页面的背景图 chishang.jpg，不重复显示，背景图相对于窗口是 100%显示的。代码如下：

```
body{
    background: url(../img/chishang.jpg) no-repeat ;
    background-size: 100%;
}
```

古诗页面阶段效果如图 2-15 所示。

图 2-14　古诗页面阶段效果 1　　　　　　图 2-15　古诗页面阶段效果 2

　　② 设置古诗标题的 CSS 样式，字号 40 像素。按照预期效果，标题显示在页面的右侧，因此设置右浮动。标题文字还需要竖向排列，在设置宽度后，如果超出宽度，中文文字有自动换行的特点，所以，给标题设置宽度为 20 像素，来实现它的垂直排列。此时它紧贴在页面的右边，设置外边距为 30 像素。代码如下：

```
h1{
    font-size: 40px;
    float: right;
    width: 20px;
    margin: 30px;
}
```

　　古诗页面阶段效果如图 2-16 所示。

　　浮动指的是使元素脱离原来的标准流，浮动起来。使用 float 属性实现元素向左或向右浮动，浮动在页面布局时被广泛使用，将在项目 5 中详细介绍。

　　③ 设置古诗句子的 CSS 样式。右浮动，字号为 30 像素，宽度为 20 像素，左外边距为 30 像素，效果如图 2-17 所示。

图 2-16　古诗页面阶段效果 3　　　　　　图 2-17　古诗页面阶段效果 4

　　按照中文的书写规范，标点符号是紧跟在它前面字的右边的，但这不符合我们预期的效果，希望标点显示在它前面文字的下面。这需要使用边界换行属性 word-wrap 来实现，把它的值设置为 break-word，当到达边界时，强制给它换行，此时标点符号的位置就是合适的了，效果如图 2-18 所示。

　　<p>标签的 CSS 样式代码如下：

```
p{
    float: right;
    font-size: 30px;
    width: 20px;
    margin-left: 30px;
    word-wrap: break-word;
}
```

④ 设置作者名字的 CSS 样式。右浮动，字号为 26 像素，宽度为 20 像素，上外边距为 80 像素。代码如下：

```
h2{
    float: right;
    font-size: 26px;
    width: 20px;
    margin-top: 80px;
}
```

古诗页面阶段效果如图 2-19 所示。

图 2-18　古诗页面阶段效果 5

图 2-19　古诗页面阶段效果 6

（4）使用特殊的字体。以前，网页如果使用了特殊的字体，浏览该网页的用户在计算机上若没有安装这种字体，将使用浏览器默认的字体显示，如宋体。该怎样把我们喜欢的字体展示在网页上呢？以前的做法是把使用特殊字体的文字做成图片，插入到网页中。现在，CSS3 提供了设置服务器字体的属性。这时浏览该网页的人在计算机上若没有安装这种字体，只要我们设置了服务器字体，那么，这些用户也都能看到所用特殊字体的效果了。设置服务器字体有如下 3 个步骤：

① 把特殊的字体文件复制到 Web 项目的子文件夹（通常命名为 font）中，如图 2-20 所示。

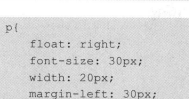

图 2-20　字体文件复制到 font
文件夹中

② 在<style>标签中添加@font-face 规则，设置服务器字体。这里有两个属性：font-family 属性为该字体定义一个名字，如 chishang；src 属性给出字体文件的路径。代码如下：

```
@font-face {
    font-family:chishang;
    src: url(../font/FZJZJW.TTF);
}
```

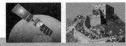

③ 应用该字体。为<body>标签增加 CSS 样式：字体为 chishang。代码如下：

```
font-family: chishang;
```

古诗页面阶段效果如图 2-21 所示。

（5）设置文字阴影。为<h1>标签添加文字阴影：水平向右偏移 3 像素，垂直向下偏移 3 像素，模糊作用距离为 3 像素，阴影颜色为橙色（值为 orange 或者#f90）。代码如下：

```
text-shadow: 3px 3px 3px #f90;
```

为<h2>标签添加文字阴影：无水平偏移，无垂直偏移，模糊作用距离为 3 像素，阴影颜色为橙色。代码如下：

```
text-shadow: 0 0 3px orange;
```

古诗页面阶段效果如图 2-22 所示。

图 2-21　古诗页面阶段效果 7　　　　　图 2-22　古诗页面阶段效果 8

（6）设置文字颜色。为所有文字设置颜色为深灰色，在<body>标签中添加 color 属性。代码如下：

```
color: #333;
```

这时古诗页面就制作完成了。由于背景图的尺寸是 100%且不重复，因此，窗口大小变化时，背景图都能相对于窗口完全显示。古诗页面代码如图 2-23 所示。

```html
<!DOCTYPE html>
<html>
  <head>
    <meta charset="UTF-8">
    <title></title>
    <style type="text/css">
      @font-face {
        font-family:chishang;
        src: url(../font/FZJZJW.TTF);
      }
      body{
        background: url(../img/chishang.jpg) no-repeat ;
        background-size: 100%;
        font-family: chishang;
        color: #333;
      }
      h1{
        font-size: 40px;
        float: right;
        width: 20px;
        margin: 30px;
        text-shadow: 3px 3px 3px #f90;
      }
      p{
        float: right;
        font-size: 30px;
        width: 20px;
        margin-left: 30px;
        word-wrap: break-word;
      }
      h2{
        float: right;
        font-size: 26px;
        width: 20px;
        margin-top: 80px;
        text-shadow: 0 0 3px orange;
      }
    </style>
  </head>
  <body>
    <h1>池上</h1>
    <p>小娃撑小艇，</p>
    <p>偷采白莲回。</p>
    <p>不解藏踪迹，</p>
    <p>浮萍一道开。</p>
    <h2>白居易</h2>
  </body>
</html>
```

图 2-23　古诗页面代码

职业技能知识点考核 2

扫一扫看职业
技能知识点考
核 2 答案

一、单选题

1. 关于 overflow 属性的值，下列选项不正确的是（　　）。

    A. visible   B. auto   C. x-scroll   D. hidden

2. 下列选项中，用于改变盒子模型外边距的是（　　）。

    A. margin   B. padding   C. type   D. border

3. 在 div 的"溢出"属性值中，如果选择了"hidden"，则其意义是（　　）。

    A. 默认   B. 显示   C. 继承   D. 隐藏

4. 不论内容是否超出，都显示滚动条，则"溢出"属性值应为（　　）。

    A. visible   B. hidden   C. scroll   D. auto

5. 下列选项中，字号最大的是哪一项？（　　）

    A. \<h1\>   B. \<h2\>   C. \<h3\>   D. \<h4\>

二、多选题

新闻标题文字溢出显示省略号应该拥有的属性有（　　）。

A. overflow: hidden;   B. white-space: nowrap;

C. text-overflow: ellipsis;   D. width:500px

三、判断题

1. 在 CSS3 中使用 text-shadow 属性给页面文字添加阴影效果。（　　）

2. 语句"padding:10px;"只设置上边填充为 10 像素，其他三边为 0 像素。（　　）

3. CSS 中的盒模型就是把 HTML 页面中的元素看作是一个矩形区域，即元素的盒子。

    （　　）

4. 所谓盒模型就是把 HTML 页面中的元素看作是一个矩形区域，即元素的盒子。盒子由 border（边框）、padding（内边距）、content（内容）三部分组成。（　　）

5. 在 CSS 中，使用 white-space 属性可设置空白符的处理方式。（　　）

6. word-wrap 属性允许长单词或 URL 地址换行到下一行。（　　）

7. @font-face 属性是 CSS3 的新增属性，用于定义服务器字体。（　　）

四、填空题

1. text-overflow 属性的值设置为（　　　　）时，表示用省略号来代替被修剪的文本。

2. 可以同时添加多组文字阴影，比如：同时设置左上角的蓝色阴影和右下角的灰色阴影，则两组参数中间用（　　　　）分隔。

项目拓展

以"中国书法"为主题，自行搜集素材，创建 Web 项目，综合运用 HTML5 常用标签和 CSS3 常用选择器，制作 4 张图文并茂的网页（1 张首页、3 张二级页面），来介绍中国书法的历史、历代书法的特点和著名作品等，并为这 4 张网页设置超链接。

讨论：代码能正确执行，可以不用管编写规范吗？

我们知道 HTML 中的标签关系有两种。一种是嵌套关系，也叫父子关系，就是子级标签写在父级标签的里面，子级标签在编写时需要向右缩进 4 格。还有一种标签关系是并列关系，也叫兄弟关系，这种标签之间是平行的，在编写时左侧要对齐。这些编写规范你都遵守了吗？你是不是觉得：代码能正确执行就好了，强调编写规范是多此一举？

常见的不符合规范的代码编写方法是代码不换行，即在同一行编写很多条代码语句；再有就是代码不缩进或者乱缩进，从整体上看不出代码的层次关系。在软件行业中，对代码格式有比较详细的规范，最典型的就是：程序块要采用缩进格式编写，缩进的空格数为 4 格。也就是说代码的左侧要按照代码的层级采用缩进格式编写。

企业技术人员对代码编写规范的认识是不一样的。新员工常认为：功能实现就没有问题了，格式无所谓，我追求个性、不拘小节。多数资深开发工程师很有感触：帮同事改 bug（代码错误、程序漏洞）时，他的代码格式让人很头痛，忍不住帮他把 bug 和格式都改好，要浪费很多时间。企业的态度是非常明确的：有编写规范，就要严格执行，绝不能含糊！

不遵守代码编写规范时会造成代码的可读性差。新员工不介意编写规范，大多是在学生阶段没有养成好习惯，有的同学编写代码不规范，甚至写实训报告、发布信息也不规范。在实训报告中，段落首行没有空两格，使用标点不规范，常常一个逗号用到底，甚至有些地方不用标点符号，用空格代替。在发布信息时，常不写标点，写几个字就发出去，通常一个完整的信息需要好多条信息才能表达清楚。这些习惯不符合编写规范，也是职业活动中不允许的。与其在进入职场后再"痛改前非"，不如在学生时期就认真遵守编写规范。

项目 3

图像类网页设计

教学导航

教	教学重点	1. 背景；	2. 圆角边框和图像边框；
		3. 渐变；	4. 盒阴影
	教学难点	1. 图像边框；	2. 重复渐变
	推荐教学方式	任务驱动、项目引导、教学做一体化	
	建议学时	8 学时	
学	推荐学习方法	结合教师的引导，通过实践完成相应的任务，在项目任务中学习新知识和新技能，并通过不断总结经验来提升操作技能，积累职业素养	
	必须掌握的理论知识	1. 熟悉 background 属性语法；	2. 熟悉 border-radius 属性语法；
		3. 熟悉 border-image 属性语法；	4. 熟悉 box-shadow 属性语法
	必须掌握的技能	1. 会根据需要设置背景；	2. 会添加圆角边框和图像边框；
		3. 会设置渐变背景；	4. 会设置盒阴影
	必须具备的职业素养	1. 培养规范书写代码的习惯；	
		2. 培养发现问题、分析问题、解决问题的能力	

项目描述

　　本项目我们将学习背景、边框和盒阴影，具体包括定义背景，设置背景的原点位置、显示区域、大小、定位，设置圆角边框和图片边框，添加渐变，设置盒阴影等，通过制作信纸页面、风景页面、文明公约页面，提升图像类网页设计的能力。

3.1 背景

扫一扫下载背景和信纸页面素材

扫一扫看网页背景教学课件

CSS3 增强了原有背景属性的功能，并增添了一些新的背景属性，不但可以在同一元素内叠加多个背景图像，也可以对背景图像的原点位置、显示区域和大小等方面进行调整和控制。

3.1.1 背景的定义

background 属性用于在一个声明中设置所有的背景属性。语法如下：

```
background: background-color | background-image | background-origin |
background-clip | background-repeat | background-size |
background-position | background-attachment
```

background 子属性值如表 3-1 所示。

表 3-1 background 子属性值

值	说　　明
background-color	指定要使用的背景颜色
background-position	指定背景图像的位置
background-size	指定背景图像的大小
background-repeat	指定如何重复背景图像
background-origin	规定 background-position 属性相对于什么位置来定位
background-clip	指定背景图像的绘制区域
background-attachment	设置背景图像是否固定或者随着页面的其余部分滚动
background-image	指定要使用的一个或多个背景图像

如果不设置其中的某个值，也不会出问题，也是允许的。通常建议使用这个属性，而不是分别使用单个属性，因为这个属性在老版本的浏览器中能够得到更好的支持，而且需要输入的字母更少。

下面通过实例说明。在餐厅的墙上贴上 WiFi 的标志，并做出手指 WiFi 图标的效果，如图 3-1 所示。

这张网页中使用了 3 张如图 3-2 所示的图像作为网页背景。

图 3-1 多个背景的实例效果

canting.jpeg
1,024×669

hand.png
50×53

wifi.png
100×62

图 3-2 网页背景素材

具体步骤如下：

（1）新建一张网页。

（2）设置\<body>标签的 CSS 样式：为网页设置 3 张背景图像。代码如下：

```
body{
    background:url(../img/hand.png) 800px 340px no-repeat,
               url(../img/wifi.png)  760px 290px no-repeat,
                 url(../img/canting.jpeg) no-repeat;
}
```

为网页设置了 3 个图片背景，中间用逗号隔开，写在前面的背景图像会显示在上面，写在后面的背景图像则显示在下面。在上面的代码中还设置了前两张背景图像的位置，第一个值是水平位置，第二个值是垂直位置。添加多个背景的实例代码如图 3-3 所示。

```
<!DOCTYPE html>
<html>
  <head>
   <meta charset="utf-8">
   <title></title>
   <style type="text/css">
     body{
       background:url(../img/hand.png) 800px 340px no-repeat,
         url(../img/wifi.png)  760px 290px no-repeat,
         url(../img/canting.jpeg) no-repeat;
     }
   </style>
  </head>
  <body>
  </body>
</html>
```

图 3-3　添加多个背景的实例代码

3.1.2　背景的原点位置

使用 background-origin 属性可以对该原点位置进行调整。background-origin 属性用于规定 background-position 属性相对于什么位置来定位。语法如下：

```
background-origin: border-box | padding-box | content-box;
```

border-box：背景图像相对于边框盒来定位。

padding-box：背景图像相对于内边距框来定位。

content-box：背景图像相对于内容框来定位。

盒模型可以参考图 3-4。

下面通过实例说明。在网页中插入一个\<div>标签，里面输入文字"内容从这里开始"。代码如下：

```
<div id="">
    内容从这里开始
</div>
```

为这个\<div>设置 CSS 样式：宽度为 300 像素，高度为 150 像素，字号为 26 像素，边框为 50 像素、实线、半透明的红色，内边距为 50 像素，添加背景图像，背景图像不重复。代码如下：

```
div{
    width: 300px;
    height: 150px;
    font-size: 26px;
    border: 50px solid rgba(255,0,0,0.5);
    padding: 50px;
    background: url(../img/heart.jpeg) no-repeat;
}
```

当 background-origin 属性值为 border-box 时，效果如图 3-5 所示。

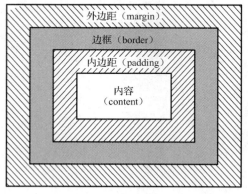

图 3-4　盒模型　　　　　　图 3-5　background-origin 属性值为 border-box 时的效果

当 background-origin 属性值为 padding-box 时，效果如图 3-6 所示。padding-box 是默认的原点位置，即背景图像原点默认就是 padding-box。

当 background-origin 属性值为 content-box 时，效果如图 3-7 所示。

图 3-6　background-origin 属性值为　　　　图 3-7　background-origin 属性值为
　　　　padding-box 时的效果　　　　　　　　　　content-box 时的效果

设置背景原点位置的实例代码如图 3-8 所示。

从这些效果图来看，当 background-origin 属性值是 padding-box 和 content-box 时，背景图像是偏的，显示效果不好。如果希望背景图像在指定区域内显示，还需要配合 background-clip 属性一起来实现。

3.1.3　背景的显示区域

background-clip 属性用于规定背景的绘制区域。语法如下：

```
background-clip: border-box |
    padding-box | content-box;
```

border-box：背景被裁剪到边框盒。
padding-box：背景被裁剪到内边距框。
content-box：背景被裁剪到内容框。

background-clip 属性的使用方法与 background-origin 属性一样，其值也是根据盒模型的结构来确定的。这两个属性常常会结合起来使用。

接着上面实例的代码，当 background-origin 和 background-clip 属性值都为 padding-box 时，网页效果如图 3-9 所示。

```html
<!DOCTYPE html>
<html>
  <head>
    <meta charset="utf-8">
    <title></title>
    <style type="text/css">
      div{
        width: 300px;
        height: 150px;
        font-size: 26px;
        border: 50px solid rgba(255,0,0,0.5);
        padding: 50px;
        background: url(../img/heart.jpeg)
            no-repeat;
        /*background-origin: border-box;*/
        /*background-origin: padding-box;*/
        background-origin: content-box;
      }
    </style>
  </head>
  <body>
    <div id="">
      内容从这里开始
    </div>
  </body>
</html>
```

图 3-8　设置背景原点位置的实例代码

当 background-origin 和 background-clip 属性值都为 content-box 时，网页效果如图 3-10 所示。

图 3-9　background-origin 和 background-clip
属性值都为 padding-box 时的效果

图 3-10　background-origin 和 background-clip
属性值都为 content-box 时的效果

设置背景的显示区域的实例代码如图 3-11 所示。

3.1.4　背景图像的大小

background-size 属性用于规定背景图像的尺寸。语法如下：

```
background-size: length | percentage | cover | contain;
```

length：由浮点数字和单位标志符组成的长度值，不可为负值。第一个值设置宽度，第二个值设置高度。如果只设置一个值，则第二个值会被设置为"auto"。

percentage：取值为 0%～100%，以父元素的百分比来设置背景图像的宽度和高度。

cover：保持背景图像本身的宽高比例，对背景图像缩放，以使背景图像完全覆盖背景区

域。背景图像的某些部分也许无法显示在背景定位区域中。

contain：保持背景图像本身的宽高比例，对背景图像缩放，以使其宽度和高度完全适应背景定位区域。

下面通过实例说明。在网页中插入一个<div>，设置它的宽度为 300 像素，高度为 500 像素，为了明显地观看效果，给它添加边框：粗细为 1 像素，实线，黑色。为这个<div>设置 3 张背景图像，3 张背景图像都是前面案例中使用过的 canting.jpeg，这 3 个背景图像分别按照 30% 30%、60% 60%、100% 100%的大小显示，效果如图 3-12 所示。

```html
<!DOCTYPE html>
<html>
  <head>
    <meta charset="utf-8">
    <title></title>
    <style type="text/css">
      div{
        width: 300px;
        height: 150px;
        font-size: 26px;
        border: 50px solid rgba(255,0,0,0.5);
        padding: 50px;
        background: url(../img/heart.jpeg) no-repeat;
        /*background-origin: border-box;*/
        /*background-origin: padding-box;*/
        /*background-clip: padding-box;*/
        background-origin: content-box;
        background-clip: content-box;
      }
    </style>
  </head>
  <body>
    <div id="">
      内容从这里开始
    </div>
  </body>
</html>
```

图 3-11　设置背景的显示区域的实例代码

图 3-12　设置背景图像的大小

设置背景图像大小的实例代码如图 3-13 所示。

当 background-size 属性值是"30%、60%、100%"时，网页效果如图 3-14 所示。为什么会这样呢？因为如果只设置一个值，则第二个值会被设置为"auto"，这时背景图像会按照自身的比例来调整大小。

接下来，我们把这个<div>的背景图像只保留一张，将 background-size 属性值设为cover，效果如图 3-15 所示。

我们发现，当属性 background-size 属性值为 cover 时，背景图像按比例缩放，直至覆盖整个背景区域为止，但会裁剪掉部分图像。

```html
<!DOCTYPE html>
<html>
  <head>
    <meta charset="utf-8">
    <title></title>
    <style type="text/css">
      div{
        width: 300px;
        height: 500px;
        border: 1px solid black;
        background: url(../img/canting.jpeg) no-repeat,
        url(../img/canting.jpeg) no-repeat,
        url(../img/canting.jpeg) no-repeat;
        background-size: 30% 30%,60% 60%,100% 100%;
      }
    </style>
  </head>
  <body>
    <div id="">
    </div>
  </body>
</html>
```

图 3-13　设置背景图像大小的实例代码

我们再将 background-size 属性值设为 contain，效果如图 3-16 所示。

图 3-14　background-size　　　图 3-15　background-size　　　图 3-16　background-size

　　属性值只设置一个　　　　　　　属性值设为 cover　　　　　　　属性值设为 contain

我们发现，当属性 background-size 属性值为 contain 时，背景图像会完全显示出来，但没有完全覆盖背景区域。

3.1.5　背景图像的定位

background-position 属性用于设置背景图像的起始位置。

在默认情况下，background-position 属性总是以边框以内（padding-box）的左上角为坐标原点进行背景图像定位。

background-position 属性值如表 3-2 所示。

表 3-2　background-position 属性值

值	描　　述
left top left center left bottom right top right center right bottom center top center center center bottom	如果仅规定了一个关键词，那么第二个值将是"center"
x% y%	第一个值是水平位置，第二个值是垂直位置。 左上角是 0% 0%，右下角是 100% 100%。 如果仅规定了一个值，另一个值将是 50%。 默认值为 0% 0%

续表

值	描　　述
xpos ypos	第一个值是水平位置，第二个值是垂直位置。 左上角是 0 0，单位是像素（0px 0px）或任何其他的 CSS 单位。 如果仅指定了一个值，另一个值将是 50%。 可以混合使用%和 pos

任务 3-1　制作信纸页面

扫一扫看制作
信纸页面教学
课件

使用背景的相关知识，我们来使用作家冰心的《寄小读者的信》的内容制作如图 3-17 所示的信纸效果。素材图片有 6 张，如图 3-18 所示，它们都是背景图像。

这个页面中有一个大的<div>，<div>上有一个绿色边框，<div>上添加了 6 个背景图像，分别是 4 个角的花边图像、信纸的横线图像和纹理图像。页面中的信的文字内容与横线图片中的横线一一对应，这是本案例的难点。

图 3-17　信纸效果

图 3-18　信纸背景图像素材

在制作页面前，需要先把这 6 张图像素材复制到 Web 项目中的"img"子文件夹中。

信纸效果页面的制作过程如下：

（1）在 Web 项目的"html"子文件夹中，新建一个 HTML 文件。

（2）搭建页面结构。

在<body>标签中插入<div>标签；在<div>标签中先插入一个<h1>标签，用于书写信的称呼；再插入 2 个段落标签——<p>标签。在 HBuilder 中快速插入 2 行<p>标签的方法：输入p*2，再按 Tab 键。然后依次把文字内容对应地粘贴到各自所在的标签中。代码如下：

```
<body>
    <div id="">
        <h1>亲爱的小朋友：</h1>
        <p>感谢北京日报，它让我占用报纸的篇幅，来给小朋友们写一封公开的回信。</p>
        <p>这些年来，我几乎每天都会得到全国各地、甚至海外的小朋友们的信。在这些笔迹
            端整、文字流畅的信里，你们都殷勤地问起我的健康、生活和工作的情况，随后就
            告诉我你们自己的学习生活和课外活动，也提出一些问题要我解答。有的信里还附
```

带有你们自己写的诗、文和画的图画；或是一条红领巾，甚至有小石子和花瓣。你们的每一封信都使我感到我是一个最幸福的人！……</p>

```
        </div>
    </body>
```

这时，页面的结构就搭建好了，效果如图 3-19 所示。

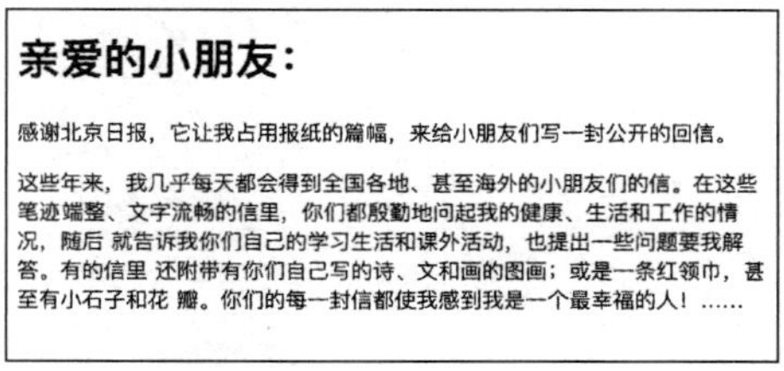

（3）设置 CSS 样式。设置<div>标签的 CSS 样式。设置宽度为 220 像素，高度为 300 像素，再依次添加 6 张背景图像，按照左上、右上、左下、右下的 4 个角落图像、横线图像、纹理图像的顺序来添加。

亲爱的小朋友：

感谢北京日报，它让我占用报纸的篇幅，来给小朋友们写一封公开的回信。

这些年来，我几乎每天都会得到全国各地、甚至海外的小朋友们的信。在这些笔迹端整、文字流畅的信里，你们都殷勤地问起我的健康、生活和工作的情况，随后 就告诉你们自己的学习生活和课外活动，也提出一些问题要我解答。有的信里 还附带有你们自己写的诗、文和画的图画；或是一条红领巾，甚至有小石子和花 瓣。你们的每一封信都使我感到我是一个最幸福的人！……

图 3-19　信纸页面阶段效果 1

代码如下：

```
div{
    width: 220px;
    height: 300px;
    background: url(../img/topleft.png),
                url(../img/topright.png),
                url(../img/bottomleft.png),
                url(../img/bottomright.png),
                url(../img/line.png),
                url(../img/wenli.jpg);
}
```

信纸页面阶段效果如图 3-20 所示。

默认的背景图像是平铺重复显示的，此时，这 6 个背景叠加在一起，效果不好。

根据需要设置背景图像是否平铺：4 个角的背景图像是不平铺的，横线和纹理图像是平铺的。代码如下：

```
background-repeat: no-repeat,no-repeat,
                   no-repeat,no-repeat,
                   repeat,repeat;
```

信纸页面阶段效果如图 3-21 所示。

还要设置 6 个背景图像的位置：左上角图像的位置是 left top，右上角图像的位置是 right top，左下角图像的位置是 left bottom，右下角图像的位置是 right bottom，横线和纹理图像的位置都是 left top。代码如下：

```
background-position: left top,right top,
                     left bottom,right bottom,
                     left top,left top;
```

信纸页面阶段效果如图 3-22 所示。

现在 4 个角落的花边图像位置就确定了，但这 4 个花边图像太大了，所以，还需要依次设置花边图像的尺寸。前 4 张的角落上的花边图像的显示宽度都是相对于父元素的 20%。

图 3-20　信纸页面阶段效果 2　　　　　　　图 3-21　信纸页面阶段效果 3

横线图像的尺寸设置是这个页面的难点，设置成多少才能让文字和横线一一对应呢？我们先设置好文字的字号和行高。文字字号设置为 12 像素。

由于<h1>标签和<p>标签都有默认的外边距，能够看到标题和段落之间、段落和段落之间都有一定的空隙，这样就导致了行与行之间的距离是不一致的，我们需要将行高调成一致的。因此，在<div>标签的前面添加一个通配符"*"，"*"表示所有元素，给"*"添加 CSS 样式：外边距为 0，把所有元素的外边距都取消掉。代码如下：

```
*{
    margin: 0;
}
```

此时，正文文字的行距紧凑，我们设置正文文字的行高为 22 像素。

怎样设置横线图像的尺寸呢？我们来观察一下横线图像的特点，如图 3-23 所示。

图 3-22　信纸页面阶段效果 4　　　　　　　图 3-23　横线图像的特点

一张横线图像的原始尺寸是 137 像素×150 像素，图像上有 4 行横线。那么，4 行正文文字在页面中占用的高度是多少呢？文字的行高是 22 像素，4 行就是 88 像素。把横线图像的高度调成 88 像素，通过计算（137×88/150），等比例调整后，宽度约等于 80 像素。

所以，继续前面的背景图像尺寸的设置，横线图像的尺寸是宽度 80 像素，高度 88 像素。纹理图像的宽度也是 20%。代码如下：

```
background-size: 20%,20%,20%,20%,80px 88px,20%;
```

信纸页面阶段效果如图 3-24 所示。

此时，文字和横线已经能够一一对齐，但是还有一些问题，对照最终的效果图，我们发现：文字和横线应该出现在信纸的相对中间的位置，也就是说，在横线的四周应该留有一定的空隙，即<div>需要设置内边距。代码如下：

```
padding: 30px;
```

除此之外，还需要设置背景图像的显示区域。4 个角落的花边图像的显示区域是 border-box，横线图像的显示区域是 content-box，纹理图像的显示区域是 border-box 或 padding-box 均可。默认的背景原点在 padding-box。我们根据需要可以设置背景的原点位置和显示区域。代码如下：

```
background-origin: border-box,border-box,
                   border-box,border-box,
                   content-box,padding-box;
background-clip: border-box,border-box,
                 border-box,border-box,
                 content-box,padding-box;
```

信纸页面阶段效果如图 3-25 所示。

图 3-24　信纸页面阶段效果 5

图 3-25　信纸页面阶段效果 6

此时，文字和横线图像就在中间显示了。根据需要，还要给<div>添加一个边框。代码如下：

```
        border: 10px solid darkgreen;
```

信纸页面阶段效果如图 3-26 所示。

此时，页面效果基本实现了，但标题文字有些大，给<h1>标签设置 CSS 样式，代码如下：

```
h1{
        font-size: 14px;
    }
```

按照书写规范，每个段落应该首行空两格，给<p>标签设置 CSS 样式，代码如下：

```
p{
        text-indent: 2em;
    }
```

这时，信纸页面就完成了，代码如图 3-27 所示。

图 3-26　信纸页面阶段效果 7

```
<!DOCTYPE html>
<html>
  <head>
    <meta charset="UTF-8">
    <title></title>
    <style type="text/css">
      *{
        margin: 0;
      }
      div{
        width: 220px;
        height: 300px;
        font-size: 12px;
        line-height: 22px;
        padding: 30px;
        background: url(../img/topleft.png),url(../img/topright.png),
            url(../img/bottomleft.png),url(../img/bottomright.png),
            url(../img/line.png),url(../img/wenli.jpg);
        background-repeat: no-repeat,no-repeat,no-repeat,no-repeat,repeat,repeat;
        background-position: left top,right top,left bottom,right bottom,
        left top,left top;
        background-size: 20%,20%,20%,20%,80px 88px,20%;
        background-origin: border-box,border-box,border-box,border-box,content-box,padding-box;
        background-clip: border-box,border-box,border-box,border-box,content-box,padding-box;
        border: 10px solid darkgreen;
      }
      h1{
        font-size: 14px;
      }
      p{
        text-indent: 2em;
      }
```

图 3-27　信纸页面代码

```
    </style>
  </head>
  <body>
    <div id="">
      <h1>亲爱的小朋友：</h1>
      <p>感谢北京日报，它让我占用报纸的篇幅，来给小朋友们写一封公开的回信。</p>
      <p>这些年来，我几乎每天都会得到全国各地、甚至海外的小朋友们的信。在这些笔迹端整、文字流畅的信里，你们
        都殷勤地问起我的健康、生活和工作的情况，随后就告诉我你们自己的学习生活和课外活动，也提出一些问题要
        我解答。有的信里还附带有你们自己写的诗、文和画的图画；或是一条红领巾，甚至有小石子和花瓣。你们的每
        一封信都使我感到我是一个最幸福的人！……</p>
    </div>
  </body>
</html>
```

图 3-27　信纸页面代码（续）

3.2　边框

扫一扫下载边框和制作风景页面素材

扫一扫看网页边框教学课件

前面使用过 border 属性为元素添加边框，border 属性可以设置元素边框的宽度、样式和颜色。可以为元素的所有边框一起设置，也可以单独地为各边边框设置。常用的边框样式有 dotted（点状边框）、dashed（虚线边框）、solid（实线边框）等。下面介绍特殊的边框。

3.2.1　圆角边框

border-radius 属性用于向元素添加圆角边框，border-radius 属性是一个简写属性，用于设置 4 个 border-*-radius 属性：border-top-left-radius、border-top-right-radius、border-bottom-right-radius、border-bottom-left-radius。

语法如下：

```
border-radius: 1-4 length|% / 1-4 length|%;
```

值分两组，每组可以有 1～4 个值。第一组为水平半径，第二组为垂直半径，如果第二组省略，则默认等于第一组的值。值为由浮点数字和单位标志符组成的长度值，不可为负值。

圆角半径的值可以是 1 个。例如，在网页中插入一个<div>标签，设置它的 CSS 样式，宽度为 200 像素，高度为 100 像素，设置边框为 10 像素、实线、橙色，设置背景色为黄色，设置圆角半径为 20 像素。CSS 代码如下：

```
div{
    width: 200px;
    height: 100px;
    border: 10px  solid orange;
    background: yellow;
    border-radius: 20px;
}
```

图 3-28　设置一个参数值的圆角边框
的实例效果

此时，圆角边框的实例效果如图 3-28 所示。

此时，圆角边框的实例代码如图 3-29 所示。

Web 前端开发项目化教程（第 3 版）

如果边框的宽度大于或等于圆角半径，则边框的外侧是圆角，内侧为直角。例如，将圆角半径的值设为 10 像素。代码如下：

```
border-radius: 10px;
```

此时，圆角边框的实例效果如图 3-30 所示。

圆角半径的值可以为 4 个，4 个值的顺序是左上角、右上角、右下角、左下角。例如，可写代码如下：

```
border-radius: 20px 30px 40px 10px;
```

设置 4 个参数值的圆角边框的实例效果如图 3-31 所示。

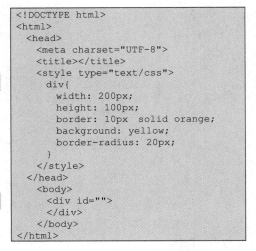

图 3-29　圆角边框的实例代码

图 3-30　边框的宽度大于或等于圆角半径时的圆角边框的实例效果

图 3-31　设置 4 个参数值的圆角边框的实例效果

圆角半径的值可以为 3 个，3 个值表示的是左上角、右上角和左下角、右下角。例如，可写代码如下：

```
border-radius: 20px 40px 60px;
```

设置 3 个参数值的圆角边框的实例效果如图 3-32 所示。

圆角半径的值可以为两个，两个值表示的是左上角和右下角、右上角和左下角。例如，可写代码如下：

```
border-radius: 20px 40px;
```

设置两个参数值的圆角边框的实例效果如图 3-33 所示。

图 3-32　设置 3 个参数值的圆角边框的实例效果

图 3-33　设置两个参数值的圆角边框的实例效果

圆角半径的值可以分为两组，第一组的值表示圆角的水平半径，第二组的值表示圆角的垂直半径。例如，可写代码如下：

```
border-radius: 20px 30px 40px 50px/30px 40px 10px 0;
```

设置两组参数值的圆角边框的实例效果如图 3-34 所示。

圆角边框的值也可以是百分数。例如，改变圆角半径的值为：

```
border-radius: 50%;
```

当值为 50%时的圆角边框的实例效果如图 3-35 所示。

图 3-34　设置两组参数值的圆角边框的实例效果　　图 3-35　当值为 50%时的圆角边框的实例效果

3.2.2 图像边框

border-image 属性可以设置图像用作围绕元素的边框，border-image 属性是一个简写属性，用于设置属性：border-image-source、border-image-slice、border-image-repeat。

语法如下：

```
border-image: source slice repeat;
```

source：指定要用于绘制边框的图像的位置。

slice：设置图像边框向内的偏移量，即裁切边框图像的大小。属性值没有单位，默认单位为像素；也支持百分比值，百分比值大小是相对于边框图像的大小。

repeat：设置图像边界是否重复（repeat）、拉伸（stretch）或铺满（round），默认值为 stretch。如果省略值，会设置其默认值。

2. 图像边框的切片原理

准备一张实例图像，如图 3-36 所示。

定义 4 个数值或百分比值，从图像的边界依次在上、右、下、左 4 个方向向内偏移相应的长度，即可形成 4 条直线，通过这 4 条直线，可以确定 9 个切片，如图 3-37 所示。

 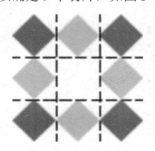

图 3-36　图像边框素材　　　　图 3-37　切片原理

经过这样的切片后，图像就形成了 4 个角和 5 个区域，如图 3-38 所示。

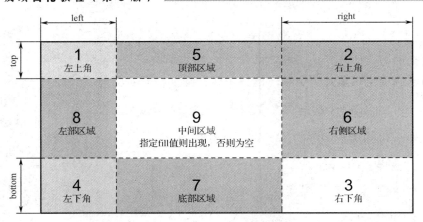

图 3-38　切片后形成的角和区域

例如，我们将前面准备的图像作为图像边框，添加到一个 <div> 标签上。

新建一张网页，插入一个 <div> 标签，设置这个 <div> 的 CSS 样式。宽度为 400 像素，高度为 170 像素，边框粗细为 30 像素、实线（边框样式对于图像边框效果没有影响，也可使用其他样式），使用 borderimage.png 作为这个 <div> 的图像边框，四个方向都向内切 27 像素。CSS 代码如下：

```
div{
    width: 400px;
    height: 170px;
    border: 30px  solid black;
    border-image: url(../img/borderimage.png) 27;
    -webkit-border-image:url(../img/borderimage.png) 27;/* Safari,Chrome */
    -moz-border-image: url(../img/borderimage.png) 27;/* 老版本的 Firefox */
    -ms-border-image: url(../img/borderimage.png) 27;/* IE 浏览器 */
}
```

注意：如果浏览器的版本比较老，可能无法识别 CSS3 的新增属性，可能会出现图像边框无法显示的现象，这时需要为不同的浏览器添加各自的私有属性。谷歌浏览器的私有属性是 -webkit-，火狐浏览器的私有属性是 -moz-，IE 浏览器的私有属性是 -ms- 等。

默认的 repeat 值是 stretch，即拉伸。此时，图像边框效果如图 3-39 所示。

也可以设置 repeat 值为 round。代码如下：

```
border-image: url(../img/borderimage.png) 27 round;
```

此时，图像边框的实例效果如图 3-40 所示。

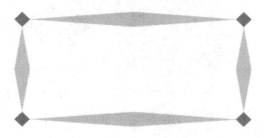

图 3-39　repeat 值是 stretch 的图像边框的实例效果　　图 3-40　repeat 值为 round 的图像边框的实例效果

也可以设置 repeat 值为 repeat。代码如下：

```
border-image: url(../img/borderimage.png) 27 repeat;
```

此时，图像边框的实例效果如图 3-41
所示。

对比上面的两个效果，总结 round 和
repeat 的区别：

repeat（重复）：重复过程中会保持所属
切片的长宽比例不变，从边框的中间开始向
周围重复平铺，在边缘区域，可能被部分隐
藏，不能显示完整的切片，类似于铺瓷砖。

图 3-41　repeat 值为 repeat 的图像边框的实例效果

round（平铺）：把切片重复地平铺。与属性值 repeat 不同的是，在切片平铺过程中，会
根据边框的尺寸调整切片的长宽比例，以保证在边缘区域能显示完整的切片。

3.2.3　渐变

1. 线性渐变

在线性渐变过程中，起始颜色会沿着一条直线按顺序过渡到结束颜色。运用 CSS3 中的
"background:linear-gradient(参数值);"样式可以实现线性渐变效果，其基本语法格式如下：

```
background: linear-gradient(渐变角度,颜色值 1,颜色值 2,...,颜色值 n);
```

例如，创建一个<div>，设置它的 CSS 样式：宽度、高度均为 200 像素，背景自上而下
从红到绿线性渐变，代码如下：

```
div{
    width: 200px;
    height: 200px;
    background: linear-gradient(red,green);
}
```

自上而下的线性渐变的实例效果如图 3-42 所示。
修改渐变代码如下：

```
background: linear-gradient(to right,red,green);
```

则自左向右的线性渐变的实例效果如图 3-43 所示。
修改渐变代码如下：

```
background: linear-gradient(45deg,red,green);
```

图 3-42　自上而下的线性
渐变的实例效果

则 45°角的线性渐变的实例效果如图 3-44 所示。
修改渐变代码如下：

```
background: linear-gradient(#0f0,#00f,#f00,yellow);
```

则多色线性渐变效果的实例如图 3-45 所示。

图 3-43　自左向右的线性　　　　　图 3-44　45°角的线性渐变　　　　图 3-45　多色线性渐变
　　　　　渐变的实例效果　　　　　　　　　　的实例效果　　　　　　　　　　的实例效果

2. 径向渐变

在径向渐变过程中，起始颜色会从一个中心点开始，依据椭圆或圆形形状进行扩张渐变。运用 CSS3 中的"background:radial-gradient(参数值);"样式可以实现径向渐变效果，其基本语法格式如下：

```
background: radial-gradient(渐变形状 圆心位置,颜色值1,颜色值2,...,颜色值n);
```

例如，创建一个<div>，设置它的 CSS 样式：宽度为 400 像素，高度为 200 像素，背景为依据椭圆形状从中心的红色到外侧的绿色的径向渐变。代码如下：

```
div{
    width: 400px;
    height: 200px;
    background: radial-gradient(red,green);
}
```

径向渐变的实例效果如图 3-46 所示。

为这个<div>增加一条 CSS 代码：

```
border-radius: 50%;
```

则设置圆角半径的径向渐变的实例效果如图 3-47 所示。

图 3-46　径向渐变的实例效果　　　　　图 3-47　设置圆角半径的径向渐变的实例效果

3. 重复渐变

1）重复线性渐变

在 CSS3 中，通过"background:repeating-linear-gradient(参数值);"样式可以实现重复线性渐变的效果，其基本语法格式如下：

```
background: repeating-linear-gradient(渐变角度,颜色值1,颜色值2,...,颜色值n);
```

例如，创建一个<div>，设置它的 CSS 样式：宽度、高度均为 200 像素，背景为向右的红、黄、绿组成的重复线性渐变。代码如下：

```
div{
    width: 200px;
    height: 200px;
    background: repeating-linear-gradient(to right,red,yellow 10%,
        green 15%);
}
```

重复线性渐变的实例效果如图 3-48 所示。

2）重复径向渐变

在 CSS3 中，通过"background:repeating-radial-gradient(参数值);"样式可以实现重复径向渐变的效果，其基本语法格式如下：

```
background: repeating-radial-gradient(渐变形状 圆心位置,颜色值1,颜色值2,...,
    颜色值n);
```

例如，创建一个<div>，设置它的 CSS 样式：宽度、高度均为 200 像素，背景为依据圆形、从中心的红色到黄色到外侧的绿色的重复径向渐变。代码如下：

```
div{
    width: 200px;
    height: 200px;
    background: repeating-radial-gradient(red,yellow 10%,green 15%);
}
```

重复径向渐变的实例效果如图 3-49 所示。

为这个<div>增加一条 CSS 代码：

```
border-radius: 50%;
```

则设置圆角半径的重复径向渐变的实例效果如图 3-50 所示。

图 3-48　重复线性渐变的实例效果

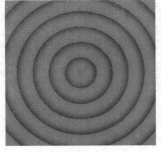

图 3-49　重复径向渐变的实例效果

图 3-50　设置圆角半径的重复径向渐变的实例效果

任务 3-2　制作风景页面

 扫一扫看制作
风景页面教学
课件

 扫一扫看制作
风景页面微课
视频

使用边框和图像边框制作如图 3-51 所示的风景页面。下面先来搭建页面结构。

（1）新建一个页面。页面内容应水平居中显示，我们先添加一个最外层的<div>标签，设置它的 id 值为"zong"。在这个<div>中有上下两个部分，上面是导航条，下面是图像区域。导航条是由文字组成的，一般使用无序列表来实现。图像区域包括左、中、右三部分，每一部分使用一个<div>标签表示，左右两个<div>都各自内嵌一个<div>标签，中间的<div>里插入一张图像。代码如下：

图 3-51　风景页面效果

```html
<body>
    <div id="zong">
        <nav>
            <ul>
                <li>风景素材</li>
                <li>人像素材</li>
                <li>建筑素材</li>
            </ul>
        </nav>
        <div id="main">
            <div id="left">
                <div></div>
            </div>
            <div id="center">
                <img src="../img/Iceland.jpg"/>
            </div>
            <div id="right">
                <div></div>
            </div>
        </div>
    </div>
</body>
```

（2）为 id 值为"zong"的<div>设置 CSS 样式。设置宽度为 440 像素，高度为 360 像素，边框为 15 像素，图像边框的裁切尺寸是 15 像素，字号为 14 像素，上下外边距是 10 像素，水平居中。代码如下：

```css
#zong{
    width: 440px;
    height: 360px;
    border: 15px solid;
    border-image: url(../img/bk.png) 15;
    font-size: 14px;
```

```
        margin: 10px auto;
    }
```

保存。风景页面的阶段效果（部分）如图 3-52 所示。

（3）为图像设置 CSS 样式。因图片太大，超出了图像边框的区域，设置它的宽度为 380 像素，圆角半径为 20 像素。代码如下：

```
#main #center img{
    width: 380px;
    border-radius: 20px;
}
```

保存。风景页面阶段效果如图 3-53 所示。

图 3-52　风景页面阶段效果 1　　　　　图 3-53　风景页面阶段效果 2

（4）设置无序列表的 CSS 样式。去掉无序列表前的圆点。代码如下：

```
nav ul{
    list-style: none;
}
```

设置每个列表项目的 CSS 样式。左浮动，宽度为 70 像素，水平居中对齐，内边距为 5 像素，当鼠标指针放到列表项目上时光标显示为指针形状（手形）。代码如下：

```
nav li{
    float: left;
    width: 70px;
    text-align: center;
    padding: 5px;
    cursor: pointer;
}
```

保存。风景页面阶段效果如图 3-54 所示。

设置鼠标放到列表项目上时的 CSS 样式。列表项目背景色为由上到下从橘红到大红的渐变色，文字颜色变为白色。代码如下：

```
nav li:hover{
    background: linear-gradient(#f90,#f00);
    color: white;
}
```

保存。风景页面阶段效果如图 3-55 所示。

图 3-54　风景页面阶段效果 3

图 3-55　风景页面阶段效果 4

（5）设置 id 值为"main"的<div>的 CSS 样式。设置它的宽度为 430 像素，上下外边距为 10 像素，水平居中。代码如下：

```
#main{
    width: 430px;
    margin: 10px auto;
}
```

保存。风景页面阶段效果如图 3-56 所示。

设置这个<div>下面的 3 个子<div>均为左浮动。代码如下：

```
#main div{
    float: left;
}
```

设置 id 值为"left"的<div>里的小<div>和 id 值为"right"的<div>里的小<div>的 CSS 样式。设置它们的宽度和高度都为 20 像素，背景颜色为红色，上外边距为 120 像素，鼠标指针放上去时为指针形状（手形）。代码如下：

```
#main #left div,#main #right div{
    width: 20px;
    height: 20px;
    background: red;
    margin-top: 120px;
    cursor: pointer;
}
```

保存。风景页面阶段效果如图 3-57 所示。

图 3-56　风景页面阶段效果 5

图 3-57　风景页面阶段效果 6

此时，网页布局出现了错位，这是因为无序列表项目的左浮动对后面布局产生了影响。因此，

在<nav>标签和 id 值为"main"的<div>之间，添加一个类名为"clear"的<div>。代码如下：

```
<div class="clear">
</div>
```

设置这个<div>的 CSS 样式，将左右浮动清除掉。代码如下：

```
.clear{
    clear:both;
}
```

保存。风景页面阶段效果如图 3-58 所示。

设置 id 值为"left"的<div>里的红色<div>的 CSS 样式。为它设置左上角和左下角的圆角半径为 20 像素。代码如下：

```
#main #left div{
    border-radius: 20px 0 0 20px;
}
```

设置 id 值为"right"的<div>里的红色<div>的 CSS 样式。为它设置右上角和右下角的圆角半径为 20 像素。代码如下：

```
#main #right div{
    border-radius: 0 20px 20px 0;
}
```

保存。风景页面阶段效果如图 3-59 所示。

图 3-58　风景页面阶段效果 7　　　　图 3-59　风景页面阶段效果 8

圆角做好了，但我们发现这两个红色小<div>和风景图片的距离太近了，分别为它们设置右外边距和左外边距。代码如下：

```
#main #left div{
    margin-right: 5px;
}
#main #right div{
    margin-left: 5px;
}
```

保存。风景页面阶段效果如图 3-60 所示。

最后，设置把鼠标指针放到这两个红色<div>上时，它们的背景颜色变为渐变色。代码如下：

```
#main #left div:hover,#main #right div:hover{
    background: linear-gradient(#f30,#633);
}
```

保存。风景页面阶段效果如图 3-61 所示。

图 3-60　风景页面阶段效果 9

图 3-61　风景页面阶段效果 10

这时，风景页面就制作完成了。风景页面的 CSS 样式代码和页面结构代码如图 3-62 和图 3-63 所示。

```
<style type="text/css">
  #zong{
    width: 440px;
    height: 360px;
    border: 15px solid;
    border-image: url(../img/bk.png) 15;
    font-size: 14px;
    margin: 10px auto;
  }
  nav ul{
    list-style: none;
  }
  nav li {
    float: left;
    width: 70px;
    text-align: center;
    padding: 5px;
    cursor: pointer;
  }
  nav li:hover{
    background: linear-gradient(#f90,#f00);
    color: white;
  }
  #main{
    width: 430px;
    margin: 10px auto;
  }
  #main div{
    float: left;
  }
  #main #left div,#main #right div{
    width: 20px;
    height: 20px;
    background: red;
    margin-top: 120px;
    cursor: pointer;
  }
  .clear{
    clear: both;
  }
  #main #left div{
    border-radius: 20px 0 0 20px;
    margin-right: 5px;
  }
  #main #right div{
    border-radius: 0 20px 20px 0;
    margin-left: 5px;
  }
  #main #center img{
    width: 380px;
    border-radius: 20px;
  }
  #main #left div:hover,#main #right div:hover{
    background: linear-gradient(#f30,#633);
  }
</style>
```

图 3-62　风景页面的 CSS 样式代码

```
<body>
  <div id="zong">
    <nav>
      <ul>
        <li>风景素材</li>
        <li>人像素材</li>
        <li>建筑素材</li>
      </ul>
    </nav>
    <div class="clear">
    </div>
    <div id="main">
      <div id="left">
        <div></div>
      </div>
      <div id="center">
        <img src="../img/Iceland.jpg"/>
      </div>
      <div id="right">
        <div></div>
      </div>
    </div>
  </div>
</body>
```

图 3-63　风景页面结构代码

3.3　盒阴影

扫一扫看
盒阴影教
学课件

3.3.1　盒阴影的使用

CSS3 新增的 box-shadow 属性用于在元素的框架上添加阴影效果，可以在同一个元素上设置一个或多个阴影效果。语法如下：

```
box-shadow: h-shadow v-shadow blur spread color inset;
```

该属性是由逗号分隔的阴影列表，每个阴影由 2~4 个长度值、可选的颜色值及可选的 inset 关键词来规定。省略长度的值是 0。具体参数说明如表 3-3 所示。

下面通过实例说明盒阴影的使用。

新建一张网页，插入一个 \<div\>，设置它的 CSS 样式，宽度为 200 像素，高度为 100 像素，背景颜色为

表 3-3　box-shadow 属性值

值	说　　明
h-shadow	必需的。水平阴影的位置。允许负值
v-shadow	必需的。垂直阴影的位置。允许负值
blur	可选。模糊距离
spread	可选。阴影的尺寸
color	可选。阴影的颜色
inset	可选。将外部阴影（outset）改为内部阴影

橙色。盒阴影为水平向右偏移 5 像素，垂直向下偏移 5 像素，模糊距离为 5 像素，阴影颜色为灰色。CSS 代码如下：

```
div{
    width: 200px;
    height: 100px;
    background: orange;
    box-shadow: 5px 5px 5px #333;
}
```

盒阴影（右下方向）效果如图 3-64 所示。

如果想要设置左上角的蓝色阴影，则代码如下：

```
box-shadow: -5px -5px 5px blue;
```

盒阴影（左上方向）效果如图 3-65 所示。

盒阴影和文本阴影一样，水平向右和垂直向下的偏移为正值，水平向左和垂直向上的偏移为负值。

图 3-64　盒阴影（右下方向）效果

图 3-65　盒阴影（左上方向）效果

可以同时添加多组盒阴影。例如，同时设置左上角的蓝色阴影和右下角的灰色阴影，则两组参数中间用逗号分隔。代码如下：

```
box-shadow: -5px -5px 5px blue,5px 5px 5px #333;
```

多组阴影效果如图 3-66 所示。

可以使用盒阴影制作盒子的描边效果，不需要设置水平和垂直方向的偏移量，设置模糊距离为 5 像素，扩展尺寸为 5 像素，颜色为灰色。代码如下：

```
box-shadow: 0 0 5px 5px #333;
```

用盒阴影制作描边效果如图 3-67 所示。

还可以给元素添加盒子的内阴影。代码如下：

```
box-shadow: 5px 5px 5px #333 inset;
```

内阴影效果如图 3-68 所示。

图 3-66　多组阴影效果　　　图 3-67　用盒阴影制作描边效果　　　图 3-68　内阴影效果

3.3.2　溢出处理

在 CSS2.1 规范中，就已经有处理溢出的 overflow 属性。该属性定义当盒子的内容超出盒子边界时的处理方法。CSS3 新增的 overflow-x 和 overflow-y 属性，是对 overflow 属性的补充，分别表示水平方向上的溢出处理和垂直方向上的溢出处理。语法如下：

```
overflow-x: visible | auto | hidden | scroll;
overflow-y: visible | auto | hidden | scroll;
```

visible：默认值，盒子溢出时，不裁剪溢出的内容，超出盒子边界的部分将显示在盒元素之外。

auto：盒子溢出时，显示滚动条。

扫一扫下载制作文明公约页面素材

hidden：盒子溢出时，溢出的内容将被裁剪，并且不提供滚动条。

scroll：始终显示滚动条。

任务 3-3　制作文明公约页面

扫一扫看制作文明公约页面教学课件

扫一扫看制作文明公约页面微课视频

借助盒阴影属性，我们可以制作如图 3-69 所示的文明公约页面。最外面有一个 <div>，居中显示，有淡灰色的背景，有立体效果，上面显示文字"金华市民文明公约"。下面是具体的公约内容，由于空间所限，内容显示不全，因此右边出现了垂直滚动条，下面有"同意"与"不同意"按钮。

这个页面是怎么实现的呢？我们初步分析，应该是使用盒阴影属性和溢出属性来实现的。具体步骤如下。

（1）新建一个 HTML 文件。

图 3-69 文明公约页面效果

（2）搭建页面结构。

最外层有一个<div>标签；文明公约的标题使用<header>标签；下面的具体内容用<section>标签，<section>标签里包括 16 个段落，使用 16 个<p>标签（HBuilder 中的快捷录入方法是输入：p*16，再按 Tab 键）；<section>标签下面是表单，用<form>标签，里面有两个表单元素，都是按钮类型。接下来，在<header>标签和<p>标签里录入对应的文字内容。代码如下：

```
<body>
    <div id="">
        <header>金华市民文明公约</header>
        <section>
            <p>开车礼让斑马线，不乱抛物不乱停</p>
            <p>骑行出行不窜道，不闯红灯不逆行</p>
            <p>乘坐公交要让座，主动排队讲秩序</p>
            <p>出入电梯不争抢，先出后进要礼让</p>
            <p>上网文明很重要，不能诽谤不传谣</p>
            <p>家家门前要"五包"，对待他人有礼貌</p>
            <p>公共设施不破坏，广告启事不乱贴</p>
            <p>公园花木不攀折，绿地上面不种菜</p>
            <p>公共场合不吸烟，衣着得体不赤膊</p>
            <p>口中有痰不乱吐，咳嗽喷嚏不对人</p>
            <p>邻里之间讲和睦，为人处世要诚信</p>
            <p>养狗遛狗不扰民，宠物粪便及时清</p>
            <p>水电用过随手关，不剩饭菜要光盘</p>
            <p>红白喜事节俭办，鞭炮烟花要禁燃</p>
            <p>生活垃圾分好类，投放准确扔对位</p>
            <p>楼道过道不占用，房前屋后不乱堆</p>
        </section>
        <form>
            <input type="button" value="同意" />
            <input type="button" value="不同意" />
        </form>
    </div>
</body>
```

文明公约页面阶段效果如图 3-70 所示。

（3）设置 CSS 样式。

① 为<div>标签设置 CSS 样式。设置宽度为 400 像素，高度为 260 像素，背景颜色为浅灰色，内边距为 20 像素，内阴影：没有偏移量，模糊距离为 15 像素，阴影扩展 5 像素，颜色为灰色。代码如下：

```
div{
    width: 400px;
    height: 260px;
    background: #eee;
    padding: 20px;
    box-shadow: inset 0 0 15px 5px #bbb;
}
```

文明公约页面阶段效果如图 3-71 所示。

图 3-70　文明公约页面阶段效果 1

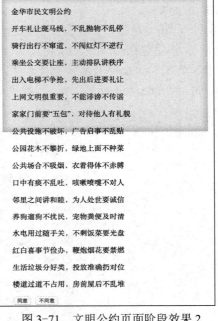

图 3-71　文明公约页面阶段效果 2

② 为<header>标签设置 CSS 样式。设置文字字号为 20 像素，行高为 25 像素。代码如下：

```
header{
    font-size: 20px;
    line-height: 25px;
}
```

③ 为<section>标签设置 CSS 样式。设置背景颜色为白色，高度为 200 像素，section 里面的段落超出了 section 的范围，为它们设置溢出（水平和垂直）就自动出现滚动条，设置文字字号为 12 像素，为避免文字紧贴在 section 的左边缘，设置内边距为 10 像素，为突出显示 section，为它设置 1 像素的灰色实线边框。代码如下：

```
section{
    background: white;
    height: 200px;
    overflow-x: auto;
    overflow-y: auto;
```

```
        font-size: 12px;
        padding: 10px;
        border: 1px solid #ccc;
    }
```

文明公约页面阶段效果如图 3-72 所示。

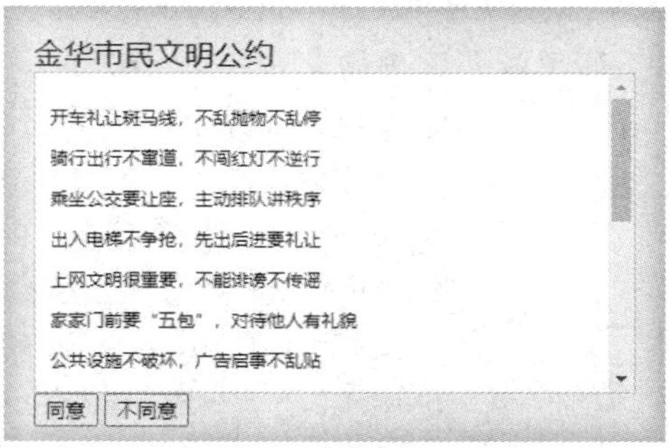

④ 为\<form\>标签设置 CSS 样式。文字居中显示。代码如下：

```
form{
    text-align: center;
}
```

为表单中的两个按钮添加盒阴影，水平向右偏移 2 像素，垂直向下偏移 2 像素，模糊距离为 1 像素，颜色为灰色。代码如下：

图 3-72　文明公约页面阶段效果 3

```
form input{
    box-shadow: 2px 2px 1px #bbb;
}
```

此时页面制作过程就基本完成了。

⑤ 如果想要文明公约水平居中对齐的话，可以为\<div\>标签增加如下的一行 CSS 样式：

```
margin: 10px auto;
```

文明公约页面代码如图 3-73 所示。

```
<!DOCTYPE html>
<html>
  <head>
    <meta charset="UTF-8">
    <title></title>
    <style type="text/css">
    div{
        width: 400px;
        height: 260px;
        background: #eee;
        padding: 20px;
        box-shadow: inset 0 0 15px 5px #bbb;
        margin: 10px auto;
    }
    header{
        font-size: 20px;
        line-height: 25px;
    }
    section{
        background: white;
        height: 200px;
        overflow-x: auto;
        overflow-y: auto;
        font-size: 12px;
        padding: 10px;
        border: 1px solid #ccc;
    }
    form{
        text-align: center;
    }
    form input{
        box-shadow: 2px 2px 1px #bbb;
    }
    </style>
  </head>
  <body>
    <div id="">
      <header>金华市民文明公约</header>
      <section>
        <p>开车礼让斑马线，不乱抛物不乱停</p>
        <p>骑行出行不窜道，不闯红灯不逆行</p>
        <p>乘坐公交要让座，主动排队讲秩序</p>
        <p>出入电梯不争抢，先出后进要礼让</p>
        <p>上网文明很重要，不能诽谤不传谣</p>
        <p>家家门前要"五包"，对待他人有礼貌</p>
        <p>公共设施不破坏，广告启事不乱贴</p>
        <p>公园花木不攀折，绿地上面不种菜</p>
        <p>公共场合不吸烟，衣着得体不赤膊</p>
        <p>口中有痰不乱吐，咳嗽喷嚏不对人</p>
        <p>邻里之间讲和睦，为人处世要诚信</p>
        <p>养狗遛狗不扰民，宠物粪便及时清</p>
        <p>水电用过随手关，不剩饭菜要光盘</p>
        <p>红白喜事节俭办，鞭炮烟花要禁燃</p>
        <p>生活垃圾分好类，投放准确扔对位</p>
        <p>楼道过道不占用，房前屋后不乱堆</p>
      </section>
      <form>
        <input type="button" value="同意" />
        <input type="button" value="不同意" />
      </form>
    </div>
  </body>
</html>
```

图 3-73　文明公约页面代码

职业技能知识点考核 3

扫一扫看职业技能知识点考核 3 习题答案

一、单选题

1. 关于 background-size 的语法是 "background-size: length|percentage|cover|contain;"，下列说法不正确的是（   　）。

    A. length 设置背景图像的高度和宽度

    B. percentage 以父元素的百分比来设置背景图像的宽度和高度

    C. cover 把背景图像缩放，以使背景图像完全覆盖背景区域

    D. contain 把背景图像扩展至最大尺寸，以使其宽度和高度不完全适应内容区域

2. 以下不属于 background-clip 的值的是（   　）。

    A. border-box　　　B. padding-box　　　C. content-box　　　D. none

3. 下列关于鼠标指针样式的说法不正确的是（   　）。

    A. pointer 是指手形　　　　　　　　B. auto 是指由系统自动给出效果

    C. nw-resize 是指向左下的箭头　　　D. crosshair 是指十字形

4. 实现一个 CSS3 线性渐变效果，渐变的方向是从右上角到左下角，起点颜色是从白色到黑色，以下写法正确的是（   　）。

    A. background:linear-gradient(225deg,rgba(0,0,0,1),rgba(255,255,255,1));

    B. background:linear-gradient(-135deg,hsla(120,100%,0%,1),hsla(240,100%,100%,1));

    C. background:linear-gradient(to top left,white,black);

    D. background: linear-gradient(to bottom left, white, black);

5. 圆角边框的 4 个圆角半径值的顺序是（   　）

    A. 右上、右下、左下、左上　　　　B. 右下、左下、左上、右上

    C. 左上、右上、右下、左下　　　　D. 左上、左下、右下、右上

6. CSS3 中的 box-shadow 属性，最多可以添加（   　）个值。

    A. 4　　　　　　　B. 5　　　　　　　C. 6　　　　　　　D. 7

7. 关于 box-shadow 说法正确的是（   　）。

    A. 设置文字投影　　　　　　　　　B. 第一个值是设置水平距离

    C. 第二个值是设置水平距离　　　　D. 第三个值是设置盒子颜色

8. 给网页设置三个图片背景，中间用（   　）隔开。

    A. 逗号　　　　　B. 分号　　　　　C. 空格　　　　　D. 换行

9. CSS 样式中的（   　）主要用来进行背景色或背景图片的各项设置。

    A. background　　B. ol　　　　　　C. ul　　　　　　D. backgroud-clip

10. 下列选项中，用于设置背景图像位置的属性是（   　）。

    A. background-color　　　　　　　B. background-image

    C. background-repeat　　　　　　　D. background-position

11. Chrome 浏览器的内核为（   　）。

    A. Webkit　　　　B. Gecko　　　　C. Trident　　　　D. Presto

12. 下列选项中，设置外阴影且阴影在盒子右侧的选项是（   　）。

    A. box-shadow: 7px -4px 10px #000 inset ;

    B.　box-shadow: -7px 4px 10px #000 ;

    C.　box-shadow: 7px 4px 10px #000 inset ;

    D.　box-shadow: 7px -4px 10px #000;

二、多选题

background-origin 的值有（　　　　）。

A.　none　　　　　　　B.　border-box　　　　　C.　content-box　　　　D.　padding-box

三、判断题

1. 当设定一个 RGBA 色彩时，参数依次设定为红、蓝、绿的颜色值和透明值，可以设置 0～255 或百分数。　　　　　　　　　　　　　　　　　　　　　　　　　（　　　）

2. rgba（255,0,0,0.5）表示半透明的完全绿色。　　　　　　　　　　　　（　　　）

3. 盒阴影 box-shadow 中 "阴影模糊值" 可以为负数。　　　　　　　　　　（　　　）

4. background-color 用于指定要使用的一个或多个背景图像。　　　　　　（　　　）

5. padding-box 是默认的原点位置，即背景图像原点默认就是 padding-box。（　　　）

6. background-position 属性设置背景图像的起始位置，当值是 "top left" 时表示右下角。　　　　　　　　　　　　　　　　　　　　　　　　　　　　　　　（　　　）

7. 圆角半径的值可以为两组，第一组的值表示圆角的垂直半径，第二组的值表示圆角的水平半径。　　　　　　　　　　　　　　　　　　　　　　　　　　　　（　　　）

8. 圆角边框的值是 50% 时，可以制作出椭圆效果。　　　　　　　　　　（　　　）

9. 图片边框的属性值设置为 round 时，表示重复过程中会保持所属切片的长宽比例不变，从边框的中间开始向周围重复平铺的，在边缘区域可能会被部分隐藏，不能显示完整的切片。类似于铺瓷砖。　　　　　　　　　　　　　　　　　　　　　　（　　　）

10. 语句 "background: linear-gradient(red,green);" 表示设置从左到右方向的由红到绿的线性渐变。　　　　　　　　　　　　　　　　　　　　　　　　　　（　　　）

11. 如果边框的宽度大于或等于圆角半径，则边框的外侧是直角，内侧为圆角。（　　　）

四、填空题

1. 在 CSS3 中，可以使用（　　　　　）属性实现圆角效果。

2. 在 CSS3 中，可以使用（　　　　　）属性实现图像边框效果。

3. 在 CSS 中，可以使用（　　　　　）属性设置边框。

4. 设置背景色为径向渐变，请补全下面横线上的代码。

    background: (　　　　) (red,green);

5. 设置背景色为重复线性渐变，请补全下面横线上的代码。

    background: (　　　　) (to right,red,yellow 10%,green 15%);

6. 设置背景色为从左到右的由红到绿的线性渐变，请补全横线上的代码。

    background: linear-gradient((　　　　　),red,green);

7. 设置背景色为重复径向渐变，请补全下面横线上的代码。

    background:(　　　　) (red,yellow 10%,green 15%);

8. 可以给元素添加盒子的内阴影，请补全下面横线上的代码。

    box-shadow: 5px 5px 5px #333 (　　　　);

9. 可以同时添加多组盒阴影，比如：同时设置左上角的蓝色阴影和右下角的灰色阴影，则两组参数中间用（　　　　）分隔。

项目拓展

以"大美中国"为主题，自行搜集素材，创建 Web 项目，综合运用 HTML5 常用标签和 CSS3 常用选择器，设计、制作 4 张图文并茂的网页（1 张首页、3 张二级页面），来介绍美丽的中国山川地貌，可以是你家乡的风景，也可以是你学习、生活的城市面貌，还可以是你心中向往的某个地方，并为这 4 张网页设置超链接。

讨论：公司开发的项目源代码等资料可以私自备份吗？

在大学期间，我们做实验或开发一些实训项目，都会习惯性地使用 U 盘、移动硬盘或网盘等将项目源代码等资料进行备份，便于学习研究或提交作业等。然而，当你入职后，在公司开发的项目源代码、管理文档、日志文件等资料可以私自备份吗？

很多人会认为在职期间，自己编写的程序源代码等应该是属于自己的。其实不然，根据相关法律规定，自然人在单位任职期间针对本职工作中明确指定的开发目标所开发的软件，或者开发软件是从事本职工作活动所预见的结果或者自然人的结果，或者主要使用了法人或者其他组织的资金、专业设备、未公开的专门信息等物质技术条件所开发并由法人或者其他组织承担责任的软件，自然人的开发行为属于职务开发，软件为职务开发软件。若私自备份这类软件造成泄密或用于商业等用途，将涉嫌违法。

大家可以看看下面的案例。在 2019 年 6 月，徐某、肖某入职仟游公司，参与"帝王霸业"游戏的运营与开发，同时签订了《竞业限制协议》《保密协议》。在 2020 年 6 月，二人离职后，与他人共同成立公司，经营"页游三国""三国逐鹿"游戏。随后，仟游公司起诉主张徐某和肖某窃取其"帝王霸业"游戏软件源代码在内的商业秘密，并利用其窃取的商业秘密成立公司开发游戏。历经法院二轮审判，最后判令徐某、肖某立即停止侵害仟游公司游戏软件服务器源代码商业秘密，并赔偿经济损失及合理维权费用共计 500 万元。

项目源代码等资料一般属于公司的商业秘密，若离职员工私自使用，或倒卖给第三方使用，均属于侵犯商业秘密的行为，根据相关法律规定，应当承担相应民事责任。如果侵权行为情节严重的，很有可能会被以"侵犯商业秘密罪"追究刑事责任，处以三年以上七年以下有期徒刑，并处罚金。

一般公司会在你入职时就与你签订相关协议，保护公司的产品版权或商业秘密。所以大家应该掌握这个常识，程序员在公司履职期间开发的源代码，所有权属于公司。公司往往会给开发人员配备专属的电脑和局域网络，一般不能任意连接互联网。同时也会有完备的相关规章制度，禁用私人存储设备或网盘等。那么，在项目开发时源代码怎么备份呢？答案是公司内部的 Git 代码仓库。

项目 4

媒体杂志类网页设计

教学导航

教	教学重点	1. 简单动画； 2. 表单； 3. 音频和视频； 4. 多列布局
	教学难点	1. 元素的变形； 2. 动画的过渡
	推荐教学方式	任务驱动，项目引导，教学做一体化
	建议学时	8 学时
学	推荐学习方法	结合教师的引导，通过实践完成相应的任务，在项目任务中学习新知识和新技能，并通过不断总结经验来提升操作技能，积累职业素养
	必须掌握的理论知识	1. 熟悉 transform 属性语法； 2. 熟悉 transition 属性语法； 3. 熟悉\<input>标签； 4. 熟悉\<audio>和\<video>标签； 5. 熟悉多列布局属性
	必须掌握的技能	1. 会设置简单动画和过渡效果； 2. 会添加表单； 3. 会添加音频和视频； 4. 会多列布局
	必须具备的职业素养	1. 培养知识产权意识； 2. 培养发现问题、整理问题并解决问题的能力

项目描述

本项目将学习简单动画的制作（包括设置元素的变形、旋转、缩放、翻转、移动，同时使用多个变形函数，定义变形原点，设置过渡效果）、表单的添加、音频、视频的添加、多列布局的使用，通过制作滑动的导航条、照片墙页面、学员信息页、电子杂志页面，提升媒体杂志类网页设计的能力。

扫一扫看制作
简单动画教学
课件

4.1　简单动画

在网页设计中，适当地使用动画可以把网页设计得更加生动和友好。CSS3 提供的变形是实现动画的前提。

4.1.1　元素的变形

CSS3 新增的 transform 属性，可用于元素的变形，实现元素的旋转、缩放、移动、倾斜等变形效果。语法如下：

```
transform: none | transform-functions;
```

其中，none 为默认值，不设置元素变形；transform-functions 表示设置一个或多个变形函数。变形函数包括旋转 rotate()、缩放 scale()、移动 translate()、倾斜 skew()、矩阵变形 matrix()等，设置多个变形函数时，用空格间隔。

4.1.2　元素的旋转

rotate()函数用于定义元素在二维空间的旋转。语法如下：

```
rotate(angle)
```

其中，angle 表示旋转的角度，为带有角度单位标志符的数值，角度单位是 deg。值为正时，表示顺时针旋转；值为负时，表示逆时针旋转。

下面通过一个实例来体会元素的变形。创建一个文字导航条，代码如下：

```
<ul>
    <li>HTML5</li>
    <li>CSS3</li>
    <li>JAVA</li>
    <li>JavaScript</li>
</ul>
```

设置它的 CSS 样式。去掉无序列表前面的圆点。代码如下：

```
ul{
    list-style: none;
}
```

为每个无序列表项目设置 CSS 样式，左浮动，宽度为 120 像素，背景色为浅灰色，设置 1 像素粗细的稍深一些灰色的实线边框，外边距为 2 像素，文本水平对齐方式为居中对齐，内边距为上下为 5 像素、左右为 10 像素，当鼠标指针放上去时，指针变为手形。代码如下：

```
li{
    float: left;
    width: 120px;
    background-color: #ddd;
```

```
    border: 1px solid #ccc;
    margin: 2px;
    text-align: center;
    padding: 5px 10px;
    cursor: pointer;
}
```

未添加变形的导航条如图 4-1 所示。

| HTML5 | CSS3 | Java | JavaScript |

图 4-1　未添加变形的导航条

小贴士：padding 属性可以设置内边距，padding 有四个子属性：padding-top（上内边距）、padding-right（右内边距）、padding-bottom（下内边距）、padding-left（左内边距）。padding 简写属性可以有 1 到 4 个值。

设置 4 个值。比如：

```
padding:10px 5px 15px 20px;
```

表示上、右、下、左内边距分别是 10px、5px、15px、20px。

设置 3 个值。比如：

```
padding:10px 5px 15px;
```

表示上、右和左、下内边距分别是 10px、5px、15px。

设置 2 个值。比如：

```
padding:10px 5px;
```

表示上和下、右和左内边距分别是 10px、5px。

设置 1 个值。比如：

```
padding:10px;
```

表示 4 个方向的内边距都是 10px。

设置当鼠标指针放到无序列表项目上时的 CSS 样式。顺时针旋转 30°，背景颜色为橙色，文字颜色为白色。代码如下：

```
li:hover{
    transform: rotate(30deg);
    background-color: orange;
    color: white;
}
```

当把鼠标指针放到导航栏项目上时，栏目会旋转一定的角度，网页效果如图 4-2 所示。

图 4-2　添加 rotate 的导航条

4.1.3　元素的缩放和翻转

scale()函数用于定义元素在二维空间的缩放和翻转。语法如下：

```
scale(x, y)
```

其中，x 表示元素在水平方向上的缩放倍数；y 表示元素在垂直方向上的缩放倍数。x、y 的值可以为整数、负数、小数。当取值的绝对值大于 1 时，表示放大；当取值的绝对值小于 1 时，表示缩小。当取值为负数时，元素会被翻转。如果 y 值省略，则说明垂直方向上的缩放倍数与水平方向上的缩放倍数相同。

为前面实例中的变形（transform）换一个函数，当鼠标指针放到无序列表项目上面时，使用缩放函数，代码如下：

```
li:hover{
    transform: scale(1.5);
    background-color: orange;
    color: white;
}
```

此时，当鼠标指针放到导航栏项目上时，栏目在水平和垂直方向同时放大 1.5 倍，效果如图 4-3 所示。

图 4-3　添加一个 scale 参数的导航条

也可以分别设置水平和垂直的放大/缩小倍数。代码如下：

```
transform: scale(0.8,1.3);
```

此时，当鼠标指针放到导航栏项目上时，栏目在水平方向变为 0.8 倍，垂直方向变为 1.3 倍，效果如图 4-4 所示。

图 4-4　添加两个 scale 参数的导航条

但缩放倍数为负数时，元素会翻转，如调整代码如下：

```
transform: scale(0.8,-1.3);
```

此时，当鼠标指针放到导航栏项目上时，栏目在水平方向变为 0.8 倍，垂直方向变为 1.3 倍并垂直翻转，效果如图 4-5 所示。

图 4-5　scale 参数值为负的导航条

4.1.4　元素的移动

translate()函数用于定义元素在二维空间的偏移。语法如下：

```
translate(dx,dy)
```

其中，dx 表示元素在水平方向上的偏移距离；dy 表示元素在垂直方向上的偏移距离。dx、dy 为带有长度单位标志符的数值，可以为负值和带小数的值。若取值大于 0，则表示向右或向下偏移；若取值小于 0，则表示向左或向上偏移。如果 dy 省略，则说明垂直方向上的偏移距离默认为 0。

对于上面的实例，可以设置鼠标指针放到导航栏上时，栏目发生一定的偏移，向右偏移 10 像素，向下偏移 5 像素。代码如下：

```
transform: translate(10px,5px);
```

添加 translate（两个参数）的导航条如图 4-6 所示。

图 4-6 添加 translate（两个参数）的导航条

再来变化一下偏移的参数，代码如下：

```
transform: translate(-10px);
```

添加 translate（一个参数）的导航条如图 4-7 所示。当鼠标指针放到导航条栏目上时，该栏目向左偏移 10 像素，垂直方向不偏移。

图 4-7 添加 translate（一个参数）的导航条

4.1.5　同时使用多个变形函数

transform 属性允许同时使用多个变形函数，这使得元素的变形更加灵活，多个函数之间用空格分隔。

例如，继续设计前面的实例，下面重新设置鼠标指针放到导航条栏目上时的 CSS 样式，设置向右、下方向各偏移 10 像素，顺时针旋转 30°，垂直翻转。代码如下：

```
transform: translate(10px,10px)  rotate(30deg)  scale(1,-1);
```

同时添加多个变形函数的导航条如图 4-8 所示。

图 4-8 同时添加多个变形函数的导航条

添加多个变形函数的导航条代码如图 4-9 所示。

```
<!DOCTYPE html>
<html>
  <head>
    <meta charset="utf-8">
    <title></title>
    <style type="text/css">
     ul{
```

图 4-9 添加多个变形函数的导航条代码

```
                list-style: none;
                margin-top: 50px;          /*考虑到变形效果的展示,可添加上外边距*/
              }
              li{
                float: left;
                width: 120px;
                background-color: #ddd;
                border: 1px solid #ccc;
                margin: 2px;
                text-align: center;
                padding: 5px 10px;
                cursor: pointer;
              }
              li:hover{
                /*transform: rotate(30deg);*/
                /*transform: scale(1.5);*/
                /*transform: scale(0.8,1.3);*/
                /*transform: scale(0.8,-1.3);*/
                /*transform: translate(10px,5px);*/
                /*transform: translate(-10px);*/
                transform: translate(10px,10px) rotate(30deg) scale(1,-1);
                background-color: orange;
                color: white;
              }
            </style>
          </head>
          <body>
            <ul>
              <li>HTML5</li>
              <li>CSS3</li>
              <li>JAVA</li>
              <li>Javascript</li>
            </ul>
          </body>
        </html>
```

图 4-9　添加多个变形函数的导航条代码（续）

4.1.6　定义变形原点

transform 属性默认的变形原点是元素对象的中心点。CSS 3 提供的 transform-origin 属性，可用于指定变形原点的位置，这个位置可以是元素对象的中心点以外的任意位置，这进一步增加了变形的灵活性。语法如下：

```
transform-origin: x-axis  y-axis;
```

其中，x-axis 表示定义变形原点的横坐标位置，默认值为 50%，取值包括 left、center、right、百分比值、长度值；y-axis 表示定义变形原点的纵坐标位置，默认值为 50%，取值包括 top、middle、bottom、百分比值、长度值。

下面继续设计上面的案例，设置变形原点在左上角，鼠标指针放到导航条栏目上时顺时针旋转 30°。代码如下：

```
li:hover{
    transform-origin: 0 0;
    transform: rotate(30deg);
    background-color: orange;
    color: white;
}
```

鼠标指针放到导航条栏目上时，栏目旋转的原点变成了左上角，效果如图 4-10 所示。

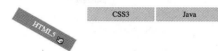
图 4-10　定义变形原点

4.1.7　过渡效果

在 CSS3 中，transform 属性所实现的元素变形仅仅呈现的是变形结果。例如，新建一张网页，插入一个<div>标签，设置它的 CSS 样式：宽度 200 像素，高度 100 像素，蓝色背景，上下外边距为 100 像素，水平居中。代码如下：

```
div{
    width: 200px;
    height: 100px;
    background: blue;
    margin: 100px auto;
}
```

<div>初始效果如图 4-11 所示。

当鼠标指针放到这个<div>上面时，<div>顺时针旋转 240°，并且背景颜色变为橙色。代码如下：

```
div:hover{
    transform: rotate(240deg);
    background: orange;
}
```

鼠标指针放上去时，效果如图 4-12 所示。

在这个变形过程中，我们只能看到初始和结束两个状态，这个动画比较生硬，看不到过渡效果。

图 4-11　<div>初始效果　　　　图 4-12　<div>终止效果

1. transition 属性

CSS3 的过渡效果可以让元素变形看起来比较平滑。CSS3 新增了 transition 属性，可以实现元素变换过程中的过渡效果。该属性与元素变形属性一起使用，可以展现元素的变形过程，丰富动画的效果。语法如下：

```
transition: property duration timing-function delay;
```

transition 属性是一个简写属性，用于设置以下 4 个过渡属性。

（1）transition-property：定义过渡效果的属性；

（2）transition-duration：定义过渡过程需要的时间（s 或 ms）；

（3）transition-timing-function：定义过渡方式；

（4）transition-delay：定义过渡效果何时开始（延迟时间）。

下面为上面的实例添加过渡效果，为鼠标指针放到<div>上面的状态增加一条 CSS 样式。代码如下：

```
transition: all 1s linear;
```

这样，鼠标指针放到<div>上面时不仅能看到顺指针 240°的旋转过程，还能看到背景色从蓝色到橙色的变化过程，这个动画就更生动了。

2. transition-property 属性

transition-property 属性规定应用过渡效果的 CSS 属性的名称。语法如下：

```
transition-property: none | all | property;
```

其中，none 表示没有任何 CSS 属性有过渡效果；all 表示所有的 CSS 属性都有过渡效果；property 表示定义应用过渡效果的 CSS 属性名称列表，列表以逗号分隔。

在上面的实例中使用了 all，所以 transform 和 background 都参与了过渡，因此既可以看到旋转过程，又能够看到背景色的变化。

3. transition-duration 属性

transition-duration 属性规定完成过渡效果需要花费的时间。语法如下：

```
transition-duration: time;
```

其中，time 表示完成过渡效果需要花费的时间（以 s 或 ms 计）。其默认值是 0，即看不到过渡效果，看到的直接是结果。

在上面的实例中设置了 1s，即动画的完成持续了 1s。

4. transition-delay 属性

transition-delay 属性规定过渡效果何时开始。语法如下：

```
transition-delay: time;
```

其中，time 表示在过渡效果开始前需要等待的时间（以 s 或 ms 计）。其默认值为 0，即没有时间延迟，立即开始过渡效果。

在上面的实例中没有设置延迟时间，所以，鼠标指针一放上去，动画就开始了。

5. transition-timing-function 属性

transition-timing-function 属性规定过渡效果的速度曲线。语法如下：

```
transition-timing-function: linear|ease|ease-in|ease-out|ease-in-
out|cubic-bezier(n,n,n,n);
```

属性值描述如表 4-1 所示。

表 4-1　transition-timing-function 属性值

值	描　　述
linear	规定以相同速度开始至结束的过渡效果（等于 cubic-bezier(0,0,1,1)）
ease	默认值，规定慢速开始，然后变快，然后慢速结束的过渡效果（cubic-bezier(0.25,0.1,0.25,1)）
ease-in	规定以慢速开始的过渡效果（等于 cubic-bezier(0.42,0,1,1)）
ease-out	规定以慢速结束的过渡效果（等于 cubic-bezier(0,0,0.58,1)）
ease-in-out	规定以慢速开始和结束的过渡效果（等于 cubic-bezier(0.42,0,0.58,1)）
cubic-bezier(n,n,n,n)	在 cubic-bezier 函数中定义自己的值。可能的值是 0～1 的数值

任务 4-1　制作滑动的导航条

 扫一扫看制作滑动的导航条教学课件

 扫一扫看制作滑动的导航条微课视频

下面制作一个滑动的导航条。在这个导航条中有 8 个栏目，默认每个栏目的左边是直角，右边是圆角，有淡灰色的背景，左侧有一条比较粗的深灰色的边框。当把鼠标指针放到某一个栏目上面时，栏目的宽度迅速变大，背景颜色变成了橙色，文字颜色变成了白色，如图 4-13 所示；当鼠标指针离开时，慢慢地回到初始状态。

当在栏目之间来回移动鼠标指针时，就出现了滑动的效果，如图 4-14 所示。

图 4-13　鼠标指针放到菜单栏目时的效果　　图 4-14　鼠标指针在菜单栏目间滑动的效果

这样的滑动导航条是怎样制作的呢？是使用 HTML5 和 CSS3 中的动画来实现的。滑动导航条的具体制作过程如下。

（1）新建一个 HTML 文件。

（2）搭建网页结构。文字类型的导航条，通常使用<ul>标签和<li>标签。在<body>标签中先添加一个<ul>标签，其中嵌套 8 个<li>标签，每个<li>标签中嵌套一个<a>标签，再把栏目文字输入对应的<a>标签中。代码如下：

```
<ul>
    <li><a href="">HTML5</a></li>
    <li><a href="">CSS3</a></li>
    <li><a href="">PHP</a></li>
    <li><a href="">Java</a></li>
    <li><a href="">JavaScript</a></li>
    <li><a href="">Ajax</a></li>
    <li><a href="">jQuery</a></li>
    <li><a href="">Python</a></li>
</ul>
```

滑动导航条阶段效果如图 4-15 所示。

（3）设置 CSS 样式。

① 给<ul>标签设置 CSS 样式。去掉项目列表前面的圆点，设置文字字号为 12 像素。代码如下：

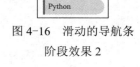

图 4-15　滑动导航条
阶段效果 1

```css
ul{
    list-style: none;
    font-size: 12px;
}
```

② 为<a>标签设置 CSS 样式。去掉下画线，设置文字颜色为深灰色。代码如下：

```css
a{
    text-decoration: none;
    color: #333;
}
```

③ 为<li>标签设置 CSS 样式。设置宽度为 80 像素，背景颜色为浅灰色。目前，栏目与栏目之间太密集了，故设置行高为 25 像素。预期效果中，栏目与栏目之间是有空隙的，设置<li>的下外边距为 1 像素。使用 border-radius 属性设置圆角边框，属性值有 4 个，从左上角开始按照顺时针方向依次为 0、20 像素、20 像素、0。使用 border-left 设置左边的粗线为 3 像素、深灰色、实线。此时，可以看到栏目中的文字距离左边线太近了，设置内边距为上下 0，左右 5 像素。代码如下：

```css
li{
    width: 80px;
    background: #ddd;
    line-height: 25px;
    margin-bottom: 1px;
    border-radius: 0 20px 20px 0;
    border-left: 3px #666 solid;
    padding: 0 5px;
}
```

滑动的导航条阶段效果如图 4-16 所示。

④ 设置鼠标指针放到栏目上时的 CSS 样式。

设置当鼠标指针放到栏目上时，栏目的宽度变大，背景色变成橙色。因此，给<li>标签添加:hover 伪类选择器，宽度为 120 像素，背景色为 orange。代码如下：

图 4-16　滑动的导航条
阶段效果 2

```css
li:hover{
    width: 120px;
    background: orange;
}
```

设置鼠标指针放到栏目上时，文字颜色变成了白色。因此，给<a>标签添加:hover 伪类选择器，文字颜色是 white。代码如下：

```css
a:hover{
    color: white;
}
```

此时，鼠标指针放到栏目上时的变化效果都实现了，但变化很生硬，没有显示出变化过程。

⑤ 设置动画的过渡效果。

使用 transition 属性来实现动画的过渡效果。设置将鼠标指针放到栏目上后的两个变化：宽度和背景色都体现出过渡效果，快速（200ms）的线性变化（linear）。代码如下：

```
li:hover{
    transition: all 200ms linear;
    -webkit-transition: all 200ms linear;
    -moz-transition: all 200ms linear;
    -ms-transition: all 200ms linear;
    -o-transition: all 200ms linear;
}
```

小贴士：为了让新增的 CSS3 属性能够适应大多数浏览器版本，兼容不同内核的浏览器，需要在部分属性前加上私有属性前缀。将某个样式以-xx-开头时，通常先写一条标准语句，再写几条带有私有属性前缀的语句。具体如下：

```
-webkit-      /*为 Chrome、Safari 浏览器的私有属性前缀*/
-moz-         /*为 Firefox 浏览器的私有属性前缀*/
-ms-          /*为 IE 浏览器的私有属性前缀*/
-o-           /*为 Opera 浏览器的私有属性前缀*/
```

当鼠标指针离开栏目时，也有一个过渡效果，且所有的属性都参与过渡，此时进行慢过渡（1s），过渡效果是 ease-out。代码如下：

```
li{
    transition: all 1s ease-out;
}
```

这时，滑动的导航条就制作完成了，其代码如图 4-17 所示。

```
<!DOCTYPE html>                              background: orange;
<html>                                       transition: all 200ms linear;
 <head>                                      -webkit-transition: all 200ms linear;
  <meta charset="utf-8">                     -moz-transition: all 200ms linear;
  <title></title>                            -ms-transition: all 200ms linear;
  <style type="text/css">                    -o-transition: all 200ms linear;
  ul{                                       }
    list-style: none;                       a:hover{
    font-size: 12px;                          color: white;
  }                                         }
  a{                                      </style>
    text-decoration: none;               </head>
    color: #333;                         <body>
  }                                       <ul>
  li{                                      <li><a href="">HTML5</a></li>
    width: 80px;                           <li><a href="">CSS3</a></li>
    background: #ddd;                      <li><a href="">PHP</a></li>
    line-height: 25px;                     <li><a href="">Java</a></li>
    margin-bottom: 1px;                    <li><a href="">JavaScript</a></li>
    border-radius: 0 20px 20px 0;          <li><a href="">Ajax</a></li>
    border-left: 3px #666 solid;           <li><a href="">jQuery</a></li>
    padding: 0 5px;                        <li><a href="">Python</a></li>
    transition: all 1s ease-out;          </ul>
  }                                      </body>
  li:hover{                             </html>
    width: 120px;
```

图4-17　滑动的导航条代码

任务 4-2　制作照片墙页面

 扫一扫看制作
照片墙页面教
学课件

 扫一扫看制作
照片墙页面微
课视频

下面利用动画来制作照片墙页面，如图 4-18 所示。页面上有淡蓝色的背景，页面的正中央有按照不同的角度摆放的 3 行 5 列的照片。仔细观察会发现这些照片有阴影效果，而且它们有白色的边框。观察照片彼此交叠的部分会发现照片是有一点点透明的。当把鼠标指针放到某一张照片上的时候，这张照片放正，移到最前面后放大显示。

图 4-18　照片墙效果

照片墙的具体制作过程如下：

（1）新建一个 HTML 文件。

（2）搭建页面结构。

 扫一扫下载
制作照片墙
页面素材

在\<body\>标签中，使用列表标签\<ul\>标签和\<li\>标签来制作 3 行 5 列的结构，一共 15 个\<li\>标签。每个\<li\>标签中嵌套一个\<a\>标签，每个\<a\>标签中再嵌套一个\<img\>标签，再在每个\<img\>标签的 src 属性中插入对应的图像。代码如下：

```
<body>
<ul>
<li><a href=""><img src="../img/image1.jpg" alt="" /></a></li>
<li><a href=""><img src="../img/image2.jpg" alt="" /></a></li>
<li><a href=""><img src="../img/image3.jpg" alt="" /></a></li>
<li><a href=""><img src="../img/image4.jpg" alt="" /></a></li>
<li><a href=""><img src="../img/image5.jpg" alt="" /></a></li>
<li><a href=""><img src="../img/image6.jpg" alt="" /></a></li>
<li><a href=""><img src="../img/image7.jpg" alt="" /></a></li>
<li><a href=""><img src="../img/image8.jpg" alt="" /></a></li>
<li><a href=""><img src="../img/image9.jpg" alt="" /></a></li>
<li><a href=""><img src="../img/image10.jpg" alt="" /></a></li>
<li><a href=""><img src="../img/image11.jpg" alt="" /></a></li>
<li><a href=""><img src="../img/image12.jpg" alt="" /></a></li>
<li><a href=""><img src="../img/image13.jpg" alt="" /></a></li>
<li><a href=""><img src="../img/image14.jpg" alt="" /></a></li>
<li><a href=""><img src="../img/image15.jpg" alt="" /></a></li>
</ul>
</body>
```

照片墙页面阶段效果如图 4-19 所示。

（3）设置 CSS 样式。

① 设置页面背景。在\<body\>标签上添加给定的背景图像。代码如下：

```
body{
    background: url(../img/zpqbj.jpg);
}
```

② 给<ul>标签添加 CSS 样式。去掉无序列表前的圆点，设置宽度为 530 像素，上下外边距为 50 像素，水平居中。代码如下：

```
ul{
    list-style: none;
    width: 530px;
    margin: 50px auto;
}
```

③ 给<li>标签设置 CSS 样式。

设置宽度：由于整个<ul>标签的宽度是 530 像素，每行有 5 列，因此每个<li>标签的宽度为 530÷5=106（像素）。

设置高度：观察图像，可以发现每张图像的宽高比都是 4∶3，宽度是 106 像素，那么高度应该是 80 像素。

设置左浮动。

代码如下：

```
li{
    width: 106px;
    height: 80px;
    float: left;
}
```

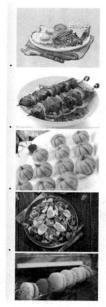

图 4-19　照片墙页面阶段效果 1

照片墙页面阶段效果如图 4-20 所示。

为什么会出现如图 4-20 所示的显示效果呢？这是因为没有对每张图像尺寸进行设置。

④ 给图像设置尺寸。在预期效果中每张图像都有一个白边，所以不要把图像的宽度设置为和所在<li>标签的宽度一样。图像宽度设置为 100 像素，这样就可以留出左右各 3 像素的白边。

如果只设置图像的宽度，高度会按照图

图 4-20　照片墙页面阶段效果 2

像自身宽高比自动计算出来。图像的宽高比是 4∶3，宽度是 100 像素，那么高度就会自动以 75 像素来显示，所以高度可以不必设置。代码如下：

```
img{
    width: 100px;
}
```

⑤ 设置图像四周的白边。<li>标签的宽度是 106 像素，图像的宽度是 100 像素，因此，左右可以留出各 3 像素的空隙；<li>标签的高度是 80 像素，图像的高度是 75 像素，上下可以留出各 2.5 像素的空隙。因此，给<li>标签设置内边距：上下为 2.5 像素，左右为 3 像素。

同时，给<li>标签添加 box-sizing 属性，值为 border-box，其含义是为元素指定的任何内边距和边框都将在已设定的宽度和高度内进行绘制。通过从已设定的宽度和高度分别减去边框和内边距才能得到图像的宽度和高度。

设置<li>的背景色为白色。

代码如下：

```
li{
    padding: 2.5px 3px;
    box-sizing: border-box;
    background: white;
}
```

照片墙页面阶段效果如图 4-21 所示。

⑥ 设置图像的不同角度。

使用 transform 属性设置图像的旋转角度。代码如下：

```
li{
    transform: rotate(-15deg);
}
```

照片墙页面阶段效果如图 4-22 所示。

图 4-21　照片墙页面阶段效果 3　　　　　图 4-22　照片墙页面阶段效果 4

现在所有图像的角度都是一样的，都是逆时针旋转 15°。如何制作图像按照不同角度的摆放效果呢？

使用:nth-child 伪类选择器来实现：当 li 的顺序是 3 的倍数时，顺时针旋转 20°；当 li 的顺序是 4 的倍数时，顺时针旋转 15°；当 li 的顺序是 7 的倍数时，逆时针旋转 10°；当 li 的顺序是 9 的倍数时，逆时针旋转 20°。代码如下：

```
li:nth-child(3n){
    transform: rotate(20deg);
}
li:nth-child(4n){
    transform: rotate(15deg);
}
li:nth-child(7n){
    transform: rotate(-10deg);
}
li:nth-child(9n){
    transform: rotate(-20deg);
}
```

照片墙页面阶段效果如图 4-23 所示。这时，图像的摆放就看起来比较自然了。

⑦　设置\<li>标签的阴影效果。

使用 box-shadow 属性设置阴影效果，水平和垂直都无偏移量，模糊距离为 5 像素，颜色为灰色。代码如下：

```
li{
    box-shadow: 0 0 5px #333;
}
```

照片墙页面阶段效果如图 4-24 所示。

图 4-23　照片墙页面阶段效果 5

图 4-24　照片墙页面阶段效果 6

⑧　设置图像的不透明度。当页面为初始状态时，图片是有点透明的，给\<li>标签设置不透明度。代码如下：

```
li{
    opacity: 0.8;
}
```

小贴士：opacity 属性设置元素的不透明级别。语法如下：

```
opacity: value|inherit;
```

其中，value 规定不透明度，值为 0.0（完全透明）～1.0（完全不透明）；inherit 表示从父元素继承 opacity 属性的值。

⑨　设置动画。下面制作当把鼠标指针放到照片上时，该照片移动到最前面放正后放大显示。

为\<li>标签添加:hover 伪类选择器，制作当鼠标指针放到照片上的状态：旋转角度变回到 0°，放大 2 倍；制作移动到最前面放正后放大显示的效果，需要给 z-index 属性设置一个比较大的值，如 999。预览发现，当鼠标指针放上去时，照片并没有移动到最前面放正后放大显示。这是因为只有定位了的元素，才能有 z-index 的值，设置定位方式为相对定位（定位在项目 5 中详细介绍）。在预期效果中，此时照片应该是完全不透明的，所以需设置照片的不透明度。代码如下：

```
li:hover{
    transform: rotate(0deg) scale(2);
    z-index: 999;
    position: relative;
    opacity: 1;
}
```

此时，动画只有初始和最终状态，效果比较生硬，需要给动画加过渡效果。

⑩ 设置动画过渡效果。让所有的属性都参与过渡，历时 500 ms，线性变化。代码如下：

```css
li:hover{
    transition: all 500ms linear;
}
```

这时，照片墙页面就制作完成了。其代码如图 4-25 所示。

```html
<!DOCTYPE html>
<html>
  <head>
    <meta charset="UTF-8">
    <title></title>
    <style type="text/css">
      body{
        background: url(../img/zpqbj.jpg);
      }
      ul{
        list-style: none;
        width: 530px;
        margin: 50px auto;
      }
      li{
        width: 106px;
        height: 80px;
        float: left;
        padding: 2.5px 3px;
        box-sizing: border-box;
        background: white;
        transform: rotate(-15deg);
        box-shadow: 0 0 5px #333;
        opacity: 0.8;
      }
      li:nth-child(3n){
        transform: rotate(20deg);
      }
      li:nth-child(4n){
        transform: rotate(15deg);
      }
      li:nth-child(7n){
        transform: rotate(-10deg);
      }
      li:nth-child(9n){
        transform: rotate(-20deg);
      }
      img{
        width: 100px;
      }
      li:hover{
        transform: rotate(0deg) scale(2);
        z-index: 999;
        position: relative;
        opacity: 1;
        transition: all 500ms linear;
      }
    </style>
  </head>
  <body>
    <ul>
      <li><a href=""><img src="../img/image1.jpg" alt="" /></a></li>
      <li><a href=""><img src="../img/image2.jpg" alt="" /></a></li>
      <li><a href=""><img src="../img/image3.jpg" alt="" /></a></li>
      <li><a href=""><img src="../img/image4.jpg" alt="" /></a></li>
      <li><a href=""><img src="../img/image5.jpg" alt="" /></a></li>
      <li><a href=""><img src="../img/image6.jpg" alt="" /></a></li>
      <li><a href=""><img src="../img/image7.jpg" alt="" /></a></li>
      <li><a href=""><img src="../img/image8.jpg" alt="" /></a></li>
      <li><a href=""><img src="../img/image9.jpg" alt="" /></a></li>
      <li><a href=""><img src="../img/image10.jpg" alt="" /></a></li>
      <li><a href=""><img src="../img/image11.jpg" alt="" /></a></li>
      <li><a href=""><img src="../img/image12.jpg" alt="" /></a></li>
      <li><a href=""><img src="../img/image13.jpg" alt="" /></a></li>
      <li><a href=""><img src="../img/image14.jpg" alt="" /></a></li>
      <li><a href=""><img src="../img/image15.jpg" alt="" /></a></li>
    </ul>
  </body>
</html>
```

图 4-25　照片墙页面代码

4.2　表单

扫一扫看
表单教学
课件

　　一直以来，表单都是 Web 的核心技术之一，多数在线应用都是通过表单交互来完成的。作为交互的数据载体，有必要为用户提供更加友好的操作和严谨的表单验证，这对于大多数 Web 开发人员来说，是一件重要的事情。如今，HTML5 正在努力简化这些工作。为此，HTML5 不但增加了一系列功能性的表单、表单元素、表单特性，还增加了自动验证表单的功能。HTML5 大幅度改进了 input 元素的类型。不同类型的表单，所附加的功能也不相同。

4.2.1　表单输入类型

<form>标签用于创建表单，为<input>标签设置不同的 type 属性值可以添加多种类型的表单元素。

1. 常用的 type 属性值类型

<input>标签常用的 type 属性值类型有：

1）text 类型

text 类型用于定义单行的输入字段，用户可在其中输入文本。默认宽度为 20 个字符。

2）password 类型

password 类型用于定义密码字段。该字段中的字符被掩码。

3）button 类型

button 类型用于定义可点击按钮。

4）radio 类型

radio 类型用于定义单选按钮。

5）checkbox 类型

checkbox 类型用于定义复选框。

6）submit 类型

submit 类型用于定义提交按钮，提交按钮会把表单数据发送到服务器。

7）reset 类型

reset 类型用于定义重置按钮，重置按钮会清除表单中的所有数据。

2. 新增的 type 属性值类型

HTML5 拥有多个新的表单输入类型。这些新特性提供了更好的输入控制和验证功能。新的输入类型包括 url、email、range、number、日期选择器（date、month、week、time、datetime、datetime-local）、search 等。

1）url 类型

url 类型用于应该包含 URL 地址的输入域。在提交表单时，会自动验证 url 域的值。

2）email 类型

email 类型用于应该包含 e-mail 地址的输入域。在提交表单时，会自动验证 email 域的值。

3）range 类型

range 类型用于应该包含一定范围内数值的输入域。range 类型显示为滑动条。还能够设定对所接受的数字的限定。例如：

```
<input type="range" name="" id="" value="10" min="1" max="100"
       step="1"/>
```

其中，max 规定允许的最大值；min 规定允许的最小值；step 规定合法的数字间隔（如果 step="3"，则合法的数是-3、0、3、6 等）。

range 类型案例网页效果如图 4-26 所示。我们可以拖动滑块，选择不同的值，但是无法显示出具体的数值。

4）number 类型

number 类型用于应该包含数值的输入域，还能够设定对所接受的数字的限定。例如：

成绩: `<input type="number" min="0" max="100" step="1" value="60"/>`

number 类型案例网页效果如图 4-27 所示。

图 4-26　range 类型案例网页效果　　　　图 4-27　number 类型案例网页效果

5）日期选择器类型

HTML5 拥有多个日期选择器输入类型，可供选取日期和时间。

（1）date：选取日、月、年；

（2）month：选取月、年；

（3）week：选取周和年；

（4）time：选取时间（小时和分钟）；

（5）datetime：选取时间、日、月、年（UTC 时间）；

（6）datetime-local：选取时间、日、月、年（本地时间）。

6）search 类型

search 类型用于搜索域，如站点搜索。search 域显示为常规的文本域。

4.2.2　新的表单元素

1. datalist 元素

datalist 元素规定输入域的选项列表。列表是通过 datalist 内的 option 元素创建的。如需把 datalist 绑定到输入域，则需用输入域的 list 属性引用 datalist 的 id。通过组合使用 list 特性和 datalist 元素，可以为某个可输入的 input 元素定义一个选值列表。设置 input 元素的 list 特性值为 datalist 元素的 id 值，可实现二者的绑定。例如：

```
学校:
<input type="text" name="" id="" value="" placeholder="请选择你的学校"
    list="school"/>
<datalist id="school">
    <option value="金华职业技术学院"></option>
    <option value="义乌工商职业技术学院"></option>
    <option value="宁波职业技术学院"></option>
</datalist>
```

datalist 元素案例网页效果如图 4-28 所示。

2. output 元素

output 元素用于不同类型的输出，如用于计算结果或脚本的输出等。output 元素必须从

属于某个表单，即写在表单的内部。

在制作前面的 input 的 range 类型案例时，发现拖动滑块无法明确知道选择的数值是什么，这个问题可以使用 output 元素来解决。代码如下：

```
<form action="" method="post" oninput="y.value=x.value">
    <input type="range" name="x" id="" value="10" min="1" max="100"
        step="1"/>
    <output name="y"></output>
</form>
```

这样，在拖动滑块的同时，右边会有具体的数值显示，网页效果如图 4-29 所示。

图 4-28　datalist 元素案例网页效果

图 4-29　output 元素案例网页效果

4.2.3　新的表单属性

1．placeholder 属性

placeholder 属性提供一种提示，描述输入域所期待的值。placeholder 属性适用于以下类型的<input>标签：text、search、url、telephone、email 及 password。提示会在输入域为空时显示出现，在输入域获得焦点时消失。例如：

```
姓名：<input type="text" name="" id="" value="" placeholder="请输入您的
    姓名"/>
```

placeholder 属性案例网页效果如图 4-30
所示。

图 4-30　placeholder 属性案例网页效果

2．required 属性

required 属性规定必须在提交前填写输入域（不能为空）。required 属性适用于以下类型的<input>标签：text、search、url、telephone、email、password、date pickers、number、日期选择器、radio 及 file。

任务 4-3　制作学员信息页面

扫一扫看制作学员信息页面教学课件

扫一扫看制作学员信息页面微课视频

这个学员信息页面是使用表单来制作的，效果如图 4-31 所示。该页面中除表单标题外，还有 6 个部分：姓名、年龄、邮箱、成绩、所在城市和提交，这 6 个部分对应着 6 个表单元素。具体的制作方法如下：

1．新建一个 HTML 文件

在 Web 项目的 html 子文件夹中新建一个 HTML 文件。

2. 搭建页面结构

整张表单是居中显示的，所以，在<body>标签中先插入一个<div>标签，里面添加表单标签。表单中包括标题、左边的文字信息和右边对应的表单元素。文字信息是右对齐的，可以考虑放在<span>标签中。具体操作如下。

图 4-31　学员信息页面效果

1）标题

在<body>标签中，先添加一个<div>标签，再内嵌一个<form>标签。在<form>标签中，先插入<h1>标签，用于输入表单标题。代码如下：

```
<div id="">
    <form action="" method="post">
        <h1>浙江学员信息页</h1>
        <input type="submit" value="" />
    </form>
</div>
```

在 HBuilder 中，添加<form>标签时，会自动在表单结束标签前添加一个提交按钮。如使用其他编辑器可自行添加提交按钮。

2）姓名

接下来，表单中的每行表单元素放在一个<p>标签中。在<p>标签中先插入一个<span>标签，用于输入文字信息，再插入对应的表单元素。姓名后面的表单元素是一个文本框，使用<input>标签，type 属性值是 text，提示信息使用 placeholder 属性，值为"请输入您的姓名"。代码如下：

```
<p>
    <span>姓名</span>
    <input type="text" name="" id="" value=""  placeholder="请输入您的姓
        名"/>
</p>
```

后面的 5 个表单元素的制作方法与姓名类似。

3）年龄

<input>的 type 值是 range，是一个可以左右滑动的滑块。设置它的默认值、最小值、最大值和每次移动滑块的步长（每次移动的数字间隔），如默认值是 18，最小值是 7，最大值是 100，每次移动滑块是以 1 为单位变化的。代码如下：

```
<p>
    <span>年龄</span><input type="range" name="" id="" value="18"
        min="7" max="100" step="1" placeholder=""/>
</p>
```

学员信息页面阶段效果如图 4-32 所示。

移动滑块可以调整年龄值，那么问题出现了：当我们移动滑块选择年龄时，无法看出当前的年龄是多少。这个问题该怎么解决呢？我们可以将<output>和<input>配合使用。在该<input>标签后面添加<output>标签，在<output>开始标签里添加 name 属性，其值设置成"y"（可自行设置），将该<input>标签的 name 属性值设置成"x"（可自行设置），在<form>的开始标签中增加 oninput 属性，值是"y.value=x.value"。代码如下：

图 4-32　学员信息页面阶段效果 1

```
<div id="">
    <form action="" method="post" oninput="y.value=x.value">
    <h1>浙江学员信息页</h1>
    <p><span>姓名</span><input type="text" name="" id="" value=""
        placeholder="请输入您的姓名"/></p>
    <p>
    <span>年龄</span><input type="range" name="x" id="" value="18"
        min="7" max="100" step="1" placeholder=""/>
    <output name="y"></output>
    </p>
    <input type="submit" value="" />
    </form>
</div>
```

这时，如果滑动滑块，页面上就能够显示出当前所选的年龄了，如图 4-33 所示。

4）成绩

<input>的 type 值是 number，可以设置默认成绩为60，最低成绩是 0，最高成绩是 100，每次调整的步长是1。代码如下：

图 4-33　学员信息页面阶段效果 2

```
<p><span>成绩</span><input type="number" name="" id="" value="60"
    min="0" max="100" step="1"/></p>
```

页面的默认成绩为60，每次单击分数后面向上的按钮时加1，每次单击向下的按钮时减1。

5）所在城市

<input>标签的 placeholder 属性值是"请选择您所在城市"。由于这张表格是浙江学员信息表，所以，这里把浙江省所包含的城市都列出来，使用 list 和 datalist 配合完成。在该<input>标签中添加 list 属性，值是"city"（可自行设置）。在该<input>标签后面添加<datalist>标签，在开始标签中添加 id 属性，值也是"city"；在 datalist 标签中嵌套<option>标签，在其开始标签中添加 value 属性，值是浙江省的城市名称，每个城市都需要写在一个<option>标签中。代码如下：

```
<p>
    <span>所在城市</span><input type="text"
        name="" id="" value="" list="city"
        placeholder="请选择您所在城市"/>
```

```
        <datalist id="city">
            <option value="杭州"></option>
            <option value="金华"></option>
            <option value="温州"></option>
            <option value="宁波"></option>
            <option value="绍兴"></option>
            <option value="湖州"></option>
            <option value="嘉兴"></option>
            <option value="丽水"></option>
            <option value="衢州"></option>
            <option value="台州"></option>
            <option value="舟山"></option>
        </datalist>
    </p>
```

图 4-34　学员信息页面阶段效果 3

学员信息页面阶段效果如图 4-34 所示。在"所在城市"右侧出现了一个下拉列表，供学员选择。

6）提交按钮

提交按钮的 value 值是"提交"。代码如下：

```
    <p><span></span><input type="submit"  value="提交"/></p>
```

7）邮箱

设置提示文字"请输入您的邮箱"。由于此处<input>标签的 type 属性值是 email，因此提交表单时，会自动验证用户输入邮箱的有效性。代码如下：

```
    <p>
    <span>邮箱</span>
    <input type="email" name="" id="" value="" placeholder="请输入您的邮箱"/>
    </p>
```

效果如图 4-35 所示。当输入一个错误的邮箱时，会有文字提示，如图 4-36 所示。

图 4-35　学员信息页面阶段效果 4　　　　图 4-36　学员信息页面阶段效果 5

3. 设置 CSS 样式

1）网页背景

在<body>标签上添加背景色为绿色。代码如下：

```
body{
    background: green;
}
```

2）表单标题

设置字号为 24 像素，水平居中显示。代码如下：

```
h1{
    font-size: 24px;
    text-align: center;
}
```

3）设置 div 的样式

设置宽度为 300 像素，高度为 400 像素，上下外边距为 30 像素，水平居中对齐。代码如下：

```
div{
    width: 300px;
    height: 400px;
    margin: 30px auto;
}
```

学员信息页面阶段效果如图 4-37 所示。

4）设置<span>标签的样式

希望左边的文字右对齐，这就需要给<span>标签设置 CSS 样式：显示类型为行内块元素，文本对齐方式为右对齐，宽度为 100 像素，右内边距为 10 像素。代码如下：

```
span{
    display:inline-block;
    text-align: right;
    width: 100px;
    padding-right: 10px;
}
```

学员信息页面阶段效果如图 4-38 所示。

5）设置<input>标签的样式

右边表单元素的宽度参差不齐，这需要给<input>标签设置 CSS 样式：宽度为 150 像素，实线橙色边框粗细为 2 像素。代码如下：

```
input{
    width: 150px;
    border: 2px solid orange;
}
```

学员信息页面阶段效果如图 4-39 所示。

这时，右边表单元素的宽度已经一致，但是由于提交按钮也是表单元素，所以它的宽度与边框一并跟着修改了，这不是我们预期的样式，所以需要给提交按钮单独设置 CSS 样式。

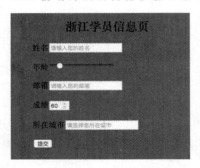

图 4-37　学员信息页面阶段效果 6　图 4-38　学员信息页面阶段效果 7　图 4-39　学员信息页面阶段效果 8

6）给提交按钮设置样式

给提交按钮设置一个 id 属性，值为"tijiao"，代码如下：

```
<input type="submit" id="tijiao" value="提交"/>
```

设置提交按钮的 CSS 样式：宽度为 70 像素，背景颜色为红色，文字颜色为白色，没有边框。代码如下：

```
#tijiao{
    width: 70px;
    background: red;
    color: white;
    border: none;
}
```

学员信息页面代码如图 4-40 所示。

```
<!DOCTYPE html>
<html>
  <head>
    <meta charset="UTF-8">
    <title></title>
    <style type="text/css">
      body{
        background: green;
      }
      h1{
        font-size: 24px;
        text-align: center;
      }
      div{
        width: 300px;
        height: 400px;
        margin: 30px auto;
      }
      span{
        display:inline-block;
        text-align: right;
        width: 100px;
        padding-right: 10px;
      }
      input{
        width: 150px;
        border: 2px solid orange;
      }
      #tijiao{
        width: 70px;
        background: red;
```

图 4-40　学员信息页面代码

```
            color: white;
            border: none;
        }
    </style>
</head>
<body>
    <div id="">
        <form action="" method="post" oninput="y.value=x.value">
            <h1>浙江学员信息页</h1>
            <p><span>姓名</span><input type="text" name="" id="" value="" placeholder="请输入您
                的姓名"/></p>
            <p><span>年龄</span><input type="range" name="x" id="" value="18" min="7" max="100"
                step="1" placeholder=""/>
                <output name="y"></output>
            </p>
            <p><span>邮箱</span><input type="email" name="" id="" value="" placeholder="请输入您
                的邮箱"/></p>
            <p><span>成绩</span><input type="number" name="" id="" value="60" min="0" max="100"
                step="1"/></p>
            <p><span>所在城市</span><input type="text" name="" id="" value="" list="city"
                placeholder="请选择您所在城市"/>
            <datalist id="city">
                <option value="杭州"></option>
                <option value="金华"></option>
                <option value="温州"></option>
                <option value="宁波"></option>
                <option value="绍兴"></option>
                <option value="湖州"></option>
                <option value="嘉兴"></option>
                <option value="丽水"></option>
                <option value="衢州"></option>
                <option value="台州"></option>
                <option value="舟山"></option>
            </datalist>
            </p>
            <p><span></span><input type="submit" id="tijiao" value="提交"
                placeholder=""/></p>
        </form>
    </div>
</body>
</html>
```

图 4-40　学员信息页面代码（续）

4.3　音频和视频

扫一扫下载制作音频和视频页面素材

扫一扫看制作网站音频和视频教学课件

　　在 HTML5 之前，在线的音频和视频都是借助 Flash 或第三方工具实现的，现在 HTML5 也支持这方面的功能。在一个支持 HTML5 的浏览器中，不需要安装任何插件就能播放音频和视频。HTML5 中的两个重要元素——audio 和 video，分别用于实现音频和视频，又称为多媒体。对于这两个元素，HTML5 为开发者提供了标准、集成的 API。

　　使用 HTML5，不需要借助插件就能在页面中方便地插入音频和视频。使用 HTML5 中的 <audio> 标签插入音频；使用 HTML5 中的 <video> 标签插入视频。

4.3.1　插入音频

　　在页面中插入音频的代码如下：

```
<body>
    <audio  src="../others/1.mp3">
    </audio>
</body>
```

具体方法如下：

（1）当 Web 项目中含有音频和视频素材时，通常在 Web 项目中新建一个目录，这里把这个子文件夹命名为"others"，将音频和视频文件复制过来，如图 4-41 所示。

（2）新建一个页面。

（3）在<body>标签中插入<audio>标签，在<audio>标签的开始标签中添加 src 属性，属性值是音频文件的路径。代码如下：

图 4-41　将音频和视频文件复制到 others 子文件夹

```
<body>
    <audio src="../others/1.mp3"></audio>
</body>
```

预览页面时发现听不到任何声音。因此，还需要在<audio>标签的开始标签中添加 controls 属性，属性值是"controls"。代码如下：

```
<audio src="../others/1.mp3" controls="controls"></audio>
```

此时预览页面，出现一个音频播放控制条，初始状态如图 4-42 所示。单击"播放"按钮，音频文件就开始播放了，如图 4-43 所示。

图 4-42　音频播放控制条初始状态　　　　图 4-43　音频播放控制条播放状态

4.3.2　插入视频

插入视频使用<video>标签，代码如下：

```
<body>
    <video src="../others/yundonghui.mp4">
    </video>
</body>
```

具体操作如下：

（1）新建一个页面。

（2）在<body>标签中插入一个<video>标签，在<video>标签的开始标签中添加 src 属性，属性值是视频文件的路径，再增加一个 controls 属性，属性值是"controls"。代码如下：

```
<body>
    <video src="../others/
    yundonghui. mp4"
    controls="controls">
    </video>
</body>
```

保存并预览。添加视频如图 4-44 所示，单击"播放"按钮，视频就开始播放了。

图 4-44　添加视频

任务 4-4　制作音频页面

使用音频技术结合前面学习过的渐变、圆角半径等技能来制作如图 4-45 所示的页面。

新建一个页面，搭建页面结构，添加一个<div>标签，在<div>中添加一个<p>标签和一个<audio>标签，<p>标签中插入一张图像，<audio>标签中插入一首歌曲，并添加"播放"按钮。代码如下：

```
<div>
    <p><img src="../../img/music.gif"/></p>
    <audio src="../others/naxienian.mp3"
     controls="controls"></audio>
</div>
```

图 4-45　音频案例效果

设置<div>标签的 CSS 样式：宽度、高度均为 600 像素，背景为依据圆形从中心的深灰色到黑色的重复径向渐变，上下外边距为 30 像素，水平居中，边框为 10 像素、实线、浅灰色，圆角半径为 50%，水平对齐方式为居中。代码如下：

```
div{
    width: 600px;
    height: 600px;
    background: repeating-radial-gradient(#333,#000 1%);
    margin: 30px auto;
    border: 10px solid #ccc;
    border-radius: 50%;
    text-align: center;
}
```

设置<p>标签的 CSS 样式：宽度为 372 像素，上下外边距为 50 像素，水平居中，下外边距为 100 像素。代码如下：

```
p{
    width: 372px;
    margin: 50px auto;
    margin-bottom: 100px;
}
```

这时，这个页面就制作好了。音频页面代码如图 4-46 所示。

```
<!DOCTYPE html>
<html>
  <head>
    <meta charset="utf-8">
    <title></title>
    <style type="text/css">
      div{
        width: 600px;
        height: 600px;
        background: repeating-radial-gradient(#333,#000 1%);
        margin: 30px auto;
        border: 10px solid #ccc;
```

图 4-46　音频页面代码

```
            border-radius: 50%;
            text-align: center;
         }
         p{
            width: 372px;
            margin: 50px auto;
            margin-bottom: 100px;
         }
   </style>
</head>
<body>
   <div>
      <p><img src="../img/music.gif"/></p>
      <audio src="../others/naxienian.mp3" controls="controls"></audio>
   </div>
</body>
</html>
```

图 4-46　音频页面代码（续）

4.4　多列布局

扫一扫看网页
多列布局教学
课件

在我们经常阅读的报纸或杂志中，通常一个版面会分成多个列进行排版，传统的布局容易出现错位问题，并且非常不灵活。CSS3 提供的多列布局，使得这种排版有了新的解决方案。

CSS3 提供了新的多列布局，包括定义列数、定义列宽、定义列与列之间的间距、定义列与列之间的间隔线、定义栏目跨列。

1. 多列属性 columns

CSS3 新增的 columns 属性，用于快速定义多列的列数和每列的宽度。语法如下：

```
columns: column-width column-count;
```

其中，column-width 用于定义每列的宽度；column-count 用于定义列数。

在实际布局的时候，所定义的列数是最大列数。当外围宽度不足时，多列的列数会适当减少，而每列的宽度会自动调整，以填满整个范围区域。

2. 多列布局的列宽

CSS3 新增的 column-width 属性，用于定义多列布局中每列的宽度。语法如下：

```
column-width: auto | length;
```

其中，auto 表示列的宽度由浏览器决定；length 表示指定列的宽度，其值由浮点数和单位标志符组成，不可以为负值。

当窗口的大小改变时，列数会及时调整，列数不固定。

3. 多列布局的列数

CSS3 新增的 column-count 属性，用于定义多列布局中的列数。语法如下：

```
column-count: auto | number;
```

其中，auto 表示列的数目由其他属性决定，如 column-width；number 用于指定列的数目，取值为大于 0 的整数。

4. 多列布局的列间距

CSS3 新增的 column-gap 属性用于定义多列布局中列与列之间的距离。语法如下：

```
column-gap: normal | length;
```

其中，normal 为默认值，由浏览器默认的列间距，一般是 1em；length 表示指定列与列之间的距离，由浮点数字和单位标志符组成，不可为负值。

5. 列分隔线

CSS3 新增的 column-rule 属性，在多列布局中，用于定义列与列之间的分隔线。语法如下：

```
column-rule: column-rule-width column-rule-style column-rule-color;
```

其中，column-rule-width 用于定义分隔线的宽度；column-rule-style 用于定义分隔线的样式风格；column-rule-color 用于定义分隔线的颜色。

6. 横跨所有列

CSS3 新增的 column-span 属性，在多列布局中，用于定义元素跨列显示。语法如下：

```
column-span: 1 | all;
```

其中，1 为默认值，元素在一列中显示；all 表示元素横跨所有列显示。

任务 4-5　制作电子杂志页面

 扫一扫看制作电子杂志页面教学课件

 扫一扫看制作电子杂志页面微课视频

使用多列布局，我们可以制作电子杂志页面，效果如图 4-47 所示。页面中包括标题、作者、6 个段落、1 张图片。整个页面包括 3 列，标题横跨所有列，第一段的第一个字加粗放大显示。

图 4-47　电子杂志页面效果

电子杂志页面的具体制作过程如下：

 扫一扫下载制作电子杂志页面素材

（1）新建一个 HTML 文件。

（2）搭建页面结构。

使用<h1>标签表示文章标题，使用<h2>标签表示作者，段落使用<p>标签。再把文字对应地加到标签中，图片使用<img>标签，放在第 3 个段落后面。代码如下：

```
<body>
    <h1>初识 Swiper</h1>
    <h2>作者：胡平</h2>
    <p>目前，人们越来越多地使用移动端（手机、平板电脑）来上网，获取资源，因此移动
```

端的推广项目非常有实际应用意义。本项目是使用 Swiper 技术结合 HTML5+CSS3 技术，制作一个移动端推广项目——个人简历。个人简历中包含了基本资料、经历经验、自我评价、取得的荣誉、兴趣爱好、个人能力、所掌握的技能和完成过的作品等内容，整个项目图文结合，配色合理，给人留下深刻印象。</p>

<p>在这个项目的完成过程中，我们先介绍 Swiper 插件的使用，包括：Swiper 的使用方法、API 文档的使用、Swiper Animate 使用方法等，并以此为基础，一步一步制作移动端的推广项目——个人简历。</p>

<p>对于没有 JavaScript 基础的人来说，想要在网页中制作大图轮播之类的动画效果是比较困难的，而这样的效果在实际项目中又是应用非常广泛的。本项目我们给大家介绍一个没有 JavaScript 基础也能轻松制作动画效果的好用的工具——Swiper。</p>

<img src="../img/swiper.png"/>

<p>Swiper 是纯 JavaScript 打造的滑动特效插件，面向手机、平板电脑等移动端。Swiper 能实现触屏焦点图、触屏 Tab 切换、触屏多图切换等常用效果。Swiper 开源、免费、稳定、使用简单、功能强大，是架构移动端网站的重要选择。Swiper 常用于移动端网站的内容触摸滑动。</p>

<p>下面，我们就一起来看一下 Swiper 的使用。</p>

<p>Swiper 中文网的网址是：http://www.swiper.com.cn/，在谷歌浏览器（Google Chrome）地址栏里输入该网址，目前较新的版本是 Swiper4。网页顶部的导航栏中包括：在线演示、中文教程、API 文档、获取 Swiper 以及以往的 Swiper 版本等内容。我们可以点击【在线演示】栏目，观看 Swiper 在 PC 端和移动端的应用展示。</p>

</body>

（3）设置 CSS 样式。

① 为 body 设置 CSS 样式。添加 1 像素的橙色实线边框。为了让文字与边框之间有一些空隙，添加 10 像素内边距。设置整个页面的列数是 3 列。代码如下：

```
body{
    border: 1px solid orange;
    padding: 10px;
    column-count: 3;
}
```

电子杂志页面的阶段效果如图 4-48 所示。

图 4-48　电子杂志页面的阶段效果图 1

② 设置<h1>标签的 CSS 样式。设置背景色是灰色；文字字号为 24 像素，居中对齐；标题横跨所有列；内边距上下为 10 像素，左右为 0 像素；上外边距为 0 像素。代码如下：

```
h1{
    background: #ccc;
    font-size: 24px;
    text-align: center;
    column-span: all;
    padding: 10px 0;
    margin-top: 0px;
}
```

电子杂志页面阶段效果图如图 4-49 所示。

图 4-49　电子杂志页面阶段效果图 2

③ 为<h2>标签设置 CSS 样式。设置文字字号为 14 像素，水平居中对齐。代码如下：

```
h2{
    font-size: 14px;
    text-align: center;
}
```

④ 为<p>标签设置 CSS 样式。设置文字字号为 12 像素，行高为 20 像素，段落首行空两个字符。代码如下：

```
p{
    font-size: 12px;
    line-height: 20px;
    text-indent: 2em;
}
```

⑤ 为第一个段落的第一个字设置 CSS 样式。为第一个段落添加 id，命名为 first（可以自行命名）。代码如下：

> `<p id="first">`目前，人们越来越多的使用移动端（手机、平板电脑）来上网，获取资源，因此移动端的推广项目非常有实际应用意义。本项目是使用 Swiper 技术结合 HTML5+CSS3 技术，制作一个移动端推广项目——个人简历。个人简历中包含了基本资料、经历经验、自我评价、取得的荣誉、兴趣爱好、个人能力、所掌握的技能和完成过的作品等内容，整个项目图文结合，配色合理，给人留下深刻印象。`</p>`

这个段落的第一个字可以用 ::first-letter 伪元素选择器来表示，为这个字设置 CSS 样式：字号为 24 像素，加粗。代码如下：

```css
#first::first-letter{
    font-size: 24px;
    font-weight: bold;
}
```

电子杂志页面阶段效果图如图 4-50 所示。

图 4-50 电子杂志页面阶段效果图 3

⑥ 为 `<img>` 标签设置 CSS 样式。完成上述操作后，可以发现图像的尺寸太大了，那么把图像尺寸设成多少比较合适呢？如果把图像尺寸的单位设置为像素的话，图像的大小就是固定的，当浏览器窗口大小调整后，图像大小不发生改变，很难保证图像在不同大小的窗口下都是合适的，所以把图像尺寸的单位设置成百分比。为了能和它所在的列的宽度保持一致，把图像的宽度设置成 100%。代码如下：

```css
img{
    width: 100%;
}
```

在大小不同的浏览器窗口下，电子杂志页面阶段效果图如图 4-51 和图 4-52 所示，图片的宽度始终和列宽保持一致。

图 4-51　电子杂志页面阶段效果图 4（1）

图 4-52　电子杂志页面阶段效果图 4（2）

页面是一个 3 列结构，当浏览器窗口大小发生变化时，保持 3 列的结构，列的宽度和图像的宽度都会随着窗口的变化而变化尺寸。

⑦ 设置列间距。此时列和列之间的距离有点小，故为<body>标签增加一行 CSS 样式，设置列间距为 2em（默认值是 1em）。代码如下：

```
column-gap: 2em;
```

这样，利用多列布局制作的电子杂志页面就制作好了。其页面代码如图 4-53 所示。

```
<!DOCTYPE html>
<html>
  <head>
    <meta charset="UTF-8">
    <title></title>
    <style type="text/css">
      body{
        border: 1px solid orange;
        padding: 10px;
        column-count: 3;
        column-gap: 2em;
      }
```

图 4-53　电子杂志页面代码

```
    h1{
      background: #ccc;
      font-size: 24px;
      text-align: center;
      column-span: all;
      padding: 10px 0;
      margin-top: 0px;
    }
    h2{
      font-size: 14px;
      text-align: center;
    }
    p{
      font-size: 12px;
      line-height: 20px;
      text-indent: 2em;
    }
    #first::first-letter{
      font-size: 24px;
      font-weight: bold;
    }
    img{
      width: 100%;
    }
  </style>
</head>
<body>
  <h1>初识 Swiper</h1>
  <h2>作者：胡平</h2>
  <p id="first">目前，人们越来越多地使用移动端（手机、平板电脑）来上网，获取资源，因此移动端的推广项目非
    常有实际应用意义。本项目是使用 Swiper 技术结合 HTML5+CSS3 技术，制作一个移动端推广项目——个人简历。个
    人简历中包含了基本资料、经历经验、自我评价、取得的荣誉、兴趣爱好、个人能力、所掌握的技能和完成过的作
    品等内容，整个项目图文结合，配色合理，给人留下深刻印象。
  </p>
  <p>在这个项目的完成过程中，我们先介绍 Swiper 插件的使用，包括：Swiper 的使用方法、API 文档的使用、Swiper
    Animate 使用方法等，并以此为基础，一步一步制作移动端的推广项目——个人简历。
  </p>
  <p>对于没有 JavaScript 基础的人来说，想要在网页中制作大图轮播之类的动画效果是比较困难的，而这样的效果在
    实际项目中又是应用非常广泛的。本项目我们给大家介绍一个没有 JavaScript 基础也能轻松制作动画效果的好用
    的工具——Swiper。
  </p>
  <img src="../img/swiper.png"/>
  <p>Swiper 是纯 JavaScript 打造的滑动特效插件，面向手机、平板电脑等移动端。Swiper 能实现触屏焦点图、触
    屏 Tab 切换、触屏多图切换等常用效果。Swiper 开源、免费、稳定、使用简单、功能强大，是架构移动端网站的
    重要选择。Swiper 常用于移动端网站的内容触摸滑动。
  </p>
  <p>下面，我们就一起来看一下 Swiper 的使用。</p>
  <p>Swiper 中文网的网址是：http://www.swiper.com.cn/，在谷歌浏览器（Google Chrome）地址栏里输入该
    网址，目前较新的版本是 Swiper4。网页顶部的导航栏中包括：在线演示、中文教程、API 文档、获取 Swiper
    以及以往的 Swiper 版本等内容。我们可以点击【在线演示】栏目，观看 Swiper 在 PC 端和移动端的应用展示。
  </p>
</body>
</html>
```

图 4-53　电子杂志页面代码（续）

职业技能知识点考核 4

扫一扫看职业
技能知识点考
核 4 答案

一、单选题

1. 下列关于 transform 属性的说法中，错误的是（　　　）。

　　A. 默认值为 none

　　B. 允许向元素应用 2D 或 3D 转换

　　C. 允许对元素进行旋转、缩放、移动或倾斜

　　D. 就是平滑地改变一个元素的 CSS 值

2．关于 animation-timing-function，下列说法正确的是（　　　）。

　　A．linear 默认为动画，动画从头到尾的速度是相同的

　　B．ease 默认为动画，动画以低速开始，然后加快，在结束前变慢速

　　C．cubic-bezier(n,n,n,n)，在 cubic-bezier 函数中定义自己的值。可能的值是 0～100 的数值

　　D．ease-in 动画以低速结束

3．使用 CSS3 过渡效果 "transition: width .5s ease-in .1s;"，其中 ".5s" 对应的属性是（　　　）。

　　A．transition-property：对象中参与过渡的属性

　　B．transition-duration：对象过渡的持续时间

　　C．transition-timing-function：对象中过渡的动画类型

　　D．transition-delay：对象延迟过渡的时间

4．在 HTML 中，通过（　　　）可以实现鼠标指针悬停在 div 上时，元素执行旋转 45° 效果。

　　A．div:hover{transform:rotate(45deg);}　　　B．div:hover{transform:translate(50px);}

　　C．div:hover{transform:scale(1.5);}　　　　 D．div:hover{transform:skew(45deg);}

5．在使用 CSS3 盒模型时，box-sizing 属性设置为（　　　），元素的宽度只是该元素内容的宽度，而不包括边框和内边距的宽度。

　　A．content-box　　B．border-box　　　　C．text-box　　　　D．none

6．支持 input 类型的输入框的消息提示的属性是（　　　）。

　　A．detail　　　　B．placeholder　　　　C．pattern　　　　D．required

7．用于定义滑块控件的表单输入类型是（　　　）。

　　A．search　　　　B．controls　　　　　C．slider　　　　　D．range

8．下列语句是 input 类型中用于添加可单击按钮的是（　　　）。

　　A．<input type="submit">　　　　　　　B．<input type="image">

　　C．<input type="button">　　　　　　　D．<input type="rest">

9．在 HTML5 中，（　　　）属性用于规定输入字段是必填的。

　　A．required　　　B．formvalidate　　　C．validate　　　　D．placeholder

10．对于标签<input type=*>，如果希望实现密码框效果，*值是（　　　）。

　　A．hidden　　　　B．text　　　　　　C．password　　　　D．submit

11．audio 元素中 src 属性的作用是（　　　）。

　　A．提供播放、暂停和音量控件　　　　B．循环播放

　　C．制定要播放音频的 URL　　　　　　D．插入一段替换内容

12．在 HTML 中，（　　　）标签用于在网页中创建表单。

　　A．input　　　　B．select　　　　　C．table　　　　　D．form

二、多选题

1．CSS3 transform 属性允许对元素进行（　　　）操作。

　　A．旋转　　　　B．缩放　　　　　C．移动　　　　　D．倾斜

2．下列是<input>标签共有的一些属性的是（　　　　）。

  A．type   B．name   C．maxlength   D．size

3．下面是 HTML5 新增的表单元素的是（   ）。

  A．datalist   B．optgroup   C．output   D．legend

4．在 HTML5 中，用于播放视频与音频文件的标签是（   ）。

  A．<video>标签 B．<audio>标签   C．<music>标签 D．<move>标签

5．transition 是由下列哪几个属性构成？（   ）

  A．transition-property   B．transition-duration

  C．transition-timing-function   D．transition-delay

三、判断题

1．在 CSS3 选择器中不需要使用多个<div>标签就能实现多栏布局。 （ ）

2．scale()函数用于定义元素在二维空间的缩放和翻转。当取值的绝对值小于 1 时，表示放大。 （ ）

3．scale(x , y)中的 x 表示元素在垂直方向上的缩放倍数。 （ ）

4．translate (dx,dy)，其中，dx：表示元素在水平方向上的偏移距离；dy：表示元素在垂直方向上的偏移距离；如果 dy 值省略，则说明垂直方向上的偏移距离和水平方向一致。

 （ ）

5．scale(x , y)，其中，x：表示元素在水平方向上的缩放倍数。y：表示元素在垂直方向上的缩放倍数。如果 y 值省略，则说明垂直方向上不缩放。 （ ）

6．transform 属性允许同时使用多个变形函数，这使得元素变形可以更加灵活，多个函数之间用逗号分隔。 （ ）

7．变形属性 transform 默认的变形原点是元素对象的左上角。 （ ）

8．transition-delay 定义过渡过程需要的时间（秒或毫秒）。 （ ）

四、填空题

1．在 CSS3 中可以使用（   ）属性和其他 CSS 属性（颜色、宽高、变形、位置等）配合实现动画效果。

2．在<input>标签中将 type 属性设置为（   ）即可定义单选按钮。

项目拓展

  以"科技兴国"为主题，自行搜集素材，创建 Web 项目，综合运用 HTML5 常用标签和 CSS3 常用选择器，设计、制作 4 张图文并茂的网页（1 张首页、3 张二级页面），来介绍我国的科技发展、科技成果、科技实力等，并为这 4 张网页设置超链接。

讨论：网上的素材可以随便用吗？

  同学们在设计制作项目时，通常在网上搜索素材后进行设计制作。那么，网上的素材可以随便用吗？

  有些同学喜欢到阿里巴巴矢量图标库获取图标，这个网站里的图标都可以随意使用吗？我们打开阿里巴巴矢量图标库网站，在有关版权的条款中明确指出，用户如果出于商业目的使用 iconfont 平台任意个人公共库中的任意图标/插画，均应事先获得相关知识产权权利人的

授权，以避免产生不必要的纠纷。所以，阿里巴巴矢量图标库网站里的素材仅限于学习交流使用，未经许可，不能用于商业用途。

有一则新闻："行业内某设计师私自随意用字体被公司开除，还要赔偿公司损失。"这个设计师为什么会被公司开除，并且还要赔偿公司损失呢？因为他使用的字体是有版权的，未经同意便用于商业用途就涉嫌侵权了。同学们在学习阶段，会从网上下载字体、图片等素材来完成一些项目，但这些素材的使用仅限于学习，不能用于商业用途。目前很多大公司都有自己的专属字体。希望同学们在学习阶段就提高版权意识。

项目 5

响应式布局网站设计

教学导航

教	教学重点	1. 浮动;	2. 定位;	3. 百分比布局;	4. 媒体查询
	教学难点	1. 浮动;	2. 定位;	3. 媒体查询	
	推荐教学方式	任务驱动，项目引导，教学做一体化			
	建议学时	16 学时			
学	推荐学习方法	结合教师的引导，通过实践完成相应的任务，在项目任务中学习新知识和新技能，并通过不断总结经验来提升操作技能，提升职业素养。			
	必须掌握的理论知识	1. 熟悉 float 属性;　　　　2. 熟悉 position 属性; 3. 熟悉边偏移属性;　　　　4. 熟悉 @media 规则			
	必须掌握的技能	1. 会使用浮动和定位布局页面; 2. 会使用百分比方法布局响应式页面; 3. 会使用媒体查询改变响应式页面布局结构			
	必须具备的职业素养	1. 培养规范书写代码和注释的习惯; 2. 培养客观评价自我的能力，明确并规划个人成长的方向和目标			

项目描述

在本项目中我们将学习布局技术，具体包括浮动和定位的布局方法。通过制作学校风景页面、萌新指南页面、网页焦点图，提升综合布局能力。本项目是仿照真实项目映纷创意网制作一个类似效果的作品展示网。网站用于展示前期学习中制作的所有页面，整张首页采用响应式布局。

5.1　网页布局

网页布局的核心就是用 CSS 来摆放盒子的位置。网页布局的方法主要有三种：普通流、浮动和定位，通常这三种方法结合使用。普通流也被称为文档流、标准流，是元素按照其在 HTML 中的位置顺序决定布局的过程。

HTML 元素分为行内元素和块级元素，行内元素在一行内自左向右显示，块级元素总是从新的一行开始的，自上而下显示。<img>、<span>、<i>、<a>、<b>、<strong>、<em>等标签都是行内元素，<p>、<div>、<h1>—<h6>、<li>、<div>等标签都是块级元素。

5.1.1　浮动

在 CSS 中，通过 float 属性来定义浮动，其基本语法格式如下：

```
选择器{
    float:属性值;
}
```

常用的 float 属性值有三个，分别表示不同的含义，具体如表 5-1 所示。

举个例子。新建一个 HTML 文件，在<body>标签中添加三个<div>盒子，并设置 id 名，代码如下：

表 5-1　float 属性值

属性值	描　　述
left	元素向左浮动
right	元素向右浮动
none	元素不浮动（默认值）

```
<body>
    <div id="red"></div>
    <div id="green"></div>
    <div id="blue"></div>
</body>
```

设置样式：三个盒子的尺寸相同，宽 100 像素，高 100 像素。再分别设置三个盒子的背景色为红、绿、蓝。代码如下：

```
<style type="text/css">
    #red,#green,#blue{
        width: 100px;
        height: 100px;
    }
    #red{
        background: red;
```

```
    #green{
        background: green;
    }
    #blue{
        background: blue;
    }
</style>
```

三个盒子自上而下依次显示。如图 5-1 所示。

想让这三个盒子在一行中显示，需要使用浮动。继续添加三个盒子的共用样式：

```
    float: left;
```

这样，三个盒子在一行中显示了。如图 5-2 所示。

在实际应用中，页面一般居中显示，通常在浮动盒子的外面添加一个父元素，设置父元素的宽度，并水平居中。现在上面代码的基础上进行改造。

在三个盒子的外面添加 id 名为 father 的父盒子，代码如下：

```
<div id="father">
    <div id="red"></div>
    <div id="green"></div>
    <div id="blue"></div>
</div>
```

图 5-1　三个盒子自上而下

设置父盒子的宽度为 1000 像素，并水平居中。设置 id 名为 red 和 green 的两个盒子左浮动，id 名为 blue 的盒子右浮动。代码如下：

图 5-2　添加浮动后的三个盒子

```
#father{
    width: 1000px;
    margin: 0 auto;
}
#red,#green{
    float: left;
```

```
}
#blue{
    background: blue;
    float: right;
}
```

效果如图 5-3 所示。

图 5-3　居中的父盒子和左右浮动的子盒子

再举个例子进一步了解浮动。

新建一个 HTML 文件，在<body>标签中添加两个<div>，分别设置 id 名为 pink 和 purple。代码如下：

```
<body>
    <div id="pink"></div>
    <div id="purple"></div>
</body>
```

设置 id 名为 pink 的盒子宽度为 100 像素，高度为 100 像素，背景为粉色；设置 id 名为 purple 的盒子宽度为 200 像素，高度为 200 像素，背景为紫色。

```
#pink{
    width: 100px;
    height: 100px;
    background: pink;
}
```

```
#purple{
    width: 200px;
    height: 200px;
    background: purple;
}
```

效果如图 5-4 所示。

设置粉色盒子为左浮动。

```
float: left;
```

图 5-4　浮动前的盒子

效果如图 5-5 所示。我们发现：粉盒子浮动后不占有位置，它原来的位置被紫盒子占据。

浮动的目的就是为了让多个块级元素在同一行上显示。浮动的盒子漂浮在标准流盒子上面。浮动的盒子不占位置，它原来的位置漏给了标准流的盒子，所以浮动的盒子经常和标准流的父级盒子搭配使用。浮动后的元素显示行内块特性：可以一行放多个，有宽度和高度，盒子大小由内容决定。

图 5-5　粉盒子浮动后

扫一扫下载制作学校风景页面素材

任务 5-1　制作学校风景页面面

使用浮动技术制作一张学校风景页面，效果如图 5-6 所示。

图 5-6　学校风景页面效果图

页面整体上分为三部分：网页头部、网页主体部分和网页尾部。网页头部里有一张图片。网页主体部分分为两行，这两行结构相同，都是由左边的文字区和右边的四个图片组成。网页尾部里有文字说明图片出处。

（1）新建一个 HTML 文件。

（2）搭建网页结构。

① 在<body>标签中使用 HTML5 语义化标签添加网页基本结构。

```
<body>
    <header></header>
    <section></section>
    <footer></footer>
</body>
```

② 依次为网页的三个部分添加内容。

将图片素材拷贝到 web 项目的 img 文件夹中。在<header>标签里添加图片。

```
<header><img src="../img/banner2.png"/></header>
```

<section>中的两行结构相同，先来做第一行，这一行有 5 列，第 1 列是文字，第 2 列到第 5 列是图片。

```
<section>
    <div class="hang">
        <div class="zi"></div>
        <div class="tu"></div>
        <div class="tu"></div>
        <div class="tu"></div>
        <div class="tu"></div>
    </div>
</section>
```

把每一列的内容加进去。

```
<div class="hang">
    <div class="zi">印象金职</div>
    <div class="tu"><img src="../img/huochetou.jpg"/></div>
    <div class="tu"><img src="../img/yinghualin.jpg"/></div>
    <div class="tu"><img src="../img/wuweiyiti.jpg"/></div>
    <div class="tu"><img src="../img/tushuguannew.jpg"/></div>
</div>
```

第二行和第一行的结构相同，用同样的方法完成第二行的结构搭建。

```
<div class="hang">
    <div class="zi">百年树人</div>
    <div class="tu"><img src="../img/mingrendiaosuqun.jpg"/></div>
    <div class="tu"><img src="../img/juyuanting.jpg"/></div>
    <div class="tu"><img src="../img/taoliting.jpg"/></div>
    <div class="tu"><img src="../img/xiaoshiguan.jpg"/></div>
</div>
```

把<footer>标签中的文字添加进去。

```
    <footer>图片来自于金华职业技术学院官网（http://www.jhc.cn）,如有不当请联系删除。
本网页仅用于教学</footer>
```

此时完成后的页面效果如图 5-7 所示。

图 5-7　学校风景页面阶段效果 1

这样，网页的框架就搭建好了。

（3）设置 CSS 样式。

① 网页头部 CSS 样式

网页的三个主要部分的宽度要一致，设置为 1240 像素，水平居中。

```
header, section,footer{
    width: 1240px;
    margin: 0 auto;
}
```

网页头部 `<header>` 标签中的图片 banner2.png 的原始尺寸是：宽度 2778 像素，高度 642 像素，宽度大于 `<header>` 标签的宽度 1240 像素，因此，修改它的宽度为 1240 像素，高度按图像原比例调整尺寸显示。

```
header img{
    width: 1240px;
}
```

② 网页主体部分和尾部 CSS 样式

为类名为 zi 和 tu 的 `<div>` 标签设置左浮动。1240 像素的宽度是类名为 hang 的 `<div>` 里的 5 列宽度之和，再加上这 5 列之间的 4 个空隙的宽度之和。假定每个空隙的宽度为 10 像素，那么每一列的宽度为 240 像素。

```
.zi,.tu{
    float: left;
```

```
    width: 240px;
    }
```

此时完成后的页面效果如图 5-8 所示。

图 5-8　学校风景页面阶段效果 2

此时，我们发现排版错位了，<footer>标签的文字显示在<section>标签中第一行的右侧，这是因为类名为 zi 和 tu 的<div>标签设置了浮动，引起了类名为 hang 的父级<div>标签高度为 0。需要清除浮动。在两个类名为 hang 的<div>标签后面各添加一个类名为 clear 的<div>标签。

```
    <div class="clear"></div>
```

并为其设置 CSS 样式。

```
    .clear{
        clear: both;
    }
```

此时完成后的页面效果如图 5-9 所示，<footer>标签的位置显示正确。
为类名为 tu 的<div>标签设置左外边距为 10 像素。

```
    .tu{
        margin-left: 10px;
    }
```

为类名为 zi 的<div>标签和<footer>标签设置背景色为深灰色，里面的文字设置为白色，水平居中。

图 5-9　学校风景页面阶段效果 3

```css
.zi,footer{
    background: #585858;
    color: white;
    text-align: center;
}
```

类名为 zi 的<div>标签高度应该和右边的图片高度一致，为 276 像素。为了让文字垂直居中，行高也设置为 276 像素，设置字号为 40 像素。

```css
.zi{
    height: 276px;
    line-height: 276px;
    font-size: 40px;
}
```

设置<footer>标签的行高为 35 像素。

```css
footer{
    line-height: 35px;
}
```

这样，学校风景页面就制作完成了。代码如下：

```html
<!DOCTYPE html>
<html>
    <head>
        <meta charset="UTF-8">
        <title></title>
        <style type="text/css">
            header,section,footer{
```

```
            width: 1240px;
            margin: 0 auto;
        }
        header img{
            width: 1240px;
        }
        .zi,.tu{
            float: left;
            width: 240px;
        }
        .clear{
            clear: both;
        }
        .tu{
            margin-left: 10px;
        }
        .zi,footer{
            background: #585858;
            color: white;
            text-align: center;
        }
        .zi{
            height: 276px;
            line-height: 276px;
            font-size: 40px;
        }
        footer{
            line-height: 35px;
        }
    </style>
</head>
<body>
    <header><img src="../img/banner2.png"/></header>
    <section>
    <div class="hang">
        <div class="zi">印象金职</div>
        <div class="tu"><img src="../img/huochetou.jpg"/></div>
        <div class="tu"><img src="../img/yinghualin.jpg"/></div>
        <div class="tu"><img src="../img/wuweiyiti.jpg"/></div>
        <div class="tu"><img src="../img/tushuguannew.jpg"/></div>
    </div>
    <div class="clear"></div>
    <div class="hang">
        <div class="zi">百年树人</div>
        <div class="tu"><img src="../img/mingrendiaosuqun.jpg"/></div>
        <div class="tu"><img src="../img/juyuanting.jpg"/></div>
        <div class="tu"><img src="../img/taoliting.jpg"/></div>
        <div class="tu"><img src="../img/xiaoshiguan.jpg"/></div>
```

```
            </div>
            <div class="clear"></div>
        </section>
        <footer>图片来自于金华职业技术学院官网（http://www.jhc.cn），如有不当请联系
删除。本网页仅用于教学</footer>
    </body>
</html>
```

5.1.2　清除浮动

新建一个 HTML 文件。创建类名为 father 的蓝色父级盒子，在它内部添加两个子级盒子，类名为 son1 和 son2，颜色为粉色和紫色，son1 的宽度和高度都为 100 像素，son2 的宽度是 200 像素，高度是 100 像素。代码如下：

```
<!DOCTYPE html>                                    .son2{
<html>                                                 width: 200px;
    <head>                                             height: 100px;
        <meta charset="UTF-8">                         background: purple;
        <title></title>                                }
        <style type="text/css">                    </style>
            .father{                           </head>
                background: blue;              <body>
            }                                      <div class="father">
            .son1{                                     <div class="son1"></div>
                width: 100px;                          <div class="son2"></div>
                height: 100px;                     </div>
                background: pink;              </body>
            }                              </html>
```

此时的页面效果如图 5-10 所示。

为类名为 son1 和 son2 的盒子设置左浮动。

```
    .son1,.son2{
        float: left;
    }
```

此时的页面效果如图 5-11 所示。此时看不到蓝色盒子了，父级盒子不见了。

图 5-10　浮动前　　　　　　　　　　　　　　图 5-11　浮动后

这个现象在上面的学校风景页面案例中也出现过，这是由于浮动引起的，我们需要清除

浮动。清除浮动解决的就是父级元素因为子级元素浮动引起内部高度为 0 的问题。

清除浮动的常用方法有四种。

1. 额外标签法

这种方法是在浮动元素末尾添加一个空标签，一般为<div>标签。再在 CSS 中，为这个标签添加 clear 属性，clear 属性用于清除浮动，其基本语法格式如下：

```
选择器{
    clear:属性值;
}
```

clear 属性的常用值有三个，具体含义如表 5-2 所示。

在 son2 盒子的后面添加一个类名为 clear（类名可自定义）的<div>标签。

```
<div class="clear"></div>
```

为这个<div>标签添加 clear 属性。

```
.clear{
    clear: both;
}
```

表 5-2　clear 属性值

属性值	描述
left	清除左侧浮动的影响
right	清除右侧浮动的影响
both	同时清除左右两侧浮动的影响

这样父级元素又出现了，说明父级元素的高度恢复了。如图 5-12 所示。

图 5-12　清除浮动后

这种方法的优点是通俗易懂，书写方便。缺点是增加了无意义的标签，结构化较差。

2. 父级元素添加 overflow 属性法

这种方法通过触发 BFC 的方式，清除浮动。为父级元素添加 overflow 属性，属性值一般为 hidden/auto/scroll。

这种方法的优点是代码简洁。缺点是可能无法显示需要溢出的内容。

3. 使用::after 伪元素清除浮动法

::after 方式为空元素的升级版，好处是不用单独加标签了。为父级元素再添加一个名为 clearFix 的类名（类名可自定义），为父级元素添加 CSS 样式，代码如下：

```
.clearFix::after{
    display: block;
    content: ".";              /*点是防止旧版本有空隙*/
    height: 0;
    visibility: hidden;
    clear: both;
}
```

```
.clearFix{
    *zoom: 1;
}
```

这种方法的优点是符合闭合浮动思想，结构语义化正确。缺点是由于 Internet Explorer（简称 IE）7 及以下版本不支持::after，使用 zoom:1 触发 hasLayout。*放在 CSS 属性前面，表示这个属性仅仅应用到 IE 7 以及以下版本。

4. 使用::before 和::after 双伪元素清除浮动法

为父级元素再添加一个名为 clearFix 的类名（类名可自定义），为父级元素添加 CSS 样式，代码如下：

```
.clearfix::before,.clearfix::after{
    content: "";
    display: table;
}
.clearfix::after{
    clear:both;
}
.clearfix{
    *zoom:1;
}
```

这种方法的优点是代码更简洁。缺点是由于 IE 7 及以下版本不支持::after 和::before，使用 zoom:1 触发 hasLayout。

任务 5-2　制作萌新指南页面

扫一扫下载
制作萌新指
南页面素材

使用 HTML5+CSS3 布局技术，制作如图 5-13 所示的萌新指南页面。

图 5-13　萌新指南页面效果

整张页面从整体上分为三部分：头部、主体和尾部。头部和尾部都是通栏的；头部由左边的 logo（徽标或者商标的外语缩写）和右边的导航条组成；主体部分分为三部分：第一行的宣传图片、第二行的 4 列文字、第三行的 4 张图片；尾部为图片出处和版权。

（1）新建一个 HTML 文件。在 Web 项目中新建 HTML 文件 mengxin.html，把所需图片素材拷贝到 Web 项目的 img 文件夹中。

（2）搭建网页结构。

```
<body>
    <header>
        <div class="header">
            <div class="logo"><img src="../img/mengxinlaile4.png"/></div>
            <div class="nav">
                  首页  |  校园指南 
                 |  新生报到  |  军训场面
                  |   帮助中心
            </div>
        </div>
    </header>
    <section>
        <div class="xuanchuan"><img src="../img/mengxinguanggao.jpg"/>
</div>
        <div class="hang1">
            <div>校园指南</div>
            <div>终于等到你</div>
            <div>超燃军训</div>
            <div>新生见面会</div>
        </div>
        <div class="hang2">
            <div><img src="../img/xiaoyuanditu.jpg"/></div>
            <div><img src="../img/zhongyudengdaoni.jpg"/></div>
            <div><img src="../img/chaoranjunxun.jpg"/></div>
            <div><img src="../img/xinshengjianmianhui.jpg"/></div>
        </div>
    </section>
    <footer>
        图片来自于金华职业技术学院官网(http://www.jhc.cn)和金职院信息团委公众
号，如有不当请联系删除。本网页仅用于教学
    </footer>
</body>
```

效果如图 5-14 所示。

（3）设置 CSS 样式。

在 Web 项目的 css 文件夹中新建一个外部样式表文件 mengxin.css。一般地，会先为通配符选择器设置一些通用的样式。

图 5-14 萌新指南页面阶段效果 1

```
*{
    margin: 0;
    box-sizing: border-box;
    color: #333;
}
```

在网页文件 mengxin.html 的\<head\>标签中添加\<link\>标签，链接外部 CSS 文件。

```
<link rel="stylesheet" type="text/css" href="../css/mengxin.css"/>
```

回到 mengxin.css 文件，继续设置 CSS 样式。页面头部、主体部分文字、页面尾部的背景色都是浅灰色。网页头部的高度为 110 像素，logo 图片的高度为 100 像素。网页头部中的 logo 图片和导航条文字设置为左浮动。导航条文字左外边距为 100 像素，顶部内边距为 50 像素。

```
header,.hang1 div,footer{
    background: #eee;
}
header{
    height: 110px;
}
.logo img{
    height: 100px;
}
```

```
.logo,.nav{
    float: left;
}
.nav{
    margin-left: 100px;
    padding-top: 50px;
}
```

网页头部 logo 图片和导航文字所在的父级盒子与网页主体部分的宽度一致，为 1030 像素，它们的水平对齐方式都是居中。

```
.header,section{
    width: 1030px;
    margin: 0 auto;
}
```

页面效果如图 5-15 所示。

图 5-15　萌新指南页面阶段效果 2

类名为 hang1 和 hang2 的盒子内部的<div>需要在一行显示，所以设置它们为左浮动，宽度为 250 像素。

```
.hang1 div,.hang2 div{
    float: left;
    width: 250px;
}
```

设置类名为 hang1 的盒子和它的子级盒子高度为 60 像素，字号为 18 像素，水平居中对齐，行高为 60 像素。

```
.hang1,.hang1 div{
    height: 60px;
```

```
        font-size: 18px;
        text-align: center;
        line-height: 60px;
    }
```

设置类名为 hang2 的盒子和它的子级盒子高度为 200 像素。

```
.hang2,.hang2 div{
    height: 200px;
}
```

设置网页尾部的水平对齐方式为居中对齐，行高为 60 像素。

```
footer{
    text-align: center;
    line-height: 60px;
}
```

页面效果如图 5-16 所示。

图片来自于金华职业技术学院官网(http://www.jhc.cn)和金职院信息团委公众号，如有不当请联系删除。本网页仅用于教学

图 5-16　萌新指南页面阶段效果 3

类名为 hang1 和 hang2 的盒子内部子盒子间有空隙，回到 mengxin.html 文件，为后三列的子盒子添加类名 marginleft。

```
<div class="hang1">
    <div>校园指南</div>
    <div class="marginleft">终于等到你</div>
    <div class="marginleft">超燃军训</div>
    <div class="marginleft">新生见面会</div>
</div>
```

```
<div class="hang2">
    <div><img src="../img/xiaoyuanditu.jpg"/></div>
    <div class="marginleft">
        <img src="../img/zhongyudengdaoni.jpg"/>
    </div>
    <div class="marginleft">
        <img src="../img/chaoranjunxun.jpg"/>
    </div>
    <div class="marginleft">
        <img src="../img/xinshengjianmianhui.jpg"/>
    </div>
</div>
```

设置类名为 marginleft 的盒子的左外边距为 10 像素。

```
.marginleft{
    margin-left: 10px;
}
```

这样，萌新指南页面就完成了。

5.1.3 定位

1. 定位

position 属性规定元素的定位类型。position 属性值如表 5-3 所示。

表 5-3　position 属性的取值

值	描　述
static	默认值。没有定位，元素出现在正常的流中（忽略 top、bottom、left、right 或 z-index 声明）
relative	生成相对定位的元素，相对于其正常位置进行定位
absolute	生成绝对定位的元素，相对于 static 定位以外的第一个父元素进行定位。 元素的位置通过 left、top、right、bottom 属性进行规定
fixed	生成固定定位的元素，相对于浏览器窗口进行定位。 元素的位置通过 left、top、right、bottom 属性进行规定

2. 边偏移

除了 static 外的三种定位机制使用 4 个属性来描述定位元素各边相对于其包含块的偏移。这 4 个属性被称为边偏移属性。

这些属性描述了距离包含块最近边的偏移。边偏移属性如表 5-4 所示。

表 5-4　边偏移属性

属　性	描　述
top	顶端偏移量。定义了一个定位元素的上外边距边界与其包含块上边界之间的偏移
right	右侧偏移量。定义了定位元素右外边距边界与其包含块右边界之间的偏移
bottom	底端偏移量。定义了定位元素下外边距边界与其包含块下边界之间的偏移
left	左侧偏移量。定义了定位元素左外边距边界与其包含块左边界之间的偏移

元素的定位包括定位模式和边偏移两部分。

3. 静态定位

静态定位是 HTML 元素的默认值，即没有定位，遵循正常的文档流。对于边偏移无效，一般用来清除定位。比如：一个原来有定位的盒子，不想加定位了，就设置定位方式为静态定位。

4. 相对定位

新建一个 HTML 文档，在<body>标签中插入三个<div>，为第二个<div>设置类名为 purple。

```
<body>
    <div></div>
    <div class="purple"></div>
    <div></div>
</body>
```

设置这三个<div>的共同样式：宽度为 100 像素，高度为 100 像素，背景色为粉色。

```
<style type="text/css">
    div{
        width: 100px;
        height: 100px;
        background: pink;
    }
</style>
```

为类名为 purple 的<div>设置背景色为紫色。

```
.purple{
    background: purple;
}
```

效果如图 5-17 所示。

为类名为 purple 的<div>设置相对定位，顶端偏移为 20 像素，左侧偏移为 30 像素。

图 5-17　相对定位前

```
.purple{
    position: relative;
    top: 20px;
    left: 30px;
}
```

效果如图 5-18 所示。

观察发现：相对定位的元素是相对于自己移动位置，以自己的左上角为基准点移动。它原来占有的位置继续占有。因此，相对定位不脱离标准流（简称：不脱标），仍在标准流中，后面的盒子仍以标准流方式对待它。

图 5-18　相对定位后

5. 绝对定位

新建一个 HTML 文档，在\<body\>标签中添加两个\<div\>，并分别设置类名。

```
<body>
    <div class="pink"></div>
    <div class="purple"></div>
</body>
```

为这两个\<div\>设置样式：宽度、高度和背景色。

```
<style type="text/css">         .purple{
.pink{                              width: 200px;
    width: 100px;                   height: 200px;
    height: 100px;                  background: purple;
    background: pink;           }
}
```

效果如图 5-19 所示。

为类名为 pink 的\<div\>设置绝对定位。

```
position: absolute;
```

效果如图 5-20 所示。

这说明绝对定位的元素脱离标准流（简称：脱标）了，不占位置。它原来的位置由标准流中类名为 purple 的元素占据了。

为类名为 pink 的\<div\>设置边偏移。

```
top: 20px;
left: 30px;
```

为类名为 purple 的\<div\>设置水平居中对齐。

```
margin: 0 auto;
```

效果如图 5-21 所示。

图 5-19　绝对定位前　　　　　图 5-20　绝对定位 1　　　　　图 5-21　绝对定位 2

　　粉色绝对定位的盒子以浏览器左上角为基准点偏移，这样在布局时会比较混乱，在实际应用中通常给绝对定位盒子添加一个父元素，让子元素在父元素的范围内绝对定位。

　　在紫盒子的下面，再创建一对父子\<div\>。

```
<div class="father">
    <div class="son"></div>
</div>
```

分别为这两个<div>添加样式，设置宽度、高度、背景色。

```
.father{
    width: 200px;
    height: 200px;
    background: green;
}
```

```
.son{
    width: 100px;
    height: 100px;
    background: red;
}
```

效果如图 5-22 所示。

为子元素添加绝对定位顶端偏移 20 像素，左侧偏移 30 像素。

```
.son{
    position: absolute;
    top: 20px;
    left: 30px;
}
```

图 5-22　子元素绝对定位前

效果如图 5-23 所示。

此时子元素并没有以父元素为基准点偏移，依然是以浏览器左上角为基准点偏移。这是为什么呢？因为父元素没有"以身作则"，子元素有定位了，可是父元素却没有定位。

为父元素设置定位（相对定位、绝对定位都可以）。

```
position: relative;
```

此时，子元素以父亲为基准点定位。效果如图 5-24 所示。

图 5-23　子元素绝对定位 1

6. 固定定位

元素的位置相对于浏览器窗口是固定位置。即使窗口内容滚动时它也不会移动。

7. "子绝父相"

扫一扫下载
"子绝父相"
案例素材

由于相对定位的元素占有位置、不脱标，而绝对定位的元素不占有位置，完全脱标。因此，我们通常使用"子绝父相"的定位原则，即：子元素使用绝对定位，父元素使用相对定位。

图 5-24　子元素绝对定位 2

总结：浮动的主要目的是让多个块级元素在一行显示，定位的主要目的是移动位置，让盒子到想去的位置去。

下面使用"子绝父相"的定位方法制作如图 5-25 所示的页面。

图 5-25　"子绝父相"案例

事先把图片素材拷贝到 Web 项目的 img 子文件夹中。新建一个 HTML 文档，在<body>标签中添加一个<div>标签，在里面依次插入今日新单图片和牛排图片。

```
<div id="">
    <img src="../img/xindan.png"/>
    <img src="../img/niupai.jpg"/>
</div>
```

设置<div>的 CSS 样式：尺寸和牛排图片一致，宽度为 469 像素，高度为 285 像素，边框 1 像素、实线、浅灰色，相对定位。

```
<style type="text/css">
    div{
        width: 469px;
        height: 285px;
        border: 1px solid #ddd;
        padding: 10px;
        position: relative;
    }
</style>
```

图 5-26 "子绝父相"过程图

效果如图 5-26 所示。<div>中的内容溢出。

为今日新单图片设置类名为 leftTop。

```
<img src="../img/xindan.png" class="leftTop"/>
```

设置今日新单图片的 CSS 样式：绝对定位，左侧偏移和顶部偏移都是 0。

```
.leftTop{
    position: absolute;
    left: 0;
    top: 0;
}
```

这样，就是使用"子绝父相"完成了预期的页面效果。

8. 绝对定位盒子的水平和垂直居中

设置普通盒子和相对定位盒子的水平居中对齐的方法是：左右 margin 设为 auto，但该方法对绝对定位的盒子无效。

新建一个 HTML 文档，在<body>标签中创建一对父子<div>盒子。

```
<div class="father">
    <div class="son"></div>
</div>
```

设置父盒子的 CSS 样式：宽度 800 像素，高度 400 像素，粉色。设置子盒子的 CSS 样式：宽度 100 像素，高度 100 像素，紫色。父子元素都设置为水平居中对齐。

```
<style type="text/css">
    .father{
        width: 800px;
        height: 400px;
        background: pink;
        margin: 0 auto;
    }
```

```
    .son{
        width: 100px;
        height: 100px;
        background: purple;
        margin: 0 auto;
    }
```

效果如图 5-27 所示。

将子盒子定位方式设置为绝对定位。

```
    .son{
        position: absolute;
    }
```

父盒子定位方式设置为相对定位。

```
    .father{
        position: relative;
    }
```

图 5-27　绝对定位盒子居中准备工作

页面效果如图 5-28 所示。此时，父盒子保持水平居中，子盒子则不再水平居中，这说明绝对定位盒子不能使用常规方法居中。

定位方式设置后，一般需要再设置边偏移。可以使用边偏移来实现居中。

设置子盒子左偏移 50%，即父盒子宽度的一半。

```
    .son{
        left: 50%;
    }
```

图 5-28　绝对定位盒子居中阶段效果 1

效果如图 5-29 所示。

此时，子盒子左边线在父盒子的水平中心线上，子盒子需要再往左移动自身宽度的一半才可以水平居中。

```
    .son{
        margin-left: -50px;
    }
```

图 5-29　绝对定位盒子居中阶段效果 2

类似地，可以使用顶部偏移来实现垂直居中。

设置顶部偏移 50%，即父盒子高度的一半，再往上走自身盒子高度的一半。

```
    .son{
        top: 50%;
        margin-top: -50px;
    }
```

效果如图 5-30 所示。

9. z-index 属性

当对多个元素同时设置定位时，定位元素之间有可能会发生重叠。在 CSS 中，要想调整重叠定位元素的堆叠顺序，可以对定位元素应用 z-index 层叠等级属性，其取值可为正整数、负整数和 0。z-index 的默认属性值是 0，取值越大，定位元素在层叠元素中越居上。

注意：z-index 属性仅对定位元素有效。

图 5-30　绝对定位盒子的居中

扫一扫下载网页焦点图素材

任务 5-3　制作网页焦点图

扫一扫看制作网页焦点图教学课件

扫一扫看制作网页焦点图微课视频

网页焦点图是一种网页内容的展现形式，可简单理解为一张图片或多张图片展现在网页上，常放在网页很明显的位置，采用图片组合播放的形式。网页焦点图一般多出现在网站首页版面或频道首页版面。下面来制作网页焦点图。网页焦点图的默认显示效果如图 5-31 所示。

当鼠标指针放到焦点图上时，网页效果如图 5-32 所示。

图 5-31　网页焦点图的默认显示效果

图 5-32　鼠标指针放到焦点图上时的网页效果

（1）新建一张网页，创建焦点图的结构。焦点图的结构是：外层有一个<div>，里面包括一张添加了超链接的大图片、左右两个按钮、下部共用 1 个父元素的 5 个小圆点，其中当前活动图片所在的圆点为红色。代码如下：

```
<div class="pic">
    <a href=""><img src="../img/pic_01.jpg" alt=""/></a>
        <button class="leftBtn"><</button>
        <button class="rightBtn">></button>
        <div class="circle">
            <span class="active"></span>
            <span></span>
            <span></span>
            <span></span>
            <span></span>
        </div>
    </div>
```

（2）设置外层<div>的 CSS 样式。宽度 520 像素，相对定位（使用定位布局的一般原则是

"子绝父相",即子元素设置为绝对定位,父元素设置为相对定位),水平居中对齐。代码如下:

```
.pic{
    width: 520px;
    position: relative;
    margin: 0 auto;
}
```

(3)设置按钮的 CSS 样式。宽度 20 像素,高度 30 像素,无边框,背景色为透明度为 0.3 的黑色,文字颜色为白色,定位为绝对定位,顶端偏移量端是 50%,上外边距为-15 像素,默认不显示。代码如下:

```
.pic button{
    width: 20px;
    height: 30px;
        border: none;
        background-color: rgba(0,0,0,0.3);
        color: #fff;
    position: absolute;
        top: 50%;
        margin-top: -15px;
        display: none;
}
```

(4)设置鼠标指针放到焦点图上时按钮的 CSS 样式。以块元素来显示,当鼠标指针放上去时指针形状为手形。代码如下:

```
.pic:hover button{
    display: block;
    cursor: pointer;
}
```

此时,把鼠标指针放到焦点图上,效果如图 5-33 所示,发现左右两个按钮重合了,需要分别设置它们的 CSS 样式。

图 5-33 网页焦点图阶段效果 1

(5)设置左边按钮的 CSS 样式。自左上角开始顺时针方向,4 个角的圆角半径依次为 0 像素、15 像素、15 像素、0 像素;左侧偏移量为 0。代码如下:

```
.pic button.leftBtn{
    border-radius: 0 15px 15px 0;
    left: 0;
}
```

(6)设置右边按钮的 CSS 样式:自左上角开始顺时针方向,4 个角的圆角半径依次为 15 像素、0 像素、0 像素、15 像素;右侧偏移量为 0。代码如下:

```
.pic button.rightBtn{
    border-radius: 15px 0 0 15px;
    right: 0;
}
```

图 5-34 网页焦点图阶段效果 2

(7)保存。当鼠标指针放到焦点图上时,效果如图 5-34 所示。左右两个按钮已经出现在了

合适的位置。

此时，焦点图下方的 5 个小圆点还没有出现，我们来设置它们的 CSS 样式。

（8）设置 5 个小圆点的父<div>的 CSS 样式。背景颜色为透明度为 0.3 的白色背景，上下内边距为 3 像素，圆角半径为 10 像素，定位为绝对定位，左侧偏移量为 50%，底端偏移量为 15 像素，字号为 0，左外边距为-35 像素。代码如下：

```css
.pic .circle{
    background-color: rgba(255,255,255,0.3);
    padding: 3px 0;
    border-radius: 10px;
    position: absolute;
    left: 50%;
    bottom: 15px;
    font-size: 0;
    margin-left: -35px;
}
```

（9）设置 5 个小圆点的 CSS 样式。左浮动，宽度、高度均为 8 像素，背景色为白色，圆角半径为 50%，左右外边距为 3 像素，鼠标指针放上去时指针形状为手形。代码如下：

```css
.pic .circle span{
    float: left;
    width: 8px;
    height: 8px;
    background-color: #fff;
    border-radius: 50%;
    margin: 0 3px;
    cursor: pointer;
}
```

网页焦点图阶段效果如图 5-35 所示。

（10）设置当前活动图片所在小圆点的 CSS 样式。背景色为红色。代码如下：

```css
.pic .circle span.active{
    background-color: #f50;
}
```

这时网页焦点图就做好了。网页焦点图结构代码如图 5-36 所示。

图 5-35　网页焦点图阶段效果 3

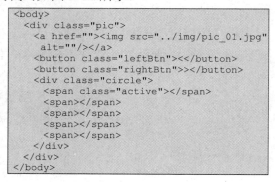

图 5-36　网页焦点图结构代码

网页焦点图 CSS 样式代码如图 5-37 所示。

```css
<style type="text/css">
.pic{
    width: 520px;
    position: relative;
    margin: 0 auto;
}
.pic button{
    width: 20px;
    height: 30px;
    border: none;
    background-color: rgba(0,0,0,0.3);
    color: #fff;
    position: absolute;
    top: 50%;
    margin-top: -15px;
    display: none;
}
.pic:hover button{
    display: block;
    cursor: pointer;
}
.pic button.leftBtn{
    border-radius: 0 15px 15px 0;
    left: 0;
}
.pic button.rightBtn{
    border-radius: 15px 0 0 15px;
    right: 0;
}
.pic .circle{
    background-color: rgba(255,255,255,0.3);
    padding: 3px 0;
    border-radius: 10px;
    position: absolute;
    left: 50%;
    bottom: 15px;
    font-size: 0;
    margin-left: -35px;
}
.pic .circle span{
    float: left;
    width: 8px;
    height: 8px;
    background-color: #fff;
    border-radius: 50%;
    margin: 0 3px;
    cursor: pointer;
}
.pic .circle span.active{
    background-color: #f50;
}
</style>
```

图 5-37　网页焦点图 CSS 样式代码

5.2　响应式网站首页的分析

扫一扫看响应式网站首页的分析教学课件

展示类网站有一个很好的真实案例，就是映纷创意网，其首页如图 5-38 所示。该网站的首页分为 4 个部分：导航条、大图轮播、主体部分、尾部。导航条的位置是固定的。当页面向下滚动时，导航条的位置固定，并半透明显示。大图轮播的制作需要使用 JavaScript。主体部分是一个 3 列的布局，用于展示该网站的具体内容，单击每张图像，可链接到对应的页面。尾部是两栏式的，包括友情链接和联系方式两部分。整张首页采用响应式布局，即网页能随浏览器窗口大小的变化而缩放布局结构。当窗口缩小到一定程度时，网页结构将发生变化，以更好地适应浏览器窗口的宽度。

本项目制作一个作品展示网，用于展示前面制作完成的所有页面。导航条和尾部仿照映纷创意网首页制作；大图轮播本项目暂时不做；主体部分也采用 3 列结构，把所有制作完成的案例网页一一展示出来，通过单击缩略图链接到对应的页面。

图 5-38　映纷创意网首页

任务 5-4　制作位置固定的导航条

下面分析映纷创意网的首页，由于网页内容比较多，在设计时把导航条固定在网页顶部。这样，在拖动垂直滚动条浏览网页时，导航条始终固定在网页顶部位置，便于导航条上二级页面之间的切换，如图 5-39 所示。

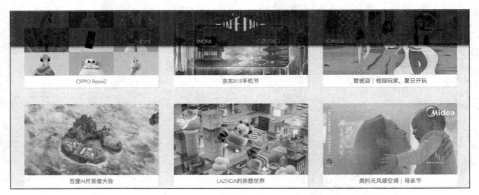

图 5-39　映纷创意网首页的导航条

制作位置固定的导航条步骤如下。

（1）利用前面所掌握的技能把这个导航条的外观做出来。这个导航条有一个公司 logo 和 4 个导航链接。双击 Web 项目根目录下的 index.html。在\<body\>标签中添加一个\<header\>标签，表示网页头部。在这个\<header\>中添加一个\<img\>标签，插入 logo 图像。在\<img\>标签后面添加一个\<nav\>，表示导航，在这个\<nav\>中添加一个\<ul\>标签，内嵌 4 个\<li\>标签，并输入相应的文字。代码如下：

```
<header>
    <img src="img/title.png"/>
    <nav>
        <ul>
            <li>栏目 1</li>
            <li>栏目 2</li>
            <li>栏目 3</li>
            <li>栏目 4</li>
        </ul>
    </nav>
</header>
```

此时，位置固定的导航条阶段效果如图 5-40 所示。

（2）设置导航条的 CSS 样式。

新建外部 CSS 文件，命名为"index1.css"，在 index.html 文件中链接这个外部 CSS 文件。代码如下：

图 5-40　位置固定的导航条阶段效果 1

```
<link rel="stylesheet" type="text/css"
    href="css/index1.css"/>
```

注意：当网页文件和 CSS 文件的相对路径不同时，上句代码中"href"的路径也会不同。

① 设置适用于所有元素的 CSS 样式。设置内、外边距为 0，字号为 12 像素。代码如下：

```
*{
    margin: 0;
    padding:0;
```

```
            font-size:12px;
    }
```

② 设置<header>的 CSS 样式。背景颜色为深灰色，背景颜色有不透明度，值为 0.8；文字颜色是白色，水平居中对齐；宽度为 100%，高度为 70 像素；导航条有阴影效果，水平方向无偏移，垂直向下偏移 5 像素，模糊距离为 5 像素，阴影颜色是灰色。代码如下：

```
header{                                width:100%;
    background:#333;                   height:70px;
    opacity:0.8;                       box-shadow:0 5px 5px #666;
    color:white;                   }
    text-align:center;
```

此时，位置固定的导航条阶段效果如图 5-41 所示。

可以发现列表文字是竖排的。

③ 设置<ul>和<li>标签的CSS样式。去掉列表项前面不需要的小圆点。列表项左浮动，宽度为 25%。代码如下：

图 5-41　位置固定的导航条阶段效果 2

```
    header ul{
      list-style: none;
    }
    header li{
      float: left;
      width: 25%;
    }
```

保存并预览，效果如图 5-42 所示。

图 5-42　位置固定的导航条阶段效果 3

④ 设置<nav>标签的 CSS 样式。上下外边距是 5 像素，水平居中，宽度是 70%。代码如下：

```
    header nav{
      margin: 5px auto;
      width: 70%;
    }
```

进行预览，如图 5-43 所示。

图 5-43　位置固定的导航条阶段效果 4

这时，导航条的外观就设计好了。那么，怎样让它的位置固定呢？导航条下面需要足够多的网页内容，并需要垂直滚动条。

（3）在\<header\>标签后面添加一个\<div\>，id 名为"container"。在这个\<div\>中可输入大量的文字。代码如下：

```
<div id="container">
    目前，人们越来越多地使用移动端（手机、平板电脑）来上网，获取资源，因此移动端的推广项目非常有实际应用意义。（其余文字此处省略，见任务 4-5）
```

（4）设置 id 名为"container"的\<div\>的 CSS 样式。宽度为 300 像素，字号为 45 像素，水平居中显示。代码如下：

```
#container{
    width: 300px;
    font-size: 45px;
    margin: 0 auto;
}
```

保存并预览，效果如图 5-44 所示。

此时，网页的内容足够多，右边出现了垂直滚动条。但是，当滑动垂直滚动条时，导航条没有固定在浏览器窗口顶部，如图 5-45 所示。

（5）设置能使导航条位置固定的 CSS 样式。

① 设置\<header\>的 CSS 样式。定位为固定，代码如下：

```
header{
    position:fixed;
}
```

保存并预览，效果如图 5-46 所示。

此时，发现导航条的位置固定了，但 container 里的文字默认跑到窗口顶部了。因此，需要给 id 名为"container"的\<div\>继续设置 CSS 样式。

图 5-44　位置固定的导航条
　　　　阶段效果 5

图 5-45　位置固定的导航条
　　　　阶段效果 6

图 5-46　位置固定的导航条
　　　　阶段效果 7

② 给 id 名为"container"的\<div\>设置 CSS 样式。设置定位方式为相对定位，和顶部的距离为 80 像素。代码如下：

```
#container{
    position:relative;
    top: 80px;
}
```

③ 进一步设置\<header\>的 CSS 样式。设置 z-index 的值为 999，代码如下：

```
header{
    z-index: 999;
}
```

滚动网页内容，位置固定的导航条阶段效果如图 5-47 和图 5-48 所示。完成位置固定的导航条的制作。

图 5-47　位置固定的导航条阶段效果 8

图 5-48　位置固定的导航条阶段效果 9

位置固定的导航条代码如图 5-49 和图 5-50 所示。

```
<!DOCTYPE html>
<html>
  <head>
    <meta charset="utf-8" />
    <title></title>
      <link rel="stylesheet" type="text/css"
href= "css/index1.css"/>
  </head>
  <body>
    <header>
    <img src="img/title.png"/>
    <nav>
      <ul>
        <li>栏目 1</li>
        <li>栏目 2</li>
        <li>栏目 3</li>
        <li>栏目 4</li>
      </ul>
    </nav>
    </header>
    <div id="container">
```

目前，人们越来越多地使用移动端（手机、平板电脑）来上网，获取资源，因此移动端的推广项目非常有实际应用意义。本项目是使用 Swiper 技术结合 HTML5+CSS3 技术，制作一个移动端推广——个人简历。个人简历中包含了基本资料、经历经验、自我评价、取得的荣誉、兴趣爱好、个人能力、所掌握的技能和完成过的作品等内容，整个项目图文结合，配色合理，

给人留下深刻印象。

在这个项目的完成过程中，我们先介绍 Swiper 插件的使用，包括：Swiper 的使用方法、API 文档的使用、Swiper Animate 使用方法等，并以此为基础，一步一步制作移动端的推广项目——个人简历。

对于没有 JavaScript 基础的人来说，想要在网页中制作大图轮播之类的动画效果是比较困难的，而这样的效果在实际项目中又是应用非常广泛的。本项目我们给大家介绍一个没有 JavaScript 基础也能轻松制作动画效果的好用的工具——Swiper。

Swiper 是纯 JavaScript 打造的滑动特效插件，面向手机、平板电脑等移动端。Swiper 能实现触屏焦点图、触屏 Tab 切换、触屏多图切换等常用效果。Swiper 开源、免费、稳定、使用简单、功能强大，是架构移动端网站的重要选择。Swiper 常用于移动端网站的内容触摸滑动。

下面，我们就一起来看一下 Swiper 的使用。

Swiper 中文网的网址是：https://www.swiper.com. cn/，在谷歌浏览器（Google Chrome）地址栏里输入该网址，目前较新的版本是 Swiper4。网页顶部的导航栏中包括：在线演示、中文教程、API 文档、获取 Swiper 以及以往的 Swiper 版本等内容。我们可以点击【在线演示】栏目，观看 Swiper 在 PC 端和移动端的应用展示。

```
    </div>
  </body>
</html>
```

图 5-49　位置固定的导航条结构代码

```
*{
    margin: 0;
    padding: 0;
    font-size: 12px;
}
header{
    background: #333;
    opacity: 0.8;
    color: white;
    text-align: center;
    width: 100%;
    height: 70px;
    box-shadow: 0 5px 5px #666;
    position: fixed;
    z-index: 999;
}
header ul{
```

```
    list-style: none;
}
header li{
    float: left;
    width: 25%;
}
header nav{
    margin: 5px auto;
    width: 70%;
}
#container{
    width: 300px;
    font-size: 45px;
    margin: 0 auto;
    position:relative;
    top: 80px;
}
```

图 5-50　位置固定的导航条 CSS 代码

在这个案例中，为了让页面内容丰富（纵向超出一屏），以显示拖动垂直滚动条显示后面内容时导航条位置固定的效果，用大量的文字代替了网页主体部分，下面将用响应式网页的主体部分对这部分文字进行替换。

扫一扫下载制作响应式网页主体部分素材

任务 5-5　制作响应式网页主体部分

扫一扫看制作响应式网页主体部分微课视频

许多人都有在网络教学平台学习的经历，常在计算机桌面上同时打开两个窗口，左边是浏览器窗口用于在线学习，右边是 Word 窗口用于记笔记。由于屏幕宽度所限，需要将两个窗口都缩小一些，以便并排摆放。可是，浏览器窗口调小时，网页的内容就显示不全了，只能通过拖动滚动条来浏览网页的其他部分，这种操作不是很方便。但并不是所有的网页都是这样的，有的网页会随着浏览器窗口的大小变化而缩放布局，对这样的网页用户体验更好。例如，映纷创意网首页就能随着浏览器窗口大小的变化而缩放布局，当浏览器宽度缩小到一定程度时还能自动调整布局，如网页主体由三列结构变为两列结构，以方便浏览。这样的网页叫作响应式网页。那么，怎样制作响应式布局的网页主体部分呢？按照网页制作的流程，需要先搭建网页结构，再设置对应的 CSS 样式。

扫一扫看制作响应式网页主体部分教学课件

1. 搭建网页结构

打开前面编辑过的 index.html，在网页导航条代码后面继续编写代码。网页主体部分最外层有一个大的<div>，id 名是 "container"（可自行命名），在这个大的<div>中有 9 张小图片（这里以 9 张为例，可根据实际情况进行扩充），每张图片都放在一个小的<div>中，这个<div>可设置一个类名 "wrap"（可自行命名），然后在其中插入图像，图像下面是对应的标题。代码如下：

```
<div id="container">
    <div class="wrap">
        <img src="img/1.jpg"/>
        <p>标题</p>
    </div>
    <div class="wrap">
        <img src="img/2.jpg"/>
        <p>标题</p>
    </div>
    <div class="wrap">
        <img src="img/3.jpg"/>
        <p>标题</p>
    </div>
    <div class="wrap">
        <img src="img/4.jpg"/>
        <p>标题</p>
    </div>
    <div class="wrap">
        <img src="img/5.jpg"/>
        <p>标题</p>
    </div>
    <div class="wrap">
        <img src="img/6.jpg"/>
        <p>标题</p>
    </div>
    <div class="wrap">
        <img src="img/7.jpg"/>
        <p>标题</p>
    </div>
    <div class="wrap">
        <img src="img/8.jpg"/>
        <p>标题</p>
    </div>
    <div class="wrap">
        <img src="img/9.jpg"/>
        <p>标题</p>
    </div>
</div>
```

2. 设置对应的 CSS 样式

（1）打开前面编辑过的外部 CSS 样式文件 index1.css，将之前设置的 id 名为 "container"

的样式注释掉。先给最外层的 id 名为 "container" 的<div>设置 CSS 样式。希望它有一个宽度，且这个宽度会随着浏览器窗口大小的变化而进行缩放，所以，将它的宽度单位设成百分比，如 80%。另外，还希望整个网页是居中显示的，所以设置它的外边距 margin，上下为 0，左右为 auto；设置定位方式为相对定位，顶端偏移量为 80 像素。代码如下：

```
#container{
    width: 80%;
    margin: 0 auto;
    position:relative;
    top: 80px;
}
```

（2）设置类名为 "wrap" 的 CSS 样式。每行有三列结构，对于每个 "wrap" 来说，它大约占整个行宽度的 1/3。考虑到每张图像之间还要有一点空隙，所以把 "wrap" 的宽度设成 31%。<div>本身是块元素，它要独占一行，若要让一行中显示 3 列，需要设置左浮动。代码如下：

```
.wrap{
    width: 31%;
    float: left;
}
```

（3）为 "wrap" 中的每张图像来设置宽度和圆角。"wrap" 下面的图像元素宽度相对于 "wrap" 来说应该是 100%的。设置圆角半径为 5 像素。代码如下：

```
.wrap img{
    width: 100%;
    border-radius: 5px;
}
```

此时，响应式网页主体部分阶段效果如图 5-51 所示。

（4）这 3 行 3 列图像之间彼此非常紧凑，需要给它们加一点点空隙。这个加空隙的操作该怎么完成呢？对于每行之间的空隙来说，可以给类名为 "wrap" 的<div>添加一个 margin-top，上外边距为 3%。代码如下：

```
.wrap{
    margin-top: 3%;
}
```

对于左右之间的空隙，可以给每行中间的这个元素添加左外边距和右外边距。利用:nth-child 伪类选择器即可。那么，中间的这个元素是第几个子元素呢？中间的元素是第 2 个、第 5 个、第 8 个、第 11 个等，可以通过 3n+2 来表示。每行的第 2 个元素的左外边距和右外边距的值应该是一样的，是多少呢？整行宽度是 100%，每一列占用 31%，3 列就是 93%，还剩 7%，平均分给左右外边距，值是 3.5%。代码如下：

```
.wrap:nth-child(3n+2){
    margin-left: 3.5%;
    margin-right: 3.5%;
}
```

（5）图像下方的文字设置水平居中。代码如下：

```
.wrap p{
    text-align: center;
}
```

保存并预览，效果如图 5-52 所示。

图 5-51　响应式网页主体部分阶段效果 1

图 5-52　响应式网页主体部分阶段效果 2

当浏览器窗口大小调整时，网页布局结构也会随之放大或缩小。

（6）当浏览器窗口变窄到一定程度时，映纷创意网首页布局就从三列变成了两列；窗口窄的时候，网页布局发生变化，可以通过媒体查询来实现。方法如下：

在 CSS 样式中添加媒体查询，设置当浏览器窗口的宽度变为某个值时网页结构就发生变化。此时，当浏览器窗口宽度缩小到 500 像素时，网页变成两列的结构，这里 max-width 设置成 500 像素。当网页是两列结构时，对于每个类名为"wrap"的<div>来说，它应该占不到一半的宽度，把它的宽度设置成 48%，它的上外边距设置为 1.5%。代码如下：

```
@media only screen and (max-width:500px) {
    .wrap{
    width: 48%;
    margin-top: 1.5%;
}
```

在三列结构中，为第二列设置了左右外边距，此时需要把上述设置取消。margin 先变成 0，但也要遵循上外边距是 1.5%，所以，为其设置上外边距 1.5%。代码如下：

```
.wrap:nth-child(3n+2){
    margin: 0;
    margin-top: 1.5%;
}
```

保存并预览，当把窗口调小时变成了两列，这两列之间是没有任何空隙的，如图 5-53 所示。

（7）需要给图片添加外边距，那么是给左边一列添加，还是给右边一列添加呢？答案是都可以。例如，选择左边这一列，给它设置右外边距。怎么表示左边这一列呢？用".wrap:nth-child(2n+1)"来表示，给它设置右外边距即可。整个宽度是 100%，每一列占 48%，也就是两列占了 96%，还剩 4%。代码如下：

```
.wrap:nth-child(2n+1){
    margin-right: 4%;
}
```

保存并预览。当窗口比较宽的时候，网页是三列结构，将窗口的宽度调小，到达 500 像素的时候，它就变成了两列的结构，如图 5-54 所示。

图 5-53 响应式网页主体部分阶段效果 3 　　　图 5-54 响应式网页主体部分阶段效果 4

（8）映纷创意网在手机端的布局和在计算机端默认的布局是不一样的，手机端自动就是两列的，大小合适，界面简洁。我们的网页能不能也自动识别浏览器终端，从而显示出合适的页面呢？要想让浏览器做到这一点需要使用一条"神奇的代码"。我们把这条代码复制到 <title> 标签的前面，这时，布局视口的宽度就是设备的宽度了。代码如下：

```
<meta name="viewport" content="width=device-width,minimum-scale=1.0,
maximum-scale=1.0"/>
```

保存，可以借助谷歌浏览器自带的检查功能来模拟真机调试，如图 5-55 所示。

模拟到移动设备，当用手机打开这个页面的时候，自动显示两列结构，如图 5-56 所示。

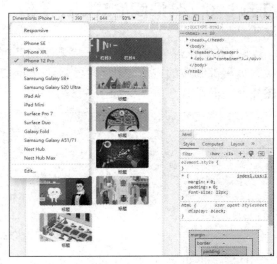

图 5-55 响应式网页主体部分阶段效果 5 　　　图 5-56 响应式网页主体部分阶段效果 6

至此，响应式布局的网页主体部分就制作完成了，它能够随着浏览器窗口大小的变化缩放布局；当窗口调小到一定程度时，它还可以改变布局结构；同时，它还能够识别不同的浏览器终端从而显示出合适的页面。

响应式网页主体部分的代码如图 5-57 所示。

```
/*HTML 结构代码*/                    /*CSS 样式代码*/
<div id="container">                #container{
    <div class="wrap">                  width: 80%;
        <img src="img/1.jpg"/>          margin: 0 auto;
        <p>标题</p>                      position: relative;
    </div>                              top: 80px;
    <div class="wrap">              }
        <img src="img/2.jpg"/>      .wrap{
        <p>标题</p>                      width: 31%;
    </div>                              float: left;
    <div class="wrap">                  margin-top: 3%;
        <img src="img/3.jpg"/>      }
        <p>标题</p>                  .wrap img{
    </div>                              width: 100%;
    <div class="wrap">                  border-radius: 5px;
        <img src="img/4.jpg"/>      }
        <p>标题</p>                  .wrap:nth-child(3n+2){
    </div>                              margin-left: 3.5%;
    <div class="wrap">                  margin-right: 3.5%;
        <img src="img/5.jpg"/>      }
        <p>标题</p>                  .wrap p{
    </div>                              text-align: center;
    <div class="wrap">              }
        <img src="img/6.jpg"/>      @media only screen and (max-width: 500px) {
        <p>标题</p>                      .wrap{
    </div>                                  width: 48%;
    <div class="wrap">                      margin-top: 1.5%;
        <img src="img/7.jpg"/>          }
        <p>标题</p>                      .wrap:nth-child(3n+2){
    </div>                                  margin: 0;
    <div class="wrap">                      margin-top: 1.5%;
        <img src="img/8.jpg"/>          }
        <p>标题</p>                      .wrap:nth-child(2n+1){
    </div>                                  margin-right: 4%;
    <div class="wrap">                  }
        <img src="img/9.jpg"/>      }
        <p>标题</p>
    </div>
</div>
```

图 5-57　响应式网页主体部分的代码

任务 5-6　制作两栏式网页尾部

扫一扫下载制作两栏式网页尾部素材

扫一扫看制作两栏式网页尾部微课视频

映纷创意网首页的尾部是一个典型的两栏式网页的尾部设计。下面以此为例来介绍两栏式网页尾部制作的方法。这个网页尾部分为左右两个部分，左边是图片链接，右边上面是 logo 图片，下面是联系方式，如图 5-58 所示。

图 5-58　两栏式网页尾部效果

两栏式网页尾部的制作过程如下。

扫一扫看制作两栏式网页尾部教学课件

1. 创建网页尾部结构

打开前面编辑过的 index.html。在<body>标签中网页主体部分代码后面插入一个<footer>标签，在这个<footer>中，插入两个<div>，id 名分别为"foot_left"和"foot_right"（可自行命名），分别表示左右两栏。代码如下：

```
<footer>
    <div id="foot_left">
    </div>
    <div id="foot_right">
    </div>
</footer>
```

在 id 名为 "foot_left" 的<div>中插入 3 个图像。代码如下：

```
<div id="foot_left">
    <img src="img/contact1 (1).jpg"/>
    <img src="img/contact2.jpg"/>
    <img src="img/contact3 (1).jpg"/>
</div>
```

在 id 名为 "foot_right" 的<div>中，插入一个 logo 图像和 6 行文字。插入一个<img>标签，插入 logo 图像。再插入 6 个段落标签，并输入对应的文字信息。代码如下：

```
<div id="foot_right">
    <img src="img/footer_logo.jpg" />
    <p>INFINI | 映纷创意</p>
    <p>北京市朝阳区懋隆创意园</p>
    <p>TEL: 010-85394331</p>
    <p>QQ: 7585917</p>
    <p>Email: infinistudio@foxmail.com</p>
    <p>weibo: @InfiniStudio</p>
</div>
```

保存并预览网页，效果如图 5-59 所示。可以看出尾部跑到导航栏和主体部分去了，而且所有的图像都没有设置尺寸，左右两列结构也没有显示出来，故需要设置 CSS 样式。

2. 设置 CSS 样式

（1）先来解决网页尾部上移的问题。打开前面编辑过的 index.html，在网页的主体部分和尾部之间，添加一个<div>，class 名设为 "clear"。代码如下：

```
<div class="clear"></div>
```

打开前面编辑过的 index1.css，继续编写 CSS 样式。为这个 class 名为 "clear" 的<div>设置 CSS 样式，清除浮动。代码如下：

```
.clear{
  clear: both;
}
```

保存并预览网页，效果如图 5-60 所示。

（2）尾部位置整体下移了，但是和主体部分还是有一部分重叠了。设置<footer>的上外边距为 100 像素。代码如下：

```
footer{
  margin-top: 100px;
}
```

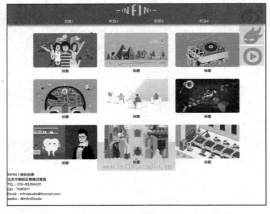

图 5-59　两栏式网页尾部的阶段效果 1

图 5-60　两栏式网页尾部的阶段效果 2

保存并预览网页，效果如图 5-61 所示，现在网页尾部的位置在整张网页中就合适了。

（3）设置 \<footer\> 的 CSS 样式。设置高度为 170 像素，背景色为灰色。代码如下：

```
footer{
    height:170px;
    background:#ddd;
}
```

（4）设置 id 名为"foot_left"和"foot_right"的 \<div\> 的共有 CSS 样式。

将 box-sizing 的值设置为 border-box，即表示要设置的边框的值是包含在 width（宽度）内的。宽度为 50%，左浮动，高度为 170 像素。代码如下：

```
#foot_left,#foot_right{
    box-sizing: border-box;
    width: 50%;
    float: left;
    height: 170px;
}
```

图 5-61　两栏式网页尾部的阶段效果 3

保存并预览网页，效果如图 5-62 所示。

图 5-62　两栏式网页尾部阶段效果 4

现在网页已经是左右两列结构了，但还不完全符合要求。例如，左边的 3 张图片应该右对齐、左右两边的图片都太大了、左右两栏中间有条竖线等。

（5）设置 id 名为"foot_left"的<div>的 CSS 样式。

设置水平向右对齐，右边框为 1 像素、白色、实线。代码如下：

```
#foot_left{
  text-align: right;
  border-right:1px #fff solid;
}
```

（6）设置 id 名为"foot_left"的<div>里图像的 CSS 样式。

设置宽度为 30 像素，右外边距为 10 像素。代码如下：

```
#foot_left img{
  width:30px;
  margin-right:10px;
}
```

保存并预览网页，效果如图 5-63 所示。

图 5-63　两栏式网页尾部阶段效果 5

至此，网页尾部左边已制作完成。

（7）设置 id 名为"foot_right"的<div>的 CSS 样式。

设置右内边距为 10 像素。代码如下：

```
#foot_right{
  padding-left:10px;
}
```

（8）设置 id 名为"foot_right"的<div>里图像的 CSS 样式。

设置图像宽度为 100 像素，代码如下：

```
#foot_right img{
  width: 100px;
}
```

保存并预览网页，效果如图 5-64 所示。

图 5-64　两栏式网页尾部阶段效果 6

（9）设置右侧文字段落的 CSS 样式。设置行高为 20 像素，文字颜色为灰色，文字阴影为右下方向、白色。代码如下：

```
#foot_right p{
    line-height:20px;
    color:#666;
    text-shadow: 1px 1px #fff;
}
```

（10）进一步设置<footer>的 CSS 样式。设置内边距为 10 像素。代码如下：

```
footer{
    padding: 10px;
}
```

至此，完整的网站首页就制作完成，效果如图 5-65 所示。

两栏式网页尾部代码如图 5-66 和 5-67 所示。

图 5-65 响应式网站首页效果

```
<div class="clear"></div>
<footer>
  <div id="foot_left">
    <img src="img/contact1 (1).jpg"/>
    <img src="img/contact2.jpg"/>
    <img src="img/contact3 (1).jpg"/>
  </div>
  <div id="foot_right">
    <img src="img/footer_logo.jpg"/>
    <p>INFINI ｜ 映纷创意</p>
    <p>北京市朝阳区懋隆创意园</p>
    <p>TEL ： 010-85394331</p>
    <p>QQ ： 7585917</p>
    <p>Email ： infinistudio@foxmail.com</p>
    <p>weibo ： @InfiniStudio</p>
  </div>
</footer>
```

图 5-66 两栏式网页尾部结构代码

```
.clear{                              border-right: #fff 1px solid;
  clear: both;                     }
}                                  #foot_left img{
footer{                              width: 30px;
  height: 170px;                     margin-right: 10px;
  background: #ddd;                }
  margin-top: 100px;               #foot_right{
  padding: 10px;                     padding-left: 10px;
}                                  }
#foot_left,#foot_right{            #foot_right img{
  box-sizing: border-box;            width: 100px;
  width: 50%;                      }
  height: 170px;                   #foot_right p{
  float: left;                       line-height: 20px;
}                                    color: #666;
#foot_left{                          text-shadow: 1px 1px #fff;
  text-align: right;
```

图 5-67 两栏式网页尾部 CSS 样式代码

5.3 项目整合

扫一扫看项
目整合教学
课件

在网站首页的整体框架完成以后，就需要学生把之前做过的所有网页整合到这个网站中。具体有这么几个方面的工作：

（1）制作网页缩略图。使用截图工具把以往做过的网页截图，保证网页缩略图的尺寸或比例和首页主体部分图片的尺寸或比例保持一致。还可以使用和网页内容相关的图片制作网页缩略图。

（2）如果之前制作的网页都是在同一个 Web 项目中进行的，则执行下个步骤。否则，则需将以往案例的 Web 项目与作品展示网的 Web 项目整合，除首页外的网页都放到"html"文件夹中，图像都放到"img"文件夹中，外部 CSS 样式文件都放到"css"文件夹中。如果网页或图像出现同名文件，就要修改文件名，并修改涉及的网页中的路径，保证网页能正常显示。

（3）把网页缩略图放到首页的主体部分，并设置链接，链接到对应的页面。在缩略图的下面写一行文字，简要说明链接到的网页的内容，进而为缩略图添加阴影等效果。

（4）有余力的学生可以给网站设计一个 logo，放在导航条的对应位置。也可以尝试制作大图轮播，并放在导航条下面的位置。

（5）将导航条和网页尾部的文字替换成与网页内容相关的信息。

下面为学生展示几个网站首页的效果图，如图 5-68～图 5-70 所示，供参考（因篇幅所限，部分网页缩略图已删减）。

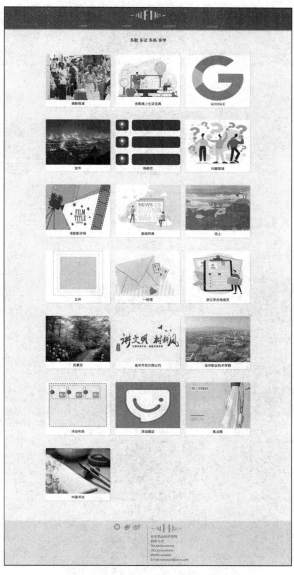

图 5-68 作品展示网首页效果图参考 1

图 5-69　作品展示网首页效果图参考 2

图 5-70　作品展示网首页效果图参考 3

职业技能知识点考核 5

扫一扫看职业技能知识点考核 5 答案

一、单选题

1. 如果选择作为背景图的图片比 div 的尺寸小，则图片在 div 中的显示是（　　　）
   A. 居中有一个图片
   B. 以 div 的左上项点为标准平铺出现
   C. 以 div 的中心平铺出现
   D. 图片被自动放大来适应 div 的大小

2. 在 Web 前端中，经常用（　　　）进行页面布局。
   A. DIV+CSS
   B. 表格
   C. 表单
   D. 图片

二、多选题

下列关于 media 说法正确的是（　　　）。
A. @media 查询可以针对不同的媒体类型定义不同的样式
B. @media 可以设计响应式页面
C. 在重置浏览器大小的过程中，页面也会根据浏览器的宽度和高度重新渲染页面
D. media 属性可以用在 <link> 标签中

三、判断题

1. 绝对定位的盒子水平居中，左右 margin 设为 auto 即可。（　　　）
2. z-index 属性对所有元素都有效。（　　　）
3. z-index 层叠等级属性的取值只能为正整数或负整数。（　　　）

四、填空题

1. 网页布局的核心，通常三种机制结合使用：普通流、浮动和（　　　　）。
2. 浮动的盒子（　　　）在标准流盒子上面。（填："漂浮"或"不漂浮"）
3. 清除浮动是为了解决父级元素因为子级浮动引起内部高度为（　　　）的问题。（填阿拉伯数字）
4. box-sizing 的默认值是（　　　　）。
5. position 属性的默认值是（　　　　）。
6. 设置 position 属性的属性值为（　　　　），表示固定定位。
7. 相对定位（　　　　）。（填"脱标"或"不脱标"）
8. 绝对定位（　　　　）。（填"脱标"或"不脱标"）
9. 非绝对定位的盒子水平居中，左右 margin 设为（　　　　）即可。

项目拓展

以我国的"二十四节气"为主题，自行搜集素材，创建 Web 项目，综合运用 Web 前端布局技术（标准流+浮动+定位），设计、制作 4 张图文并茂的网页（1 张首页、3 张二级页面），介绍二十四节气的相关知识，并为这 4 张网页设置超链接。

讨论：编写代码时有必要编写注释吗？

大家在平时编写代码时写注释吗？有的同学从来不写注释。他觉得：我自己写的代码，

自己还看不懂吗？完全没必要浪费时间写注释。也有的同学会在重点代码或者自己理解困难的代码上写注释，类似于记笔记、画重点。那么，就业后在公司里需要写注释吗？

听说一个技术人员，老板很喜欢他，因为他业务能力强，工作效率高，代码错误少；但是同事们却不太喜欢他，因为他编写的代码从来不写注释，同事后期进行软件维护时要一条一条地读代码！到底软件开发人员要不要写注释呢？大型软件公司要求：编写代码时要写注释，一般情况下，源程序的有效注释量必须在20%以上。注释就是对代码的解释和说明，目的是让人们能够更加轻松地了解代码，能提高程序代码的可读性。要求修改代码时对注释一并修改。注释不会被计算机编译，就是跟同事和后来的自己说明：这段代码是干什么用的，编程思路是怎样的。

注释语句不被重视，很大一个原因就是写不写注释对于程序运行没有影响，代码是写给计算机看的，注释是写给人看的。而且不只是写给同事看，也是写给软件开发者自己看的。在一段时间后，再回看自己编写的代码，开发者自己可能也记不清楚当时的编程思路。时间久了，开发者记不清当时使用了什么方法，如要重新理解，就只能逐行阅读，才能重新记起当时设计的代码功能。在软件开发的整个过程中有不同的工作岗位，在软件开发完成交给甲方后，软件运行需要后期维护，还会有二次开发、版本升级。如果开发人员没有在代码中写注释，就会大大降低后期维护人员的工作效率。注释有助于日后更加方便地进行软件维护和版本升级，通常也是项目交付要求的一部分。如果代码中没有注释，意味着项目没有最后完成，自然也无法交付。因此，编写注释是软件行业的软件工程师需要遵守的职业素养，有必要尽早进行培养。

项目 6

企业官网设计

教学导航

教	教学重点	1. 编写初始化 CSS;	2. 编写可复用模块;
		3. 常用 CSS 样式及伪类选择器	
	教学难点	1. 基础 CSS 过渡动画;	2. 复用模块引入
	推荐教学方式	任务驱动，项目引导，教学做一体化	
	建议学时	12 学时	
学	推荐学习方法	跟随该真实项目的开发人员，通过实践完成相应的项目任务，并通过不断总结经验，提高项目实战技能	
	必须掌握的理论知识	1. CSS3 常用样式;	2. HTML5 基础标签
	必须掌握的技能	1. 编写初始化 CSS;	2. 编写可复用模块;
		3. 熟练使用 HTML5 + CSS3 技术;	4. 熟悉项目的开发流程
	必须具备的职业素养	1. 提高沟通能力和团队协作能力;	2. 培养职业使命感

项目描述

　　本项目制作考拉优教的官网，主要用于品牌宣传。作为该项目的实际开发者之一，编者将以开发者的身份带领学生一步一步地完成考拉优教官网的制作。在这个项目的开发过程中，进一步熟练 HTML5 和 CSS3 的使用方法，逐步制作完成企业官网项目。

许多公司都拥有自己的网站，他们利用网站来进行宣传、产品资讯发布、招聘等。随着网页制作技术的流行，很多个人也开始制作个人主页，这些主页通常用来自我介绍、展现个性。也有以提供网络资讯作为盈利手段的网络公司，通常这些公司的网站提供人们生活各个方面的资讯，如时事新闻、旅游、娱乐、财经等。网页包含的内容，如文字、图像、视频、音频等需要托管在至少一个 Web 服务器上，可通过公开的服务器网址或本地局域网络进行访问。万维网就是由这些所有公开访问的网站组成的。

在因特网的早期，网站只能保存单纯的文本。经过几年的发展，在万维网出现后，图像、声音、动画、视频，甚至 3D 等新技术，开始在因特网上流行起来，网站也慢慢地发展成大家看到的图文并茂的形式。通过动态网页技术，用户也可以与其他用户或者网站管理者进行交流。也有一些网站提供电子邮件服务等。

在开始制作企业官网前，需要先选择一个开发工具，主流的前端开发工具有很多，因为编者开发该企业官网网页时是使用 VSCode 开发的，所以本项目内的代码是使用 VSCode 来编写的，因为本项目不会过多地涉及 JavaScript，所以推荐同学们使用 HBuilder 来进行页面的设计。因为编者使用的编辑器和推荐学生使用的编辑器不同，所以在项目中不会有任何涉及编辑器使用的内容，同学们可以放心学习。

小贴士：各个编辑器都有其优势。HBuilder 很适合用来编写静态页面，因为其内置集成服务器，所以可以在编辑器内查看页面效果；VSCode 很轻便，可扩展性强；WebStrom 的内置插件多、功能全面、代码提示丰富等。

扫一扫下载企业官网设计素材　　扫一扫看创建项目教学课件

任务 6-1　创建项目

在开始编写网页代码前先要创建 Web 项目的基础目录。创建一个项目文件夹"website"，在"website"文件夹下再创建 4 个子文件夹，分别是"common-html""css""image""js"。

（1）"common-html"文件夹：用于存放共用的 HTML 文件，如 header（网页头部）、footer（网页尾部）。下面会讲到如何编写共用的 HTML 文件并使用。

（2）"css"文件夹：用于存放项目内所使用到的 CSS 层叠样式表。

（3）"image"文件夹：用于存放项目中使用到的图片资源。

（4）"js"文件夹：用于存放项目中用到的 JavaScript 文件。

项目的目录结构树如图 6-1 所示。

任务 6-2　观察效果图

创建完项目的基础目录后，需要观察即将设计的企业官网的效果图。在观察的过程中分析并得出大致的设计顺序和设计方法。

PC 端的官网一共有 3 个页面，分别为"首页""关于我们""联系我们"，如图 6-2～图 6-6 所示。在观察上述效果图后可以发现 3 个页面的头部和底部都是相同的，所以这两块地方可以只编写一次，然后进行复用。因为本项目中的静态页面不涉及前端框架，所以采用一些简单的方式来进行头部和底部的复用。

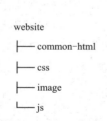

图 6-1 项目的目录结构树

图 6-2 "首页"效果图切片 1

图 6-3 "首页"效果图切片 2

图 6-4 "首页"效果图切片 3

图 6-5 "关于我们"页面效果图

图 6-6 "联系我们"页面效果图

任务 6-3 编写初始化 CSS 样式

扫一扫看编写初始化 CSS 样式教学课件

扫一扫看编写初始化 CSS 样式微课视频

在开始编写页面前，需要编写一套初始化 CSS 样式。有学生可能会问为什么要再编写一套初始化 CSS 样式呢？直接开始写 HTML，然后编写对应效果图的 CSS 样式表不就可以了吗？

其实，编写初始化 CSS 样式是为了解决浏览器的兼容问题，因为不同浏览器对有些标签的默认值是不同的，如果没有对 CSS 初始化往往会出现浏览器之间的页面差异。

CSS 初始化是指重设浏览器的样式。不同的浏览器默认的样式可能不尽相同，所以开发前的第一件事就是将它们统一。每次新开发网站或新网页时，都要初始化 CSS 样式的属性，这样可以更加方便、准确地使用 CSS 或 HTML 标签，进而使得开发网页内容变得更加方便、轻松，同时减少 CSS 代码量，节约浏览网页时的下载时间。

最简单的初始化方法就是"* {padding: 0; margin: 0;}"。有很多人也是这样写的。这确实很简单，使用*号这样一个通配符在编写代码的时候很快，但如果网站很大，CSS 样式表中的文件很多，这样写时，*选择器会把所有的标签都初始化一遍，就大大地增加了网站运行的负载，会使网站加载需要很长一段时间。

下面来编写初始化 CSS 样式，并将经常用到的元素标签的 padding、margin、border 均设置为 0，将 ul、ol 的列表样式设置为 none。这样最基础的 reset.css 就编写好了，将它放入 css 文件夹下，方便之后在编写页面的时候引用。具体的 CSS 代码如下：

```css
body,ul,ol,li,p,h1,h2,h3,h4,h5,h6,form,table,td,img,div,dl,dt,dd{
    margin:0;
    padding:0;
    border:0;
}
ul,ol{
    list-style:none;
}
```

任务 6-4　编写可复用的头部

扫一扫看编写可复用的头部微课视频

在观察上述效果图的时候可以发现 PC 端的 3 个页面均有可以复用的部分，即头部和底部，接下来就来编写头部导航。

先在"common-html"文件夹下创建一个 header.html，继续观察效果图中的头部，可以发现头部分为两个部分，即企业 logo 和导航菜单。根据效果图，可以在外部使用一个<div>来包裹这两个部分并给这个父元素定义一个类名，这里定义为"header_top"。

```html
<div class="header_top"> </div>
```

在父元素定义后，接下来就要增加头部的内容。在父元素内部添加一个<img>用于展示企业 logo，类名设置为"koala_logo"，src 设置为 logo 图片的路径，在<img>同级再添加一个<ul>用于展示导航菜单。仔细观察效果图的头部可以发现，导航按钮会根据当前选择的页面不同而展示不同的样式，所以先在首页的<a>标签上加上"active"的类名，用于编写不同的样式。根据效果图可以发现，"下载 App"按钮的样式和其他跳转 Tab 的样式不同，所以单独给它加上不同的 class。具体的 HTML 代码如下：

```html
<div class="header_top">
    <img class="koala_logo" src="../image/logo.png" />
    <ul class="head_nav">
        <li><a class="active">首页</a></li>
        <li><a>关于我们</a></li>
        <li><a>联系我们</a></li>
```

```
            <li><a class="download_app">下载 App</a></li>
        </ul>
    </div>
```

基础的头部 HTML 结构编写好后，需要给头部添加样式。在"css"文件夹下新建一个 common.css 用于编写通用组件的 CSS 样式。这里需要说明的是弹性布局和浮动。弹性布局（display:flex;）是将父元素转变为弹性盒模型，使父元素内的子元素脱离文档流，让父元素内的元素可以显示在一行内。而浮动（float）作用是使被设置属性的元素脱离文档流。这两者还是有很大区别的，弹性布局只作用在父元素下第一级的子元素，而浮动会作用到父元素的兄弟元素，使用不当可能会产生不良影响。可以根据具体情况具体分析使用哪一种布局方法。

具体的头部样式代码如下：

扫一扫看编写
可复用的头部
教学课件

```css
.header_top{
  width: 100%;
  height: 60px;
  background-color: rgba(0,0,0,0.2);
  position: fixed;
  top: 0;
  left: 0;
  min-width: 900px;
  z-index: 10;
}
.koala_logo{
  width:128px;
  margin: 15px 80px;
}
.head_nav{
  float: right;
  margin: 20px;
}
.head_nav li{
  float: left;
  margin-right: 80px;
}
.head_nav li a{
  text-decoration: none;
  color: white;
  font-size: 14px;
  padding: 15px 5px;
}

.download-app {
  border: 1px solid white;
  border-radius: 15px;
  padding: 5px 12px !important;
}
.active{
  border-bottom: 2px solid white !important;
}
```

这样头部就编写完成了，头部最终效果如图6-7所示。

图6-7 头部最终效果

任务 6-5 编写可复用的底部

扫一扫看编写可复用的底部微课视频

在编写完头部后，根据效果图继续编写底部。和编写头部时一样，在"common-html"文件夹下创建一个 footer.html。底部分为4个部分，如图6-8所示。

图6-8 底部效果

使用一个<div>来做底部的容器，这里可能会有学生问为什么不直接使用<footer>标签而使用<div>来做容器呢？这里同学们可以保留疑问，在之后复用的时候就理解了。下面直接编写 HTML 结构。应注意，在鼠标指针移到微信图标上时需要在图标边显示企业公众号二维码，这里把图标和二维码用一个父容器包裹起来并使用 CSS 来实现二维码的显示。具体的 HTML 结构如下：

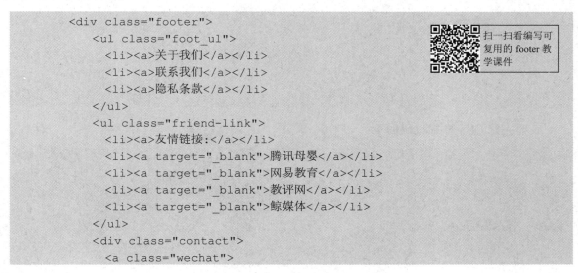

```
<div class="footer">
  <ul class="foot_ul">
  <li><a>关于我们</a></li>
  <li><a>联系我们</a></li>
  <li><a>隐私条款</a></li>
  </ul>
  <ul class="friend-link">
  <li><a>友情链接:</a></li>
  <li><a target="_blank">腾讯母婴</a></li>
  <li><a target="_blank">网易教育</a></li>
  <li><a target="_blank">教评网</a></li>
  <li><a target="_blank">鲸媒体</a></li>
  </ul>
  <div class="contact">
    <a class="wechat">
```

扫一扫看编写可复用的 footer 教学课件

```
        <img src="../image/footer/wechat.png" />
        <img class="qrcode" src="../image/footer/qrcode.png" />
      </a>
      <a href="http://weibo.com/weilaidao">
        <img src="../image/footer/
weibo.png" />
      </a>
      <a href="mailto:services@dongguo.me">
        <img src="../image/footer/
email.png" />
      </a>
    </div>
    <p class="copy" >&copy;2018 上海冻果信息科技有限公司 沪 ICP 备 16016765 号
    </p>
  </div>
```

　　HTML 结构编写完成后开始编写 CSS。这里不新建 CSS 文件，直接在之前编写头部样式的 common.css 内编写底部的样式。需要重点讲解的是，使用 CSS 来控制二维码的显示。CSS 中可以使用:hover 伪类选择器来设置鼠标指针放置在元素上时展示的样式，但是:hover 只能设置当前被鼠标触发的元素样式，如果想控制它的子元素来实现二维码显示或隐藏该怎么做呢？使用 CSS 联级选择器就可以实现，也就是在父元素触发 hover 后，使子元素改变样式。具体实现代码如下：

```
.wechat{
  position: relative;
}
.wechat:hover  .qrcode{
  display: block;
}
.wechat .qrcode {
  width: 110px;
  height:110px;
  position: absolute;
  bottom: 0;
  left:-100px;
  display: none;
}
```

　　底部完整 CSS 样式代码如下：

```
.footer{
 width: 100%;
 height: 232px;
 background-color: #2a3457;
 overflow: hidden;
}
.foot_ul{
```

```
 width: 61%;
 height: 30px;
 margin: 0 auto;
 margin-top: 35px;
 display: flex;
 justify-content: center;
}
```

```
.foot_ul li{
  width: 100px;
  height: 16px;
  line-height: 16px;
  text-align: center;
  border-right: 2px solid white;
}
.foot_ul li:last-child{
  border: none;
}
.foot_ul a{
  color: rgba(255,255,255,0.5);
  font-size: 14px;
  letter-spacing: 1.4px;
}
.friend-link{
  height:30px;
  margin-bottom: 25px;
  magin-top:30px;
  display: flex;
  justify-content: center;
}
.friend-link li{
  padding: 0 10px;
  color:rgba(255,255,255,0.5);
  font-size:13px;
}
.friend-link a{
  color:rgba(255,255,255,0.5);
  font-size:13px;
  letter-spacing: 1.4px;
  line-height: 18px;
}
.contact{
```

```
  display: flex;
  justify-content: center;
  height: 50px;
  margin: 0 auto;
}
.contact a{
  width: 100px;
}
.contact a img{
  display: block;
  magin: 0 auto;
  width: 40px;
  height: 40px;
}
.copy{
  color: rgba(255,255,255,0.5);
  font-size: 12px;
  text-align: center;
}
.wechat{
  position: relative;
}
.wechat:hover .qrcode{
  display: block;
}
.wechat .qrcode{
  width: 110px;
  height: 110px;
  position: absolute;
  bottom: 0;
  left: -100px ;
  display: none;
}
```

这样就将可复用的底部和头部编写完成了。在接下来的任务中会讲解如何将编写好的 HTML 进行复用，并应用在实际项目中。

在下面的任务 6-6～任务 6-11 中，将介绍企业官网首页的制作。

扫一扫看网站首页引入已编写好的头部教学课件

扫一扫看首页引入已编写好的头部和底部微课视频

任务 6-6　首页引入已编写好的头部

在正式编写首页前，需要将之前编写的可复用 HTML 嵌套在页面中。想要实现代码可复用，方法有很多种，这里介绍其中一种，即使用 AJAX 来获取已编写好的模板，并将其置入选中的父元素中。不了解 AJAX 的学生可以在 MDN 查看 AJAX 的介绍，简单来讲，AJAX 可以在不刷新当前页面的时候向服务端获取数据。下面就开始进行模板的复用，首先在 index.html 中引入 axios 的 <script> 标签。axios 是一个 AJAX 工具，之后会使用 axios 来进行

模板的获取。

这里有一个地方需要注意，那就是 AJAX 只能运行在服务器环境下，如果是直接打开静态文件的话，AJAX 是没有办法使用的。所以同学们在开发的时候一定要使用 HBuilder 自带的预览插件去查看，因为 HBuilder 的预览会自动集成一个 Web 服务器。

```
<script src="https://cdn.bootcss.com/axios/0.19.0-beta.1/axios.js">
</script>
```

引入完 axios 后就要开始引入模板了。先在<body>内创建一个头部，这里直接使用 HTML 5 提供的<header>标签。

```
<body>
  <header></header>
</body>
```

添加完<header>后，在<body>外增加一个<script>标签，用于编写引入模板的 JavaScript 脚本。在编写脚本前还有一步需要做，那就是把头部内其余不需要的标签和文档头去掉，只留下编写好的头部 HTML 元素即可，如图 6-9 所示。

```
<div class="header_top">
  <img class="koala_logo" src="./image/logo.png">
  <ul class="head_nav">
    <li><a id="home" href="./index.html">首页</a></li>
    <li><a id="about" href="./about.html">关于我们</a></li>
    <li><a id="contact" href="./contact.html">联系我们</a></li>
    <li><a class="download-app">下载 App</a></li>
  </ul>
</div>
```

图 6-9　header.html

接下来就可以来编写引入头部的脚本了，这里不过多地介绍 JavaScript 方法及 axios 的用法，感兴趣的学生可以课后自己在网络上查找资料。这里先使用 axios 的 get 方法来获取之前已经编写好并修改完成的头部方法，再使用 then 在获取模板后进行模板的嵌入。这里直接将获取的模板字符串置入刚创建好的<header>即可。具体的 JavaScript 代码如图 6-10 所示。

```
<script>
  axios.get('./common-html/header.html').then(res => {
    document.querySelector('header').innerHTML = res.data
  })
</script>
```

图 6-10　头部置入脚本

脚本编写完后，在浏览器中查看。可以发现，头部没有样式，如图 6-11 所示。

这是因为没有在 index.html 中引入提前为头部和底部编写好的 CSS 样式表，所以只要把之前编写好的 CSS 样式表 common.css 引入即可。引入 common.css 后可以看到，头部的样式已经有了，如图 6-12 所示，但是为什么 logo 无法显示呢？

- 首页
- 关于我们
- 联系我们
- 下载App

图 6-11　没有样式的头部

图 6-12　添加完 common.css 后的头部

这是因为之前在编写头部的时候图片使用的是相对路径，但是现在的目录结构改变了，头部是在 index.html 内而不是在之前的 header.html 内，所以需要修改 logo 的引用，即将原本的路径"../image/logo.png"修改成"image/logo.png"或者"./image/logo.png"即可。修改后的效果如图 6-13 所示。

图 6-13　修改完 logo 路径的头部

任务 6-7　首页引入已编写好的底部

扫一扫看网站首页引入已编写好的底部教学课件

本任务根据前一个任务讲解的方法在 index.html 中引入底部。在编写引入脚本前，根据之前引入头部的经验先对底部进行改造。将除需要引入的 HTML 外的其他代码全部删除，如图 6-14 所示。

```html
<div class="footer">
  <ul class="foot_ul">
    <li><a>关于我们</a></li>
    <li><a>联系我们</a></li>
    <li><a>隐私条款</a></li>
  </ul>
  <ul class="friend-link">
    <li>友情链接：</li>
    <li><a>腾讯母婴</a></li>
    <li><a>网易教育</a></li>
    <li><a>教评网</a></li>
    <li><a>鲸媒体</a></li>
  </ul>
  <div class="contact">
    <a class="wechat">
      <img src="./image/footer/wechat.png" alt="">
      <img class="qrcode" src="./image/footer/qrcode.png" alt="">
    </a>
    <a>
      <img src="./image/footer/weibo.png" alt="">
    </a>
    <a>
      <img src="./image/footer/email.png" alt="">
    </a>
  </div>
  <p class="copy">&copy;2018 上海冻果信息科技有限公司 沪 ICP 备 16016765 号</p>
</div>
```

图 6-14　改造好的底部

这个时候肯定会有细心的同学发现，任务 6-6 中遇到过图片加载不出来的问题，是不是在 footer.html 中也要把图片的路径修改为同级下"image"文件夹内的文件呢？是的，根据之前引入头部的经验，现在需要修改 img 的路径，这里不再给出代码块，修改方法和修改头部时一样，将"../"修改为"./"，或者删除"../"即可。

修改完底部后就要开始正式引入底部了。在 index.html 中添加底部的容器，这里直接使用 HTML 5 的<footer>标签，将其写在<header>下面，如图 6-15 所示。

接下来就需要编写引入底部的 JavaScript 脚本了。这块脚本直接编写在引入头部脚本的

下方，引入方式和任务 6-6 一样，需要修改的是引入路径和需要填充的容器，具体引入脚本如图 6-16 所示。

```
<body>
  <header></header>
  <footer></footer>
</body>
```

图 6-15　添加完底部的 HTML

```
<script>
  axios.get('./common-html/header.html').then(res => {
    document.querySelector('header').innerHTML = res.data
  })
  axios.get('./common-html/footer.html').then(res => {
    document.querySelector('footer').innerHTML = res.data
  })
</script>
```

图 6-16　引入复用模板的 JavaScript 脚本

现在已经将可复用的头部和底部置入 index.html 了，效果如图 6-17 所示。肯定会有学生问为什么头部和底部好像重叠了，这是因为之前在给头部编写样式的时候将它的 position 设置为 fixed 了，在完整的效果图中，头部是一直置顶并浮在内容上的，所以现在的效果是正常的，不是漏洞。

图 6-17　index.html 效果

任务 6-8　编写首页横幅广告部分

扫一扫看编写网站首页横幅广告部分教学课件

扫一扫看编写首页横幅广告部分微课视频

经过之前几个任务的学习，已经编写好了可复用的 HTML，接下来就要开始设计官网了。首先要编写的是首页。首页分为 5 个部分，下面要编写的是首页的横幅广告（banner）部分，如图 6-2 所示。在编写首页前，先观察需要编写首页的效果图。因为在创建目录的时候已经创建好了 index.html，所以直接在 index.html 内来编写首页内容，并在"css"文件夹里创建一个 index.css 文件用于编写首页的 CSS 样式表。

观察完横幅广告效果图后，就可以开始编写横幅广告部分的 HTML 代码了。经过观察发现，在横幅广告父元素内是有背景图的。这一块用 CSS 的 background 属性实现，所以先创建一个父元素用于展示背景图。这里将其类名设置为"heade_banner_box"，并在类名为"heade_banner_box"的<div>内再创建一个<div>用于展示横幅广告的手机类型图片和右侧文字。这里值得注意的地方是，右侧的两个下载按钮在鼠标指针移动到其上时会展示下方二维码提示下载的内容，如图 6-18 所示。

这块效果依旧使用 CSS 来实现。这里需要用到的是

图 6-18　鼠标指针移动至下载按钮

CSS 中的兄弟选择器来实现鼠标的 hover 事件。所以，将二维码元素放在与按钮同级，并使用 position 属性来确定它的位置，具体的结构代码如图 6-19 所示。

```
<div class="heade_banner_box">
    <div class="heade_banner_background_color"></div>
    <div class="heade_banner">
        <div class="banner_phone">
            <img src="./image/index/bigPhone.png" alt="" class="big_phone">
            <div class="samll_phone">
                <div class="small_phone">
                    <div class="content">
                        <img src="./image/index/phone-content.jpg">
                    </div>
                </div>
            </div>
        </div>
        <div class="banner_container">
            <h1>教孩子, 上考拉!</h1>
            <p>考拉优教专注于为中国家庭</p>
            <p>提供儿童成长的教育解决方案</p>
            <div class="download_container">
                <div class="download_ios download_button">
                    <img src="./image/index/apple_logo.png">
                    <span>iOS 版下载</span>
                </div>
                <div class="download_android download_button">
                    <img src="./image/index/Android_logo.png">
                    <span>Android 版下载</span>
                </div>
                <div class="qrcode_box">
                    <img class="attention_qrcode" src="./image/index/download.png" alt="">
                    <div class="attention_box">
                        <img src="./image/index/apple_logo.png">
                        <img src="./image/index/Android_logo.png">
                        <span>|</span>
                        <span class="attention">扫描下载 App</span>
                    </div>
                </div>
            </div>
        </div>
    </div>
</div>
```

图 6-19　横幅广告的结构代码

接下来开始编写 CSS。这里重点讲解鼠标的 hover 动画。首先给二维码模块, 也就是类名为 "qrcode_box" 的<div>设置好基础样式, 这里先将它的不透明度设置为 0, 让其隐藏在页面中, 如图 6-20 所示。接下来只要在鼠标指针移动到下载按钮时将它的不透明度设置为 1 即可, 这里使用 CSS 中的兄弟元素选择器来实现, 如图 6-21 所示。

```
.qrcode_box {
  position: absolute;
  width: 436px;
  top: 88px;
  left: -50px;
  height: 300px;
  opacity: 0;
  transition: all .5s;
}
```

```
.download_button:hover~.qrcode_box {
  opacity: 1;
}
```

图 6-20　二维码模块样式　　　　图 6-21　使用兄弟元素选择器控制显示

横幅广告的具体 CSS 代码如图 6-22～图 6-25 所示。

```css
.heade_banner_box {
  position: relative;
  width: 100%;
  height: 800px;
  background: url('../image/index/headerBg.png') no-repeat center;
  background-size: cover;
}
.heade_banner_background_color {
  background: rgba(42, 52, 87, .5);
  position: absolute;
  top: 0;
  left: 0;
  width: 100%;
  height: 800px;
}
.heade_banner {
  max-width: 960px;
  height: 800px;
  margin: 0 auto;
  overflow: hidden;
}
.banner_phone {
  position: relative;
  float: left;
  width: 471px;
  height: 800px;
}
.big_phone {
  position: absolute;
  width: 374px;
  top: 176px;
}
.small_phone {
  background: url('../image/index/smallPhone.png')no-repeat
   left top;
  position: absolute;
  width: 335px;
  height: 565px;
  top: 235px;
  left: 154px;
  background-size: cover;
}
```

图 6-22　横幅广告部分样式代码 1

```css
.content {
  width: 296px;
  height: 470px;
  position: absolute;
  top: 94px;
  left: 24px;
  overflow: hidden;
}
.small_phone img {
  width: 296px;
}
.banner_container {
  width: 436px;
  height: 290px;
  float: right;
  margin-top: 289px;
  text-align: center;
  position: relative;
}
.banner_container h1 {
  color: #fff;
  font-size: 48px;
  letter-spacing: 6.4px;
  margin-bottom: 24px;
}
.banner_container p {
  color: #fff;
  font-size: 20px;
  line-height: 40px;
  font-weight: 300;
  letter-spacing: 2px;
}
.download_button {
  width: 141px;
  height: 39px;
  border: 1px #fff solid;
  border-radius: 4px;
  text-align: center;
  line-height: 44px;
  cursor: pointer;
  display: flex;
  align-items: center;
  justify-content: center;
}
```

图 6-23　横幅广告部分样式代码 2

```css
.download_button:hover~.qrcode_box {
  opacity: 1;
}
.download_button>img {
  width: 22px;
  height: 25px;
  margin: 0 5px 5px 0;
}
.download_button>span {
  color: #fff;
  font-size: 14px;
}
.download_container {
  width: 325px;
  margin: 0 auto;
  height: 50px;
  line-height: 50px;
  margin-top: 37px;
  position: relative;
  display: flex;
  justify-content: space-between;
}
.qrcode_box {
  position: absolute;
  width: 436px;
  top: 88px;
  left: -50px;
  height: 300px;
  opacity: 0;
  transition: all .5s;
}
.attention_qrcode {
  width: 110px;
  height: 110px;
  margin: 0 auto;
}
```

图 6-24　横幅广告部分样式代码 3

```css
.attention_box {
  width: 180px;
  color: #fff;
  font-size: 14px;
  margin: 0 auto;
}
.attention_box img {
  width: 15px;
  margin-right: 10px;
}
.attention_box span {
  margin-right: 10px;
}
```

图 6-25　横幅广告部分样式代码 4

这时，首页的横幅广告就已经制作完成了，具体效果如图 6-26 所示。

图 6-26 横幅广告效果图

任务6-9 编写首页的"儿童精品课"模块

下面就开始编写首页的其余部分。根据效果图得知，首页除横幅广告外还剩余 4 个部分，分别为"儿童精品课""父母充电站""宣传视频"和"媒体报道"。下面先编写"儿童精品课"和"父母充电站"模块。

在编写结构代码前先观察一下效果图，如图 6-3 所示。观察完效果图后可以发现，标题和副标题的样式基本相同，这是可以进行复用的，所以只需要定一个统一的类名就可以了。

在"儿童精品课"模块内，需要在鼠标指针移动到子元素上的时候展示 App 的下载二维码，如图 6-27 所示。这里同样会使用:hover 伪类选择器来实现。

图 6-27 "儿童精品课"子元素鼠标 hover 效果

如图 6-28 所示，在"父母充电站"模块内同样有鼠标指针移动时所展示的效果。（注：本项目中达人图片均使用 Demo 表示）。

有了大致的思路后就可以开始构建基本的 HTML 结构了。接下来编写"儿童精品课"模块的结构与样式。

这里使用一个<div>来作为背景元素，再使用一个<div>来作为整体模块的父元素。这里先将标题和副标题构建出来。"儿童精品课"模块的 HTML 结构代码如图 6-29 所示。

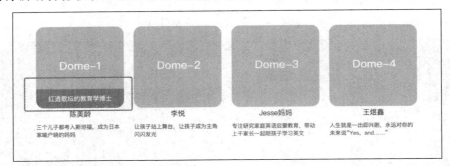

图 6-28 "父母充电站"的达人信息鼠标 hover 效果

在标题确定完成后就需要来构建课程元素的 HTML 结构了。这里依旧需要一个父元素来进行课程元素的包裹，因为需求中要求在鼠标指针移动到课程元素时显示客户端下载二维码，所以需要在课程元素内再添加上要展示的二维码模块。"儿童精品课"模块的结构代码如图 6-30 所示。

```
<div class="kid_courses_bg">
  <div class="kid_courses_box">
    <div class="title">
      <h1>儿童精品课</h1>
      <p>千万孩子在这学习</p>
    </div>
  </div>
</div>
```

```
<div class="kid_courses_list">
  <div class="kid_course">
    <img src="./image/index/kid_course_1.jpg">
    <h1>蔡叔叔讲画</h1>
    <p>用花花，打通孩子的思维和想象力</p>
    <div class="kid_courses_hover">
      <h1>立即下载，了解更多</h1>
      <img src="./image/index/download.png">
    </div>
  </div>
</div>
```

图 6-29 "儿童精品课"模块结构代码 1　　　　图 6-30 "儿童精品课"模块结构代码 2

至此，"儿童精品课"模块的 HTML 结构就构建完成了，代码如图 6-31 所示。为了代码结构清晰这里只留一个课程元素的 HTML 结构来进行展示。

在浏览器中预览一下当前的 HTML，因为还没有加样式，所以页面展示应该如图 6-32 所示。

```
<div class="kid_courses_bg">
  <div class="kid_courses_box">
    <div class="title">
      <h1>儿童精品课</h1>
      <p>千万孩子在这学习</p>
    </div>
    <div class="kid_courses_list">
      <div class="kid_course">
        <img src="./image/index/kid_course_1.jpg">
        <h1>蔡叔叔讲画</h1>
        <p>用花花，打通孩子的思维和想象力</p>
        <div class="kid_courses_hover">
          <h1>立即下载，了解更多</h1>
          <img src="./image/index/download.png">
        </div>
      </div>
    </div>
  </div>
</div>
```

图 6-31 "儿童精品课"模块完整的结构代码　　　图 6-32 "儿童精品课"模块结构预览

现在需要开始为"儿童精品课"模块添加样式。因为还是在首页操作中，所以直接在 index.css 末尾编写即可。这里的课程元素列表依旧使用 flex 来进行横向排列。需要注意的是，要将父元素的 flex-wrap 设置为 wrap，这样父元素内的子元素就可以多行显示。如果不设置 flex-wrap，flex 盒模型会默认将其子元素进行单行显示，并且会根据设置在子元素上的 flex 值进行子元素的宽度压缩。类名为 "kid_courses_list"的<div>的 CSS 样式如图 6-33 所示。

```
.kid_courses_list {
  display: flex;
  width: 100%;
  flex-wrap: wrap;
  justify-content: space-around;
}
```

图 6-33　kid_courses_list 的 CSS 样式

"儿童精品课"模块完整的 CSS 代码如图 6-34～图 6-36 所示。

这样就将"儿童精品课"模块编写完成了，下一任务将进行"父母充电站"模块的编写。

```
.kid_courses_bg {
  background: #f8fbff;
  padding-bottom: 66px;
  height: 796px;
}
.kid_courses_box {
  padding-top: 66px;
  max-width: 960px;
  margin: 0 auto;
}
.title h1,
.title p {
  text-align: center;
  color: #38466f;
}
.title h1 {
  font-size: 40px;
  margin-bottom: 11px;
  font-weight: normal;
}
.title p {
  font-size: 16px;
  margin-bottom: 62px;
}
.kid_courses_list {
  display: flex;
  width: 100%;
  flex-wrap: wrap;
  justify-content: space-
    around;
}
```

图 6-34　"儿童精品课"模块完整的 CSS 代码 1

```
.kid_course {
  width: 300px;
  margin-bottom: 62px;
  position: relative;
}
.kid_course>img {
  width: 100%;
  border-radius: 20px;
}
.kid_course>h1 {
  font-size: 20px;
  font-weight: normal;
  margin-top: 7px;
  color: #38456f;
}
.kid_course>p {
  font-size: 14px;
  color: #75809e;
}
.kid_course:hover .kid_c
  ourses_hover {
  opacity: 1;
}
.kid_courses_hover {
  position: absolute;
  border-radius: 20px;
  width: 100%;
  height: 160px;
  overflow: hidden;
  top: 0;
  transition: all .5s;
  background: rgba(60,
    60, 60, .7);
  opacity: 0;
}
```

图 6-35　"儿童精品课"模块完整的 CSS 代码 2

```
.kid_courses_hover h1 {
  text-align: center;
  color: #fff;
  font-size: 14px;
  margin-top: 8%;
}

.kid_courses_hover img {
  width: 20%;
  position: absolute;
  top: 0;
  left: 0;
  right: 0;
  bottom: 0;
  margin: auto;
}
```

图 6-36　"儿童精品课"模块完整的 CSS 代码 3

任务 6-10　编写首页的"父母充电站"模块

"父母充电站"的 HTML 结构与"儿童精品课"模块基本相同，不再赘述编写过程。值得注意的是，因为之前在编写"儿童精品课"的时候已经将"title"样式编写好了，所以在编写这个模块的时候

扫一扫看编写网站首页父母充电站模块教学课件

扫一扫看编写网页的父母充电站模块微课视频

可以复用之前已经写好的"title"样式。"父母充电站"模块的 HTML 结构代码如图 6-37 所示。为了使代码结构尽量清晰，只留了一个达人信息子元素进行展示。

在浏览器里预览一下当前的 HTML，因为"title"样式已经在编写"儿童精品课"模块的时候写好了，所以页面展示的效果如图 6-38 所示。

```html
<div class="parent_charging_box">
  <div class="title">
    <h1>父母充电站</h1>
    <p>更有料的内容等你探索</p>
  </div>
  <div class="parent_info">
    <dl>
      <dt>
        <img src="./image/index/
          headPortrait_1.jpg" alt="">
        <p>红透歌坛的教育学博士</p>
      </dt>
      <dd>
        <h1>陈美龄</h1>
        <p>三个儿子都考入斯坦福，成为日本家喻
          户晓的妈妈</p>
      </dd>
    </dl>
  </div>
</div>
```

图 6-37 "父母充电站"模块的 HTML 结构代码

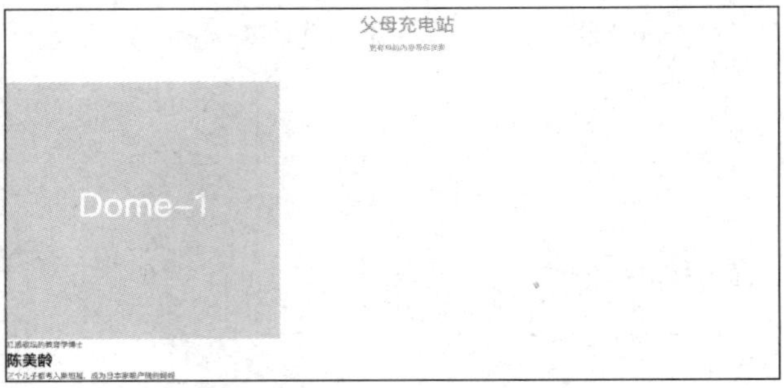

图 6-38 "父母充电站"模块结构预览

接下来需要开始编写"父母充电站"模块的样式表。这里的列表依旧使用 flex 进行排列，不过不需要再设置 flex-wrap 了，因为当前模块就是一行显示的。值得注意的是，"父母充电站"模块的达人子元素在鼠标指针移动的时候会从头像下方弹出一个达人描述，如图 6-39 所示。

为了不让这个弹出效果太生硬，需要给这个 hover 事件设置动画。利用 position、bottom、opacity、transition 属性即可实现。达人元素鼠标指针经过效果 CSS 样式代码如图 6-40 所示。

```css
.parent_info dl dt:hover p {
  opacity: 1;
  bottom: 0;
}
.parent_info dl dt img {
  width: 100%;
}
.parent_info dl dt p {
  height: 50px;
  line-height: 50px;
  text-align: center;
  font-size: 16px;
  color: #fff;
  background: rgba(90, 90, 90, .6);
  position: absolute;
  bottom: -50px;
  opacity: 0;
  transition: all .5s;
  left: 0;
  width: 100%;
}
```

图 6-39 达人元素鼠标指针经过效果

图 6-40 达人元素鼠标指针经过效果 CSS 样式代码

"父母充电站"模块完整的 CSS 样式代码如图 6-41 和图 6-42 所示。

```
.parent_charging_box {
  max-width: 960px;
  padding: 66px 0;
  margin: 0 auto;
}
.parent_info {
  width: 960px;
  display: flex;
  justify-content: space-between;
  margin: 0 auto;
  overflow: hidden;
}
.parent_info dl {
  width: 23%;
}
.parent_info dl dt {
  position: relative;
  border-radius: 20px;
  overflow: hidden;
}
.parent_info dl dt:hover p {
  opacity: 1;
  bottom: 0;
}
```

图 6-41 "父母充电站"完整的 CSS 样式代码 1

```
.parent_info dl dt img {
  width: 100%;
}
.parent_info dl dt p {
  height: 50px;
  line-height: 50px;
  text-align: center;
  font-size: 16px;
  color: #fff;
  background: rgba(90, 90, 90, .6);
  position: absolute;
  bottom: -50px;
  opacity: 0;
  transition: all .5s;
  left: 0;
  width: 100%;
}
.parent_info dl dd {
  color: #38466f;
}
.parent_info dl dd h1 {
  text-align: center;
  font-size: 18px;
  font-weight: normal;
  margin-bottom: 11px;
  margin-top: 3px;
}
.parent_info dl dd p {
  font-size: 14px;
```

图 6-42 "父母充电站"完整的 CSS 样式代码 2

任务 6-11　编写首页的剩余部分

扫一扫看编写网站首页的剩余部分教学课件

扫一扫看看编写网站首页的剩余部分微课视频

现在还剩余网站首页的最后两个部分——"宣传视频"模块和"媒体报道"模块，如图 6-4 所示，按照顺序先编写"宣传视频"模块。这个模块的内容比较少，主要用到了<video>标签，整体结构如图 6-43 所示。样式也没有太多特别的地方，具体样式代码如图 6-44 所示。

```
<div class="koala_video_box">
  <div class="title">
    <h1>宣传视频</h1>
  </div>
  <video src="./video/koala_video.mp4"
controls ></video>
</div>
```

图 6-43 "宣传视频"模块整体结构

```
.koala_video_box {
  background: #f8fbff;
  padding: 66px 0;
  margin: 0 auto;
}
.koala_video_box .title {
  margin-bottom: 62px;
}
.koala_video_box video {
  margin: 0 auto;
  display: block;
}
```

图 6-44 "宣传视频"模块样式代码

在编写完样式和结构后，在浏览器内的预览效果如图 6-45 所示。可以发现，视频在没有播放的时候是黑色的，未显示任何内容。这是因为没有给<video>标签添加 poster 属性（视频封面），接下来给<video>添加 poster 属性，如图 6-46 所示。

图 6-45 "宣传视频"效果截图 1

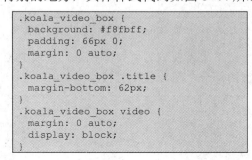

```
<video src="./video/koala_video.mp4" controls
  poster="./image/index/koala_video_poster.png"></video>
```

图 6-46 给<video>标签添加 poster 属性

这时，video 就有封面了。在浏览器内打开预览效果，如图 6-47 所示。

现在首页只剩下"媒体报道"模块了，这部分和之前的几个模块很相似，都是由图片和文字元素组成的。不过，这里需要注意的是，每个媒体报道元素单击后都可以跳转至对应的媒体报道页面，本着尽量少使用 JavaScript 的原则，子元素容器使用<a>标签来进行构建。同样，为了使代码结构尽量清晰，只留了一个媒体报道子元素进行展示。

图 6-47 "宣传视频"效果截图 2

"媒体报道"模块的 HTML 结构如图 6-48 所示。

先在浏览器内预览未加 CSS 样式的单个元素效果，如图 6-49 所示。

```
<div class="media_report_bg">
 <div class="media report_box">
  <h1 class="media report_title">
  媒体报道
  </h1>
  <div class="media_report">
   <a href="javascript:;">
    <dl>
     <dt>
      <img src="./image/index/
       reportImg_1.png" alt="">
     </dt>
     <dd>教育，有趣一些，行不行？</dd>
    </dl>
   </a>
  </div>
 </div>
</div>
```

图 6-48 "媒体报道"模块的 HTML 结构

媒体报道

多知网

教育，有趣一些，行不行？

图 6-49 "媒体报道"模块未加样式效果

接下来就要编写"媒体报道"模块的 CSS 样式了，这部分 CSS 样式没有太多需要重点讲解的部分，所以这里直接给出 CSS 样式代码，如图 6-50 和图 6-51 所示。

```
.media_report_bg {
  height: 550px;
  width: 100%;
  background: url("../image/index/
   reportBg 2.png") no-repeat center;
  background-size: cover;
}
.media_report_box {
  padding-top: 50px;
  margin: 0 auto;
}
.media_report_title {
  font-size: 40px;
  margin-bottom: 95px;
  color: #4f5777;
  text-align: center;
}
.media_report {
  display: flex;
  width: 960px;
  margin: 0 auto;
  justify-content: space-between;
}
.media_report a {
  width: 200px;
  text-decoration: none;
}
```

图 6-50 "媒体报道"样式代码 1

```
.media_report dl {
  width: 100%;
  background: #fff;
  height: 280px;
  border-radius: 20px;
}
.media_report dl dt {
  height: 50%;
  position: relative;
}
.media_report dl dt img {
  position: absolute;
  top: 0;
  left: 0;
  bottom: 0;
  right: 0;
  margin: auto;
  width: 50%;
}
.media_report dl dd {
  width: 76%;
  margin: 0 auto;
  padding: 31px 0 15px 0;
  text-align: center;
  font-size: 14px;
  color: #38456f;
  border-top: 1px #979797 solid;
}
```

图 6-51 "媒体报道"样式代码 2

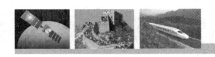

这时，网站首页就编写完成了，但是可以发现这个时候单击头部的导航是没有任何效果的。因为这部分跳转需要将官网剩余页面编写完成后才能写入页面链接。接下来的几个任务会将官网的其余两张页面依次编写完成。

任务 6-12 编写“关于我们”页面

扫一扫看网站“关于我们”页面引入公用部分教学课件

在开始做一张新页面之前先要观察一下效果图，梳理接下来的编写流程。从如图 6-5 所示可以看到“关于我们”页面和首页一样都有公用的部分，所以第一步还是引用公用的头部和底部。这里先在 index.html 同目录下创建一个新的 about.html。具体的编写方式、引入方式请参考前面的任务，这里不再赘述。

引入公用部分后会发现，引入的公用头部和效果图上的头部不太一样，如图 6-52 所示。因为之前编写头部样式的时候，将头部的背景色设置为拥有透明度的背景颜色，但是效果图内的头部是有非透明底色的。

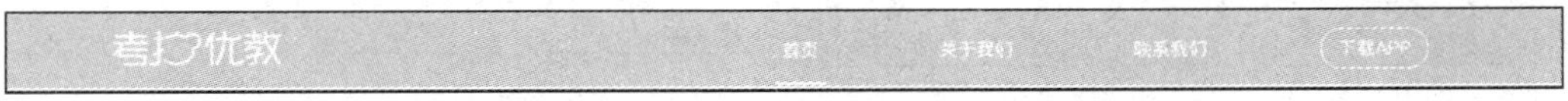

图 6-52 引入后的公用头部

这个时候需要进行特殊处理，本着尽量少使用 JavaScript 的原则，要从 CSS 样式表中进行设置。但是，此时不能直接修改 common.css 内的样式，如果直接修改 common.css 内的样式会导致之前编写好的首页也受该样式的影响。所以，直接新建一个“关于我们”页面专属的 about.css，将头部需要添加的样式写在 about.css 内，如图 6-53 所示。利用 CSS 的权重将原有的 background 属性覆盖，这样就得到一个拥有非透明背景色的头部，如图 6-54 所示。

```
header .header_top {
  background: #2a3457;
}
```

图 6-53 头部背景色覆盖

扫一扫看正式编写“关于我们”页面教学课件

扫一扫看编写“关于我们”页面微课视频

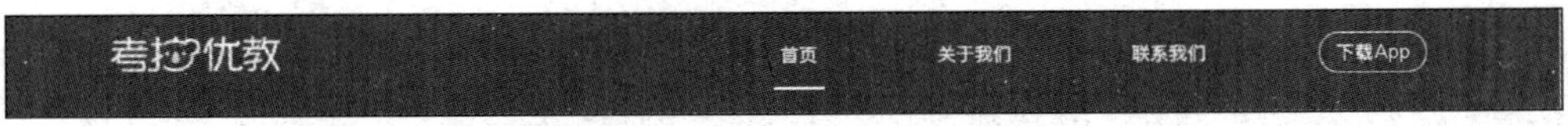

图 6-54 拥有非透明背景色的头部

引入公用部分后就要开始正式编写“关于我们”页面了。根据效果图可以发现，该页面都是大篇幅的文字介绍，而且样式单一。所以，只要构建好基本的 HTML 结构和通用的 CSS 样式即可将该页面编写完成。

因为涉及大篇幅的文字介绍，所以只构建最上层段落的 HTML 结构，其余文字的样式结构与该段落的结构完全一致，具体的 HTML 结构如图 6-55 所示。

具体的样式代码也很少，如图 6-56 所示。

至此，“关于我们”页面就编写完成了，在浏览器内预览的效果，如图 6-57 所示。最后只要根据编写的段落结构补全文字介绍即可。

```
<div class="section">
    <div class="section_container">
        <div class="content_item">
            <h4>我们是谁？</h4>
            <p>上海冻果信息科技有限公司是一家专
                注于新兴移动互联网教育的公司，旨
                在打造为中国家庭提供幼儿成长方案
                的教育平台。</p>
            <p>在移动教育平台开发方面，上海冻果
                信息科技有限公司拥有丰厚的教育资
                源和技术背景。</p>
            <p>目前已推出的教育平台：考拉优教、
                未来岛。用户可在苹果商店及安卓各
                大应用市场下载试用。</p>
        </div>
    </div>
</div>
```

图 6-55　"关于我们" HTML 结构

```
.section {
    width: 100%;
    padding-top: 71px;
}
.section_container {
    max-width: 900px;
    margin: 0 auto;
}
.content_item {
    margin-bottom: 30px;
}
.content_item h4 {
    font-size: 16px;
    letter-spacing: 1.6px;
    line-height: 30px;
    color: #38466f;
}
.content_item p {
    color: #38466f;
    font-size: 14px;
    letter-spacing: 1.4px;
    line-height: 30px;
}
```

图 6-56　"关于我们" 样式代码

图 6-57　"关于我们" 页面单个段落效果

扫一扫看"联系我们"页面前期准备教学课件

扫一扫看正式编写"联系我们"页面教学课件

任务 6-13　编写"联系我们"页面

接下来要编写的就是 PC 端官网的最后一个页面——"联系我们"页面。观察页面效果图可以发现，该页面的头部是有透明度的，所以在该页面上不需要额外地为头部增加其他样式，如图 6-6 所示。

"关于我们"页面顶部是一张大图，下部为左右结构，其中左边是文字介绍，右边是所选地理位置的地图。

开始编写前先在 index.html 同目录下新建一个 contact.html，用于编写"联系我们"页面，并在 index.css 同目录下创建一个 contact.css 用于编写该页面的 CSS 样式。

创建完文件后，需要引入任务 6-4 和任务 6-5 已编写好的公用头部组件和尾部组件，引入方式这里不再赘述。

在做完上述准备工作后，即可开始正式编写"联系我们"页面。

扫一扫看正式编写"联系我们"页面微课视频

根据效果图，先在头部同级下创建一个 <img> 标签，用于展示顶部横幅广告图；之后在同级下创建一个父级 <div>，用于展示文字和地图。这里先不创建地图父元

素，其 HTML 结构如图 6-58 所示。

```
<img class="top-banner" src="./image/contact/contact_banner.jpg" alt="">
<div class="section">
  <div class="section_container">
    <div class="section_content">
      <div class="content_item">
        <h4>联系方式</h4>
        <p>地址：上海杨浦区长阳路 1687 号长阳谷创意产业园 7 号楼 212-215 号</p>
        <p>邮编：200082</p>
        <p>电话：021-55900103</p>
        <p>邮箱：services@donguo.me</p>
      </div>
      <div class="content_item">
        <h4>业务合作</h4>
        <p>商务合作：marketing@donguo.me</p>
        <p>媒体报道：newmedia@donguo.me</p>
      </div>
      <div class="content_item">
        <h4>关注我们</h4>
        <p>官方新浪微博：考拉优教</p>
        <p>官方微信服务号：考拉优教</p>
        <p>官方微信订阅号：考拉优教 Plus</p>
      </div>
    </div>
  </div>
</div>
```

图 6-58　"联系我们"页面 HTML 结构

在浏览器内打开预览效果，如图 6-59 所示。

图 6-59　未加样式的"联系我们"页面

现在为其加上 CSS 样式，样式编写在前面创建的 contact.css 内，具体的 CSS 样式代码如图 6-60 所示。

加上样式后在浏览器内查看页面效果，如图 6-61 所示。现在，"联系我们"页面已经基本达到了预期的效果，接下来就要开始使用百度地图来绘制右侧地图了。

```
.top-banner {
  width: 100%;
}
.section {
  width: 100%;
  height: 600px;
  padding-top: 71px;
}
.section_container {
  display: flex;
  width: 1020px;
  margin: 0 auto;
}
.section_content {
  width: 468px;
}
.content_item {
  margin-bottom: 30px;
  color: #38466f;
}
.content_item h4 {
  font-size: 16px;
  letter-spacing: 1.6px;
  line-height: 30px;
}
.content_item p {
  font-size: 14px;
  letter-spacing: 1.4px;
  line-height: 30px;
}
```

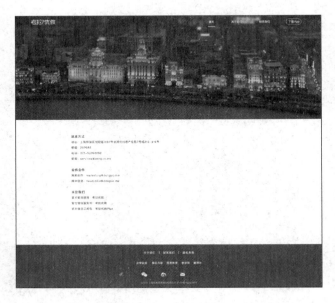

图 6-60 "联系我们"页面 CSS 样式代码　　　　图 6-61 "联系我们"页面效果 1

首先在头部内引入百度地图，如图 6-62 所示。

```
<script type="text/javascript" src="https://api.map.baidu.com/api?key=
  &v=1.4&services=true"></script>
```

图 6-62 引入百度地图

在类名为"section-content"的<div>同级创建一个地图父容器，并在该容器内添加一个子元素用于展示地图内容并为其设置 id，具体的 HTML 结构如图 6-63 所示。

```
<div class="map-wrap" id="map-content"></div>
```

图 6-63 百度地图容器 HTML 结构

接下来在<body>下方插入一个<script>标签，用于百度地图的初始化，如图 6-64 所示。（百度地图的完整使用方式请搜索后参考百度地图开发者文档中的 JavaScript API。）

```
<script>
  function creatMap() {
    var map = new BMap.Map("map-content"); //在百度地图容器中创建一个地图
    var point = new BMap.Point(121.54035, 31.276892); //定义一个中心点坐标
    map.centerAndZoom(point, 17); //设定地图的中心点和坐标并将地图显示在地图容器中
  }
  creatMap()
</script>
```

图 6-64 百度地图简易初始化脚本

初始化地图后在浏览器内预览效果，如图 6-65 所示。

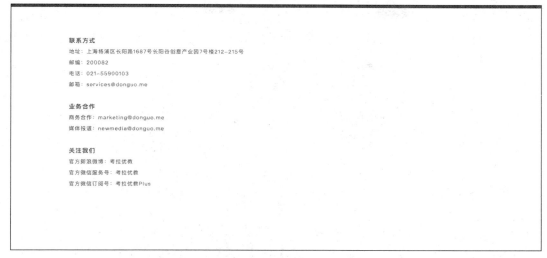

图 6-65　百度地图初始化后预览图

由图 6-65 发现，页面并没有达到预期的效果，右侧页面依旧展示为空白。这是因为没有给容器设置宽和高。接下来在 contact.css 最末处添加地图容器的 CSS 样式，如图 6-66 所示。这样，就实现了预期效果。

```
.map-wrap {
  width: 505px;
  height: 505px;
  margin-left: 45px;
  border: #ccc solid 1px;
}
```

图 6-66　地图容器基本样式

任务 6-14　收尾工作

 扫一扫看网站制作收尾工作教学课件

 扫一扫看网站制作收尾工作微课视频

根据前面的学习，已经将企业官网的 3 个页面都编写完成了。但是，可以发现，现在单击头部的导航栏并不会跳转至相应的页面。这是因为还没有给头部内的<a>标签设置超链接。

首先给 header.html 内的<a>标签加上超链接，如图 6-67 所示。

```
<div class="header_top">
 <img class="koala_logo" src="./image/logo.png">
 <ul class="head_nav">
  <li><a href="./index.html" class="active">首页</a></li>
  <li><a href="./about.html">关于我们</a></li>
  <li><a href="./contact.html">联系我们</a></li>
  <li><a class="download-app">下载 App</a></li>
 </ul>
</div>
```

图 6-67　添加完超链接后的头部

这时就可以进行页面跳转了，但是在跳转的过程中，选中的样式会一直停留在首页，并不会根据当前的页面进行改变，如图 6-68 所示。

图 6-68　导航选中状态并未改动

这是因为在之前编写头部时已经将选中样式添加至首页的<a>标签。所以，需要先将首页按钮上的 active 样式去除，并给每个按钮添加上 id，之后编写简单的控制样式 JavaScript 脚本，如图 6-69 所示。

```
<div class="header_top">
 <img class="koala_logo" src="./image/logo.png">
 <ul class="head_nav">
  <li><a id="home" href="./index.html">首页</a></li>
  <li><a id="about" href="./about.html">关于我们</a></li>
  <li><a id="contact" href="./contact.html">联系我们</a></li>
  <li><a class="download-app">下载 App</a></li>
 </ul>
</div>
```

图 6-69　添加完 id 的导航按钮

接下来需要编写控制选中状态的脚本。先在根目录下的"js"文件夹内创建一个 common.js，并创建一个 function 接收参数，参数类型为 string。具体的 JavaScript 代码如图 6-70 所示。该段代码的用处为传入 id 并设置指定 id 的 HTML 元素类名为"active"。

```
function setActiveNavItem(id) {
  document.getElementById(id).className = 'active'
}
```

图 6-70　common.js 脚本内容

编写完该段脚本后，需要在每个 PC 端官网的页面内应用并调用。引入方式如图 6-71 所示。调用方式为 setActiveNavItem(id), id 名对应着每个页面，首页的 id 为"home"，"关于我们"页面的 id 为"about"，"联系我们"页面的 id 为"contact"。需要在每个页面内调用 setActiveNavItem 方法，"关于我们"页面的调用如图 6-72 所示。有学生可能会有疑问，为什么要把设置样式的方法放在获取头部的方法内调用呢？因为获取头部的方法是异步的，即不知道什么时候能完整地获取到头部并将其置入页面，所以需要在页面完整加载头部后才能对相应的按钮设置选中样式。

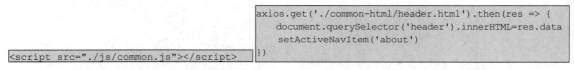

```
<script src="./js/common.js"></script>
```

图 6-71　引入方式

```
axios.get('./common-html/header.html').then(res => {
    document.querySelector('header').innerHTML=res.data
    setActiveNavItem('about')
})
```

图 6-72　调用 setActiveNavItem 方法

给每个页面设置完脚本后在浏览器内打开预览效果，如图 6-73 所示。现在头部内的导航已经和预期的效果一样了，即可以根据不同的页面来设置不同的按钮为选中状态。

本项目使用 HTML5+CSS3 技术布局设计了企业官网，完整经历了一个企业官网从无到有的创建过程。

图 6-73　头部最终效果

项目拓展

以"新生指南"为主题，自行搜集素材，创建 Web 项目，综合运用 Web 前端技术，设计、制作 4 张图文并茂的网页（1 张首页、3 张二级页面），为大学新生报到、学习、生活等方面提供指南，并为这 4 张网页设置超链接。

讨论：软件测试是专门挑刺吗？

在软件上线前必须通过测试，这也是软件行业的规矩。

软件测试就是在软件上线前，事先找出软件的 bug，免得上线后被动，甚至酿成大错。从事软件测试岗位的人叫软件测试工程师，其主要职责是找到软件中的错误或缺陷，及时提出后进行先期修正，以保证软件的质量。

软件的调试与测试是软件生存周期中一个重要阶段，但在很多时候，软件测试容易被忽略，没有经过测试或者没有经过严格测试的项目就上线的情形并不罕见。这其实是在给自己埋下了雷。

软件测试有多种策略，其中之一是 AB 测试。简单地说，就是对同一个软件的多个版本进行用户使用效果的收集、分析和评估，从中找到各项指标最好的版本最后进行应用。每种软件有界面，网站有界面，手机 App 也有界面，AB 测试主要适用于这些前端界面。AB 测试看起来只是一个好中选优的过程，其实不尽然，处理不好时会造成重大损失。

例如，某电商网站要改版上线，改版后的网站在内容和视觉效果上都有全新的呈现，但最大的改变体现在网站首页上。在旧版本网站的首页上有个区域是用户注册区，而新改版的网站首页上去掉了用户注册区，将其移到一个单独的页面上，还增加了很多注册内容。对于这个改变，开发者并没有进行深入全面的考虑，也没有针对注册步骤对用户的影响做足够的调研，上线前由于时间仓促也没有做 AB 测试。在新网站上线后，很快发现转化率降低了，访问新版网站并进行注册的用户占比相对老版网站出现减少，与预期效果存在很大的差异。起初认为这不是一个大问题，这只是淡季的缘故，可是到了旺季，注册人数依然没有出现回升，这就说明一定存在别的原因。到了第二年，上半年的数据仍然没有任何起色，虽然公司对此进行多次讨论，但没有采取任何改善措施。直到在新网站首页重新上线了注册表并进行 AB 测试，结果收到了立竿见影的成效：首页有注册表的注册率相比首页没有注册表的提升了 16%。随后马上根据 AB 测试调整首页设计，效果非常明显。若在新版网站上线前进行 AB 测试，有可能在几周内就发现问题了，不至于影响那么久，可以避免造成巨大损失。

软件开发是一项复杂的作业。在开发的各个环节，都有对应的工作岗位，由相应的工程师担任不同的工作职责。软件测试是软件产品的"质检"环节，不可忽略。

项目 7

移动端推广项目制作

教	教学重点	1. Swiper 的使用方法；　　　　　2. API 文档的使用； 3. Swiper Animate 的使用方法	
	教学难点	1. Swiper 的使用方法；　　　　　2. Swiper Animate 的使用方法	
	推荐教学方式	任务驱动，项目引导，教学做一体化	
	建议学时	8 学时	
学	推荐学习方法	结合教师的引导，通过实践完成相应的任务，在项目任务中学习新知识和新技能，并通过不断总结经验来提升操作技能，提升职业素养。	
	必须掌握的理论知识	1. 使用 Swiper 的流程；　　　　　2. 会查阅 API 文档	
	必须掌握的技能	1. 会加载 Swiper 的 CSS 文件和 JavaScript 文件； 2. 会初始化 JavaScript；　　　　3. 会使用 API 文档； 4. 会使用 Swiper Animate 添加动画效果	
	必须具备的职业素养	1. 培养精益求精的工匠精神；　　　2. 培养主动探索、积极创新的能力	

项目描述

　　目前，人们越来越多地使用移动端（手机、平板电脑）来上网，获取资源，因此移动端的推广项目非常有实际应用意义。本项目是使用 Swiper 技术并结合 HTML5+CSS3 技术，制作一个移动端推广项目——简历。简历中包含个人的基本资料、经历经验、自我评价、取得的荣誉、兴趣爱好、个人能力、所掌握的技能和完成过的作品等内容，整个项目图文并茂，配色合理，给人留下深刻的印象。在这个项目的完成过程中，先介绍 Swiper 插件的使用，包括 Swiper 的使用、API 文档的使用、Swiper Animate 的使用等，并以此为基础，一步一步地制作完成本推广项目。

对于没有 JavaScript 基础的人来说，想要在网页中制作大图轮播之类的动画效果是比较困难的，而这样的效果在实际项目中又是应用非常广泛的。本项目介绍一个没有 JavaScript 基础也能轻松制作动画效果的好用工具——Swiper。

Swiper 是纯 JavaScript 打造的滑动特效插件，面向手机、平板电脑等移动端。Swiper 能实现触屏焦点图、触屏 Tab 切换、触屏多图切换等常用效果。Swiper 开源、免费、稳定、使用简单、功能强大，是架构移动端网站的重要选择。Swiper 常用于移动端网站的内容触摸滑动。

下面一起来看一下 Swiper 的使用。

Swiper 中文网首页顶部的导航栏中包括在线演示、中文教程、API 文档、获取 Swiper 及以往的 Swiper 版本等内容，如图 7-1 所示。单击"在线演示"栏目，可观看 Swiper 在 PC 端和移动端的应用展示。下面通过大图轮播的案例制作来具体看看 Swiper 的使用。单击"中文教程"栏目下的"Swiper 使用方法"，如图 7-2 所示。

图 7-1　Swiper 中文网首页　　　　　　　　图 7-2　切换到"Swiper
　　　　　　　　　　　　　　　　　　　　　　　　　　使用方法"页面

Swiper 的版本不断更新，只需根据网页的提示一步一步操作即可，如图 7-3 所示。

图 7-3　"Swiper 使用方法"页面

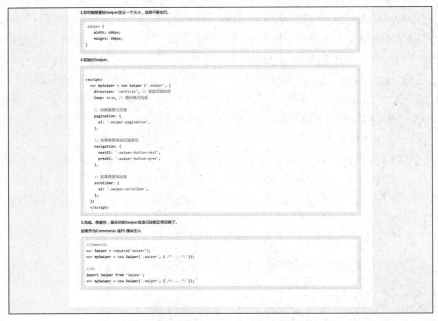

图 7-3　"Swiper 使用方法"页面（续）

7.1　大图轮播雏形——Swiper 的使用

扫一扫看网站大图轮播雏形——Swiper 的使用方法教学课件

扫一扫看网站大图轮播雏形——Swiper 的使用方法微课视频

打开 HBuilder，选择"文件"→"新建"→"Web 项目"命令，如图 7-4 所示。

在弹出的"创建 Web 项目"对话框中输入项目名称，单击"浏览"按钮设置项目路径，单击"完成"按钮，创建新的项目，如图 7-5 所示。

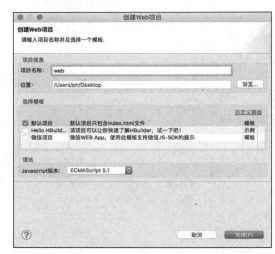

图 7-4　新建 Web 项目　　　　　　　图 7-5　设置 Web 项目信息

在左侧"项目管理器"窗格的"web"文件夹上右击，在弹出的快捷菜单中选择"新建"→"目录"命令，如图 7-6 所示。

在弹出的"新建文件夹"对话框中输入文件夹名称，单击"完成"按钮，如图 7-7 所示。这时，在项目中新建了一个名为"html"的子文件夹，用于保存除首页外的网页文件。

图 7-6　新建目录　　　　　　　　　　图 7-7　输入文件夹名称

在"html"文件夹上右击，在弹出的快捷菜单中选择"新建"→"HTML 文件"命令，如图 7-8 所示。

在弹出的"创建文件向导"对话框中输入文件名，单击"完成"按钮，如图 7-9 所示。这时，就新建了一张 HTML 5 网页 swiper-1.html。

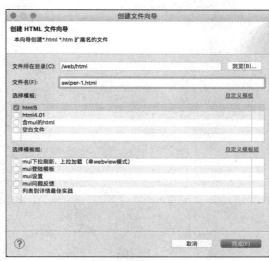

图 7-8　新建 HTML 文件　　　　　　　图 7-9　输入文件名称

（1）加载插件。需要用到的文件有 swiper-bundle.min.css、animate.min.css、swiper-bundle.min.js、swiper.animate 1.0.3.min.js，可从 Swiper 网站上来下载这些文件。把下载好的 JavaScript 文件和 CSS 文件，分别复制到 Web 项目中的"js"文件夹和"css"文件夹中，如图 7-10 和图 7-11 所示。

图 7-10 "js" 文件夹

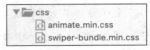

图 7-11 "css" 文件夹

加载 CSS 文件，在 HTML 文档的</head>标签前加入"<link rel="stylesheet" type="text/ css" href="../css/swiper-bundle.min.css"/>"语句，如图 7-12 所示。

```
<!DOCTYPE html>
<html>
  <head>
    <meta charset="utf-8">
    <title></title>
    <link rel="stylesheet" type="text/css" href="../css/swiper-bundle.min.css"/>
  </head>
  <body>
  </body>
</html>
```

图 7-12 加载 swiper-bundle.min.css 文件

加载 JavaScript 文件，在 HTML 文档的</body>标签前加入 "<script type="text/javascript" src="../js/swiper- bundle.min.js" ></script>"语句，如图 7-13 所示。

```
<!DOCTYPE html>
<html>
  <head>
    <meta charset="utf-8">
    <title></title>
    <link rel="stylesheet" type="text/css" href="../css/swiper-bundle.min.css"/>
  </head>
  <body>
    <script type="text/javascript" src="../js/swiper-bundle.min.js" ></script>
  </body>
</html>
```

图 7-13 加载 swiper-bundle.min.js 文件

（2）添加 HTML 内容。把以下代码放在<body>标签中，Swiper7 的默认容器是".swiper"，Swiper6 及之前版本的是"swiper-container"。

```
<div class="swiper">
  <div class="swiper-wrapper">
      <div class="swiper-slide">Slide 1</div>
      <div class="swiper-slide">Slide 2</div>
      <div class="swiper-slide">Slide 3</div>
  </div>
  <!-- 如果需要分页器 -->
  <div class="swiper-pagination"></div>
  <!-- 如果需要导航按钮 -->
  <div class="swiper-button-prev"></div>
  <div class="swiper-button-next"></div>
  <!-- 如果需要滚动条 -->
  <div class="swiper-scrollbar"></div>
</div>
```

在 HBuilder 中整理代码的缩进格式。

（3）可以给 Swiper 设置 CSS 样式，定义大小（根据实际需求设置，不设置也行）。在<head>

标签里添加<style>标签，并添加如下样式：

```
<style type="text/css">
    .swiper-container {
        width: 600px;
        height: 300px;
    }
</style>
```

（4）初始化 Swiper。使其紧邻</body>标签。把如下代码复制到<body>的结束标签前面（即放在加载 JawaScript 语句的后面）。

```
<script>
  var mySwiper = new Swiper ('.swiper', {
    direction: 'vertical',          //垂直切换选项
    loop: true,                     //循环模式选项
    //如果需要分页器
    pagination: {
      el: '.swiper-pagination',
    },
    //如果需要前进后退按钮
    navigation: {
      nextEl: '.swiper-button-next',
      prevEl: '.swiper-button-prev',
    },
    //如果需要滚动条
    scrollbar: {
      el: '.swiper-scrollbar',
    },
  })
</script>
```

（5）完成。保存网页并预览。现在 Swiper 已经能正常切换了。使用谷歌浏览器预览网页，最简单的"大图轮播"效果就完成了，如图 7-14 所示。

图 7-14　大图轮播雏形

大图轮播雏形的代码如图 7-15 所示。

```
<!DOCTYPE html>
<html>
    <head>
        <meta charset="UTF-8">
        <title></title>
        <link rel="stylesheet" type="text/css" href="../css/swiper-bundle.min.css"/>
        <style type="text/css">
            .swiper {
                width: 600px;
                height: 300px;
            }
        </style>
    </head>
<body>
    <div class="swiper">
        <div class="swiper-wrapper">
            <div class="swiper-slide">Slide 1</div>
            <div class="swiper-slide">Slide 2</div>
            <div class="swiper-slide">Slide 3</div>
        </div>
        <!-- 如果需要分页器 -->
        <div class="swiper-pagination"></div>
        <!-- 如果需要导航按钮 -->
        <div class="swiper-button-prev"></div>
        <div class="swiper-button-next"></div>
        <!-- 如果需要滚动条 -->
        <div class="swiper-scrollbar"></div>
    </div>
    <script type="text/javascript" src="../js/swiper-bundle.min.js"></script>
    <script>
    var mySwiper = new Swiper ('.swiper', {
        direction: 'vertical', // 垂直切换选项
        loop: true, // 循环模式选项
        // 如果需要分页器
        pagination: {
            el: '.swiper-pagination',
        },
        // 如果需要前进后退按钮
        navigation: {
            nextEl: '.swiper-button-next',
            prevEl: '.swiper-button-prev',
        },
        // 如果需要滚动条
        scrollbar: {
            el: '.swiper-scrollbar',
        },
    })
    </script>
</body>
</html>
```

图 7-15　大图轮播雏形代码

7.2　大图轮播的修饰

扫一扫看网站大图
轮播的修饰教学课
件（PDF 版）

扫一扫看网站
大图轮播的修
饰微课视频

为了观看效果明显，设置每个轮播页面的背景色，并把文字字号放大，居中显示。

（1）给内容为"Slide 1""Slide 2""Slide 3"的 3 个<div>再设置一个类名。在原有类名"swiper-slide"的后面插入空格，再分别设置类名 sred、sgreen、sblue，如图 7-16 所示。

小贴士：定义类名时，可以用空格隔开多个类名，为不同类名分别定义 CSS 样式，这样写更侧重于 CSS 的模块化设计，可以减少 CSS 的重复代码，提高类的复用性。

（2）在<style>标签中为类 sred、sgreen、sblue 分别设置 CSS 样式，设置不同的背景颜色，如图 7-17 所示。

```
<div class="swiper-wrapper">
    <div class="swiper-slide sred">Slide 1</div>
    <div class="swiper-slide sgreen">Slide 2</div>
    <div class="swiper-slide sblue">Slide 3</div>
</div>
```

图 7-16　为每个轮播页面定义两个类名

```
.sred{
    background: darkred;
}
.sgreen{
    background: darkgreen;
}
.sblue{
    background: blue;
}
```

图 7-17　为每个轮播页面设置背景色

（3）设置类名为 swiper-slide 的<div>内的文字水平、垂直居中，并设置较大的字号，文字颜色为白色，如图 7-18 所示。

预览网页，效果如图 7-19 所示。

```
.swiper-slide{
    text-align: center;
    line-height: 300px;
    font-size: 40px;
    color: white;
}
```

图 7-18　swiper-slide 类的 CSS 样式

图 7-19　大图轮播修饰版

大图轮播修饰版的代码如图 7-20 所示。

```
<!DOCTYPE html>
<html>
    <head>
        <meta charset="UTF-8">
        <title></title>
        <link rel="stylesheet" type="text/css" href="../css/swiper-bundle.min.css"/>
        <style type="text/css">
            .swiper {
                width: 600px;
                height: 300px;
            }
            .swiper-slide{
                text-align: center;
                line-height: 300px;
                font-size: 40px;
                color: white;
            }
            .sred{
                background: darkred;
            }
            .sgreen{
                background: darkgreen;
            }
            .sblue{
                background: blue;
            }
        </style>
    </head>
    <body>
        <div class="swiper">
            <div class="swiper-wrapper">
                <div class="swiper-slide sred">Slide 1</div>
                <div class="swiper-slide sgreen">Slide 2</div>
                <div class="swiper-slide sblue">Slide 3</div>
            </div>
            <!-- 如果需要分页器 -->
            <div class="swiper-pagination"></div>
            <!-- 如果需要导航按钮 -->
            <div class="swiper-button-prev"></div>
            <div class="swiper-button-next"></div>
            <!-- 如果需要滚动条 -->
            <div class="swiper-scrollbar"></div>
```

图 7-20　大图轮播修饰版代码

```
      </div>
      <script type="text/javascript" src="../js/swiper-bundle.min.js"></script>
      <script>
        var mySwiper = new Swiper ('.swiper', {
          direction: 'vertical', // 垂直切换选项
          loop: true, // 循环模式选项
          // 如果需要分页器
          pagination: {
            el: '.swiper-pagination',
          },
          // 如果需要前进后退按钮
          navigation: {
            nextEl: '.swiper-button-next',
            prevEl: '.swiper-button-prev',
          },
          // 如果需要滚动条
          scrollbar: {
            el: '.swiper-scrollbar',
          },
        })
      </script>
   </body>
</html>
```

图 7-20　大图轮播修饰版代码（续）

7.3　大图轮播的个性化设计——API 文档的使用

如果想进行更为个性化的大图轮播设计，需要借助 API 文档。选择 Swiper 网站首页导航栏中的"API 文档"，如图 7-21 所示。

图 7-21　切换到 Swiper4 API

打开 API 网页，如图 7-22 所示。

图 7-22　"Swiper API"页面

1. 滑动方向

PC 端的大图轮播滑动方向通常是水平的，手机端的滑动通常是垂直的，滑动方向可以通过 API 文档设置。

选择"配置选项"→"Basic（Swiper 一般选项）"→"direction"命令，阅读网页右侧的说明。可根据需要设置滑动方向。Swiper 的滑动方向可设置为水平方向切换（horizontal）或垂直方向切换（vertical）。

前面制作的大图轮播的切换方式是垂直方向的，如果想要改成水平方向的，则需把 <script> 标签中 direction 的值设为 horizontal，即"direction: 'horizontal',"，注释语句也一并修改，如图 7-23 所示。

```
<script>
  var mySwiper = new Swiper ('.swiper', {
    direction: 'horizontal',    // 水平切换选项
    loop: true,                 // 循环模式选项
```

图 7-23　修改滑动方向为水平

现在就可以进行水平切换了，效果如图 7-24 所示。

2. 分页器控制切换

目前还不能用分页器（大图轮播底部小圆点）控制切换，可以通过如下操作实现：

选择如图 7-22 所示 API 页面左侧的"组件"→"Pagination（分页器）"→"clickable"命令，阅读右侧说明，并将"clickable :true,"添加到 pagination 代码的下方，如图 7-25 所示。

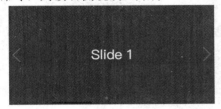

```
// 如果需要分页器
pagination: {
  el: '.swiper-pagination',
  clickable :true,
},
```

图 7-24　水平滑动方向效果图　　　　图 7-25　分页器控制切换

现在，单击分页器的指示点，分页器就能控制 Swiper 切换了。

3. 自动切换

很多网站为宣传大图轮播中的内容，会将大图轮播设置为自动切换，下面进行自动切换的设置。选择如图 7-22 所示 API 页面左侧的"组件"→"Autoplay（自动切换）"→"autoplay"命令，阅读右侧说明。在 <script> 标签中添加"autoplay:true,"代码，如图 7-26 所示。

这时就启动了大图轮播的自动切换，默认每页停留 3 秒（s）。

可以根据需要自行修改切换间隔的时间（如每隔 1 s 切换一次）。选择 API 页面左侧的"组件"→"Autoplay（自动切换）"→"delay"命令，阅读右侧说明，自动切换的时间间隔单位是毫秒（ms），并进行如图 7-27 所示的设置。

```
var mySwiper = new Swiper ('.swiper', {
  direction: 'horizontal', // 水平切换选项
  loop: true, // 循环模式选项
  autoplay:true,
```

```
var mySwiper = new Swiper ('.swiper', {
  direction: 'horizontal', // 水平切换选项
  loop: true, // 循环模式选项
  autoplay: {
  delay: 1000,//1 秒切换一次
},
```

图 7-26　设置大图轮播自动切换　　　　图 7-27　修改切换间隔的时间为 1 s

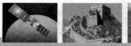

也可以为某一个切换页面设置不同的停留时间，如为文字"Slide 2"所在页设置停留 5 s（网页中的时间单位为 ms），则需在该页面所在的 <div> 中加一个行内样式，如图 7-28 所示。

```
<div class="swiper-slide sgreen" data-swiper-autoplay="5000">Slide 2</div>
```

图 7-28　设置某一个切换页的停留时间

这时，3 张页面之间可自动切换，文字"Slide 1"和"Slide 3"所在页面的停留时间为 1 s，文字"Slide 2"所在页面的停留时间为 5 s。

4．用户操作后，继续自动切换

在大图轮播自动播放过程中，如果点击了前进后退按钮或者分页器中的指示点，大图轮播就停止自动播放。这是因为用户操作 Swiper 后，默认停止自动切换。如果希望用户操作 Swiper 后自动切换不会停止，则需要做如下设置：

选择 API 页面左侧的"组件"→"Autoplay（自动切换）"→"disableOnInteraction"命令，阅读右侧说明，并进行如图 7-29 所示的设置，将"disableOnInteraction"的值设为 false。

引用了 API 文档的代码如图 7-30 所示。

```
var mySwiper = new Swiper ('.swiper', {
    direction: 'horizontal', // 水平切换选项
    loop: true, // 循环模式选项
    autoplay: {
        delay: 1000,//1 秒切换一次
        disableOnInteraction: false,
    },
```

图 7-29　设置用户操作后仍继续自动切换

```
<!DOCTYPE html>
<html>
    <head>
        <meta charset="UTF-8">
        <title></title>
        <link rel="stylesheet" type="text/css" href="../css/swiper-bundle.min.css"/>
        <style type="text/css">
            .swiper {
                width: 600px;
                height: 300px;
            }
            .swiper-slide{
                text-align: center;
                line-height: 300px;
                font-size: 40px;
                color: white;
            }
            .sred{
                background: darkred;
            }
            .sgreen{
                background: darkgreen;
            }
            .sblue{
                background: blue;
            }
        </style>
    </head>
    <body>
        <div class="swiper">
            <div class="swiper-wrapper">
                <div class="swiper-slide sred">Slide 1</div>
                <div class="swiper-slide sgreen" data-swiper-autoplay= "5000">Slide
2</div>
```

图 7-30　使用 API 文档

```
            <div class="swiper-slide sblue">Slide 3</div>
        </div>
        <!-- 如果需要分页器 -->
        <div class="swiper-pagination"></div>
        <!-- 如果需要导航按钮 -->
        <div class="swiper-button-prev"></div>
        <div class="swiper-button-next"></div>
        <!-- 如果需要滚动条 -->
        <div class="swiper-scrollbar"></div>
    </div>
    <script type="text/javascript" src="../js/swiper-bundle.min.js"></script>
    <script>
      var mySwiper = new Swiper ('.swiper', {
        direction: 'horizontal', // 水平切换选项
        loop: true, // 循环模式选项
        //autoplay:true,
          autoplay: {
             delay: 1000,//1 秒切换一次
             disableOnInteraction: false,
           },
        // 如果需要分页器
        pagination: {
          el: '.swiper-pagination',
          clickable :true,
        },
        // 如果需要前进后退按钮
        navigation: {
          nextEl: '.swiper-button-next',
          prevEl: '.swiper-button-prev',
        },
        // 如果需要滚动条
        scrollbar: {
          el: '.swiper-scrollbar',
          },
       })
    </script>
  </body>
</html>
```

图 7-30 使用 API 文档（续）

7.4 真正的大图轮播——用图片替换文字

扫一扫看真正的网站大图轮播——用图片替换文字微课视频

现在用图片将文字替换掉，制作真正的大图轮播。将网页另存为 datulunbo.html。
将预先准备好的 3 张图片保存到 Web 项目的"img"文件夹中，如图 7-31 所示。
在代码的 slide 页面中依次插入图片，并替换掉文字，如图 7-32 所示。

```
<div class="swiper-wrapper">
    <div class="swiper-slide sred"><img src="../img/gate.jpg"/></div>
    <div class="swiper-slide sgreen" data-swiper-autoplay="5000"><img
       src="../img/library.jpg"/></div>
    <div class="swiper-slide sblue"><img src="../img/square.jpg"/>
       </div>
</div>
```

图 7-31 将所需图片
保存到"img"文件夹中

图 7-32 用图片将原有文字替换掉

真正的大"图"轮播效果如图 7-33 所示。

图 7-33　真正的大图轮播效果

小练习　下面请将 datulunbo.html 网页中不必要的 CSS 设置（每个 slide 的背景色、文字样式）、类名删掉，并设置页面自动切换时间为 2 s。

大图轮播代码优化后，预览看效果，如有问题可参考图 7-34 代码。

```html
<!DOCTYPE html>
<html>
    <head>
        <meta charset="UTF-8">
        <title></title>
        <link rel="stylesheet" type="text/css" href="../css/swiper-bundle.min.css"/>
        <style type="text/css">
            .swiper {
                width: 600px;
                height: 300px;
            }
        </style>
    </head>
    <body>
        <div class="swiper">
            <div class="swiper-wrapper">
                <div class="swiper-slide"><img src="../img/gate.jpg"/></div>
                <div class="swiper-slide"><img src="../img/library.jpg"/></div>
                <div class="swiper-slide"><img src="../img/square.jpg"/></div>
            </div>
            <!-- 如果需要分页器 -->
            <div class="swiper-pagination"></div>
            <!-- 如果需要导航按钮 -->
            <div class="swiper-button-prev"></div>
            <div class="swiper-button-next"></div>
            <!-- 如果需要滚动条 -->
            <div class="swiper-scrollbar"></div>
        </div>
        <script type="text/javascript" src="../js/swiper-bundle.min.js"></script>
        <script>
         var mySwiper = new Swiper ('.swiper', {
            direction: 'horizontal', // 水平切换选项
            loop: true, // 循环模式选项
            //autoplay:true,
              autoplay: {
                 delay: 2000,//2 秒切换一次
                 disableOnInteraction: false,
              },
            // 如果需要分页器
            pagination: {
              el: '.swiper-pagination',
              clickable :true,
            },
            // 如果需要前进后退按钮
            navigation: {
              nextEl: '.swiper-button-next',
              prevEl: '.swiper-button-prev',
            },
            // 如果需要滚动条
            scrollbar: {
              el: '.swiper-scrollbar',
            },
          })
        </script>
    </body>
</html>
```

图 7-34　优化大图轮播代码

7.5　设置动画——Swiper Animate 的使用

使用 Swiper 还可以添加动画，这需要使用 Swiper Animate。Swiper Animate 是 Swiper 中文网提供的用于在 Swiper 内快速制作 CSS3 动画的小插件。选择 Swiper 中文网"中文教程"→"Swiper Animate 使用方法"命令，如图 7-35 所示。

图 7-35　切换到"Swiper Animate 使用方法"

打开"Swiper Animate 使用方法"页面，如图 7-36 所示，按照步骤进行操作。

图 7-36　"Swiper Animate 使用方法"页面

打开 swiper-1.html，将其另存为 swiper-2.html。

（1）使用 Swiper Animate 需要先加载 swiper.animate 1.0.3.min.js 和 animate.min.css。先把这两个文件分别复制到项目的"js"文件夹和"css"文件夹中。

加载 CSS 文件，在 <head> 标签中添加 " <link rel="stylesheet" type="text/css" href="../css/animate.min.css"/>"代码，如图 7-37 所示。

```
<head>
  <meta charset="utf-8">
  <title></title>
  <link rel="stylesheet" type="text/css" href="../css/swiper-bundle.min.css"/>
  <link rel="stylesheet" type="text/css" href="../css/animate.min.css"/>
```

图 7-37　加载 animate.min.css 文件

加载 JavaScript 文件，在</body>前添加 "<script type="text/javascript" src="../js/swiper.animate1.0.3.min.js" ></script>" 代码，如图 7-38 所示。

```
<script type="text/javascript" src="../js/swiper-bundle.min.js" ></script>
<script type="text/javascript" src="../js/swiper.animate1.0.3.min.js" >
  </script>
```

图 7-38　加载 swiper.animate1.0.3.min.js 文件

（2）初始化时隐藏元素并在需要的时刻开始动画。比较原来的初始化代码，在<script>标签的适当位置添加如下代码。

```
on:{
    init: function(){
      swiperAnimateCache(this);      //隐藏动画元素
      swiperAnimate(this);           //初始化完成开始动画
    }
    slideChangeTransitionEnd: function(){
      swiperAnimate(this);           //每个 slide 切换结束时也运行当前 slide 动画
      //this.slides.eq(this.activeIndex).find('.ani').removeClass('ani');
      //动画只展现一次，去除 ani 类名
    }
  }
```

整理后的代码如图 7-39 所示。

```
<script type="text/javascript" src="../js/swiper-bundle.min.js" ></script>
<script type="text/javascript" src="../js/swiper.animate1.0.3.min.js" ></script>
<script>
  var mySwiper = new Swiper ('.swiper', {
    direction: 'horizontal',      // 水平切换选项
    loop: true,                   // 循环模式选项
    //autoplay.true,
    autoplay: {
      delay: 1000,                // 1 秒切换一次
      disableOnInteraction: false,
    },
    // 如果需要分页器
    pagination: {
      el: '.swiper-pagination',
      clickable :true,
    },
    // 如果需要前进后退按钮
    navigation: {
      nextEl: '.swiper-button-next',
      prevEl: '.swiper-button-prev',
    },
    // 如果需要滚动条
    scrollbar: {
```

图 7-39　整理后的代码

```
      el: '.swiper-scrollbar',
    },
    on:{
      init: function(){
        swiperAnimateCache(this);     //隐藏动画元素
        swiperAnimate(this);          //初始化完成开始动画
      },
      slideChangeTransitionEnd: function(){
        swiperAnimate(this);          //每个slide切换结束时也运行当前slide动画
        //this.slides.eq(this.activeIndex).find('.ani').removeClass('ani');
            //动画只展现一次，去除ani类名
      }
    }
  })
</script>
</body>
```

图 7-39　整理后的代码（续）

（3）在需要运动的元素上面增加类名 ani，和其他的类似插件相同，Swiper Animate 需要指定以下几个参数。

swiper-animate-effect：切换效果，如 fadeInUp。

swiper-animate-duration：可选，动画持续时间（单位 s），如 0.5s。

swiper-animate-delay：可选，动画延迟时间（单位 s），如 0.3s。

把文字"Slide 1"放在\<p\>标签中，并为该\<p\>标签添加 ani 类名，并设置动画属性，代码为"\<p class="ani" swiper-animate-effect="fadeInUp" swiper-animate-duration="0.5s" swiper-animate-delay="0.3s"\>Slide 1\</p\>"，如图 7-40 所示。

```
<div class="swiper-wrapper">
  <div class="swiper-slide sred">
    <p class="ani" swiper-animate-effect="fadeInUp" swiper-animate-duration=
    "0.5s" swiper-animate-delay="0.3s">Slide 1</p>
  </div>
  <div class="swiper-slide sgreen" data-swiper-autoplay="5000">Slide 2</div>
  <div class="swiper-slide sblue">Slide 3</div>
</div>
```

图 7-40　为第一页的文字添加动画

预览，切换到第一页时，文字"Slide 1"自底向上出现。但文字"Slide 1"的垂直位置有下移，如图 7-41 所示。

为什么会这样呢？这是由于\<p\>标签默认的 margin 值所导致的（具体数值视浏览器的不同而不同），将 margin 值设为 0 即可，如图 7-42 所示。

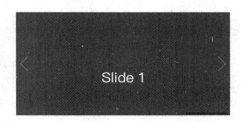

图 7-41　添加动画后，文字"Slide 1"的位置下移

Swiper 自带很多动画效果，可以在"Swiper Animate 使用方法"网页底部查看并选择适合的效果，如图 7-43 所示。

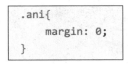

图 7-42　设置\<p\>标签的 margin 值为 0

图 7-43　Swiper 提供的可选动画效果

设置了动画的代码如图 7-44 所示。

```html
<!DOCTYPE html>
<html>
<head>
<meta charset="UTF-8">
<title></title>
<link rel="stylesheet" type="text/css" href="../css/swiper-bundle.min.css"/>
<link rel="stylesheet" type="text/css" href="../css/animate.min.css"/>
<style type="text/css">
.swiper {
    width: 600px;
    height: 300px;
}
.swiper-slide{
text-align: center;
line-height: 300px;
font-size: 40px;
color: white;
}
.sred{
background: darkred;
}
.sgreen{
background: darkgreen;
}
.sblue{
background: blue;
}
.ani{
margin: 0;
}
</style>
</head>
<body>
<div class="swiper">
    <div class="swiper-wrapper">
        <div class="swiper-slide sred">
        <p class="ani" swiper-animate-effect="fadeInUp" swiper-animate-duration=
"0.5s" swiper-animate-delay="0.3s">Slide 1</p>
        </div>
        <div class="swiper-slide sgreen" data-swiper-autoplay="5000">Slide 2</div>
        <div class="swiper-slide sblue">Slide 3</div>
    </div>
    <!-- 如果需要分页器 -->
    <div class="swiper-pagination"></div>
    <!-- 如果需要导航按钮 -->
    <div class="swiper-button-prev"></div>
    <div class="swiper-button-next"></div>
    <!-- 如果需要滚动条 -->
    <div class="swiper-scrollbar"></div>
</div>
<script type="text/javascript" src="../js/swiper-bundle.min.js"></script>
<script type="text/javascript" src="../js/swiper.animate1.0.3.min.js"></script>
<script>
  var mySwiper = new Swiper ('.swiper', {
    direction: 'horizontal', // 水平切换选项
    loop: true, // 循环模式选项
//autoplay:true,
autoplay: {
    delay: 1000,//1 秒切换一次
    disableOnInteraction: false,
},
    // 如果需要分页器
    pagination: {
      el: '.swiper-pagination',
      clickable :true,
```

图 7-44　设置了动画的代码

```
    },
    // 如果需要前进后退按钮
    navigation: {
      nextEl: '.swiper-button-next',
      prevEl: '.swiper-button-prev',
    },
    // 如果需要滚动条
    scrollbar: {
      el: '.swiper-scrollbar',
    },
    on:{
      init: function(){
        swiperAnimateCache(this); //隐藏动画元素
        swiperAnimate(this); //初始化完成开始动画
      },
      slideChangeTransitionEnd: function(){
        swiperAnimate(this); //每个 slide 切换结束时也运行当前 slide 动画
        //this.slides.eq(this.activeIndex).find('.ani').removeClass('ani'); 动画只
展现一次，去除 ani 类名
      }
    }
  })
</script>
</body>
</html>
```

图 7-44　设置了动画的代码（续）

扫一扫下载移动端推广项目制作素材

扫一扫看制作移动端推广项目准备工作教学课件

任务 7-1　移动端推广项目准备工作

在毕业时，学生需要撰写简历来向用人单位推荐自己。而现在的简历已经不局限于使用 Word 文档撰写的简历。随着移动端上网的普及，人们越来越多地用手机在网络上获取资讯。制作一个移动端的个人简历，会更便捷、广泛地推荐自己，同时也能向用人单位展示自己的专业技能，一举两得。本项目就是利用前面学习过的 Swiper 技术来制作移动端推广项目——简历。本简历一共包括 6 张页面，如图 7-45 所示。下面先来做准备工作。

（1）新建 Web 项目，名为"jianli"。

（2）将使用 Swiper 所需的 CSS 文件和 JavaScript 文件分别复制到"jianli"项目中的"css"文件夹和"js"文件夹，如图 7-46 所示。

（3）打开 index.html 文件，加载 CSS 文件和 JavaScript 文件，如图 7-47 所示。

图 7-45　简历项目效果

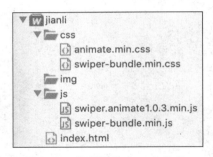

```
<!DOCTYPE html>
<html>
  <head>
    <meta charset="utf-8" />
    <title></title>
    <link rel="stylesheet" type="text/css" href=
      "css/swiper-bundle.min.css"/>
    <link rel="stylesheet" type="text/css" href=
      "css/animate.min.css"/>
  </head>
  <body>
    <script type="text/javascript" src="js/swiper-
      bundle.min.js"></script>
    <script type="text/javascript" src=
      "js/swiper.animate1.0.3.min.js"></script>
  </body>
</html>
```

图 7-46　将所需的 CSS 文件和
JavaScript 文件分别复制到对应文件夹

图 7-47　加载 CSS 文件和 JavaScript 文件

（4）添加 HTML 内容，如图 7-48 所示。

```
<body>
  <div class="swiper">
    <div class="swiper-wrapper">
        <div class="swiper-slide">Slide 1</div>
        <div class="swiper-slide">Slide 2</div>
        <div class="swiper-slide">Slide 3</div>
    </div>
    <!-- 如果需要分页器 -->
    <div class="swiper-pagination"></div>
        <!-- 如果需要导航按钮 -->
    <div class="swiper-button-prev"></div>
    <div class="swiper-button-next"></div>
    <!-- 如果需要滚动条 -->
    <div class="swiper-scrollbar"></div>
  </div>
  <script type="text/javascript" src="js/swiper-bundle.min.js"></script>
  <script type="text/javascript" src="js/swiper.animate1.0.3.min.js"></script>
</body>
```

图 7-48　添加 HTML 内容

（5）初始化 Swiper，如图 7-49 所示。

```
<script type="text/javascript" src="js/swiper-bundle.min.js"></script>
<script type="text/javascript" src="js/swiper.animate1.0.3.min.js"></script>
<script>
  var mySwiper = new Swiper ('.swiper', {
    direction: 'vertical',          // 垂直切换选项
    loop: true,                     // 循环模式选项
    // 如果需要分页器
    pagination: {
      el: '.swiper-pagination',
    },
    // 如果需要前进后退按钮
    navigation: {
      nextEl: '.swiper-button-next',
      prevEl: '.swiper-button-prev',
    },
    // 如果需要滚动条
    scrollbar: {
      el: '.swiper-scrollbar',
    },
    on:{
      init: function(){
        swiperAnimateCache(this);    //隐藏动画元素
        swiperAnimate(this);         //初始化完成开始动画
      },
      slideChangeTransitionEnd: function(){
```

图 7-49　初始化 Swiper

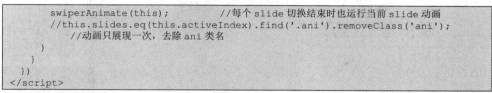

```
    swiperAnimate(this);        //每个 slide 切换结束时也运行当前 slide 动画
    //this.slides.eq(this.activeIndex).find('.ani').removeClass('ani');
       //动画只展现一次，去除 ani 类名
    }
  }
 })
</script>
```

图 7-49　初始化 Swiper（续）

（6）新建外部 CSS 文件。选择"文件"→"新建"→"CSS 文件"命令，如图 7-50 所示。

在弹出的"创建文件向导"对话框中确认文件所在路径是否正确（应在 jianli 文件夹内的 css 文件夹中），并输入 CSS 文件名为 index.css，单击"完成"按钮，如图 7-51 所示。

图 7-50　新建 CSS 文件

图 7-51　输入 CSS 文件名

（7）在 index.css 文件中输入如下代码：

```
*{
    margin: 0;
    padding: 0;
}
html,body{
    width: 100%;
    height: 100%;
}
.swiper{
    width: 100%;
    height: 100%;
    font-size: 40px;
}
```

设置所有元素的内外边距为 0，再设置<html>标签和<body>标签的宽度、高度均为 100%，最后设置 swiper 类的宽度、高度均为 100%，字号为 40 像素。

在 index.html 文件中链接 index.css 文件，如图 7-52 所示。

```
<link rel="stylesheet" type="text/css" href="css/swiper-bundle.min.css"/>
<link rel="stylesheet" type="text/css" href="css/animate.min 2.css"/>
<link rel="stylesheet" type="text/css" href="css/index.css"/>
```

图 7-52　链接 index.css 文件

任务 7-2 制作简历首页

 扫一扫看制作
简历首页教学
课件

 扫一扫看制
作简历首页
微课视频

简历首页效果如图 7-53 所示，页面中的元素包括简历图片、
两行文字和一张绘有楼群的底图。页面的动画效果是简历图片从上
落下，接着两行文字放大出现。

（1）根据简历首页的网页元素构成修改第一个类名为
swiper-slide 的<div>的结构。代码如下：

```
<div class="swiper-slide s1">
    <div class="jldiv">
        <img src="img/jianli.png" class="jl"/>
    </div>
    <div class="wenzidiv">
        <h1>不一样的简历</h1>
        <h2>展示不一样的自己</h2>
    </div>
    <img id="ditu" src="img/zp_index_bg.png"/>
</div>
```

图 7-53　简历首页效果

（2）在 index.css 文件中设置所需的 CSS 样式。

① 所有简历切换页的背景都是一样的，所以统一设置背景图像为 bg.jpg；文字颜色为白
色，字体为微软正黑体。代码如下：

```
.swiper-slide{
    background: url(../img/bg.jpg);
    color: white;
    font-family: "Microsoft JhengHei";
}
```

② 设置简历图片所在<div>的位置。代码如下：

```
.jldiv{
    margin-top: 20% ;
    margin-left: 35%;
}
```

③ 设置简历图片的尺寸和外面的扩边效果。代码如下：

```
.jl{
    width: 50%;
    background: rgba(255,255,255,.2);
    border-radius:1000px;
    padding:10px;
}
```

④ 设置文字所在<div>的位置和水平对齐方式。代码如下：

```
.wenzidiv{
    margin-top: 20%;
    margin-left: 15%;
```

```
    margin-right: 15%;
    text-align: center;
}
```

⑤ 设置两部分文字的字号、行高。代码如下：

```
.wenzidiv h1{
    font-size: 60px;
    line-height: 100px;
}
.wenzidiv h2{
    font-size: 50px;
}
```

⑥ 设置底图的位置和尺寸。代码如下：

```
.s1 #ditu{
    position: absolute;
    bottom: 0;
    width: 100%;
}
```

（3）添加动画。

① 为简历图片添加动画。代码如下：

```
<div class="jldiv ani" swiper-animate-effect="bounceInDown" swiper-
animate-duration="0.5s" swiper-animate-delay="0s">
```

② 为两行文字添加动画。代码如下：

```
<div class="wenzidiv ani" swiper-animate-effect="zoomIn" swiper-animate-
duration="0.5s" swiper-animate-delay="0.5s">
```

（4）预览。在谷歌浏览器中预览网页，在网页上右击，在弹出的快捷菜单中选择"检查"命令，如图 7-54 所示。

在打开的浏览器窗口中，单击"Toggle device toolbar"图标，如图 7-55 所示。选择移动设备的型号，如图 7-56 所示。

　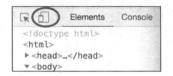　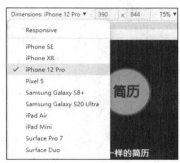

图 7-54　选择"检查"命令　图 7-55　单击"Toggle device toolbar"图标　图 7-56　选择移动设备的型号

刷新页面，页面按照预期的动画效果展示。整个浏览器窗口效果如图 7-57 所示。

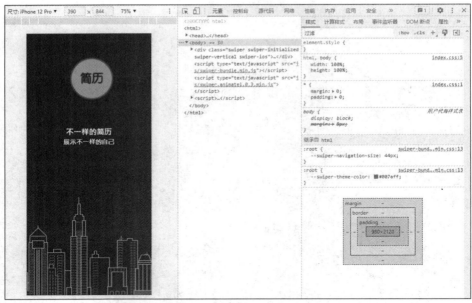

图 7-57　整个浏览器窗口效果

任务 7-3　制作"基本资料"页面

 扫一扫看制作
"基本资料"页
面教学课件

 扫一扫看制作
"基本资料"页
面微课视频

　　"基本资料"页面效果如图 7-58 所示。页面顶部有一张头像图片，下面分为 3 部分内容：基本资料、经历经验、自我评价。页面动画效果为头像图片旋转出现，下面的内容从侧边进入。

　　（1）根据效果图修改第二个类名为 swiper-slide 的\<div\>结构。代码如下：

```
<div class="swiper-slide s2">
    <img class="touxiang" src="img/tx.png"/>
    <div class="aboutus">
        <div class="xiahuaxian">
            <img src="img/tubiaojbzl.png" />
            基本资料
        </div>
        <div class="text">
            姓名：***    
                   籍贯：浙江**
            <br/>
            学校：金华职业技术学院   
                 专业：软件技术<br/>
            面试岗位：Web 前端工程师
        </div>
        <div class="xiahuaxian">
```

图 7-58　"基本资料"页面效果

```
            <img src="img/tbjingli.png" />经历经验
        </div>
        <div class="text">
            2017.09-2018.06  ****班担任****<br/>
            2017.09-2018.06  ****有限公司担任****<br/>
            2018.09-2018.12  ***协会担任****<br/>
            2018.09-2018.12  ******担任******
        </div>
        <div class="xiahuaxian">
            <img src="img/tbzwpj.png" />自我评价
        </div>
        <div class="text">
            本人学习认真，有较强的学习能力，工作积极负责，守时守信，具有亲和力，也有团
        队协作精神。平时*****，希望学习更多的专业技能，不断对自己的不足进行总结和检
        讨，力争今天做得比昨天更好。
        </div>
    </div>
</div>
```

（2）在 index.css 文件中设置所需的 CSS 样式。

① 设置头像图片的位置。代码如下：

```
.touxiang{
    margin-top: 5%;
    margin-left: 40%;
}
```

② 设置类名为 aboutus 的<div>的左右外边距。代码如下：

```
.aboutus{
    margin-left: 5%;
    margin-right: 5%;
}
```

③ 设置有下画线修饰的<div>的字号、加粗、下画线、内边距。代码如下：

```
.xiahuaxian{
    font-size: 50px;
    font-weight: bold;
    border-bottom: white solid 1px;
    padding: 10px;
}
```

④ 设置有下画线修饰的<div>中图片的尺寸。代码如下：

```
.xiahuaxian img{
    width: 9%;
}
```

⑤ 设置文字的行高，底外边距，上下内边距。代码如下：

```
.text{
    line-height: 70px;
    margin-bottom: 20px;
    padding-top: 10px;
    padding-bottom: 10px;
}
```

（3）添加动画。

① 为头像图片添加动画。代码如下：

```
<img class="touxiang ani" swiper-animate-effect="flip" swiper-animate-duration="0.5s" swiper-animate-delay="0s" src="img/tx.png"/>
```

② 为个人信息添加动画。代码如下：

```
<div class="aboutus ani" swiper-animate-effect="bounceInLeft" swiper-animate-duration="0.3s" swiper-animate-delay="0.5s">
```

（4）预览。预期效果已实现。

任务 7-4　制作"荣誉"页面

 扫一扫看制作
"荣誉"页面教
学课件

 扫一扫看制作
"荣誉"页面微
课视频

"荣誉"页面效果如图 7-59 所示。该页面分为 3 个部分：荣誉、兴趣爱好、个人能力。页面的动画效果是一起出现的。

（1）根据效果图修改第三个类名为 swiper-slide 的<div>的结构。代码如下：

```
<div class="swiper-slide s3">
    <div class="rongyu">
        <div class="xiahuaxian2">
            <img src="img/1121.png" />荣誉
        </div>
        <div class="text2">
                <img src="img/1122.png" class=
                "aboutry"/> 2015-2018 学年 浙江省
                政府奖学金<br/>
                <img src="img/1122.png" class=
                "aboutry"/> 2015-2018 学年 国家励
                志奖学金<br/>
                <img src="img/1122.png" class=
                "aboutry"/> 2015-2018 学年 连续五
                次二等奖学金<br/>
                <img src="img/1122.png" class="aboutry"/> 2015-2018 学年 三好学
                生<br/>
                <img src="img/1122.png" class="aboutry"/> 2015-2018 学年 优秀团
                干部<br/>
```

图 7-59 "荣誉"页面效果

```
        <img src="img/1122.png" class="aboutry"/> 2015-2018 学年 职业生
        涯规划大赛优秀奖<br/>
        <img src="img/1122.png" class="aboutry"/> 2015-2018 学年 校级国
        学经典知识竞赛季军<br/>
        <img src="img/1122.png" class="aboutry"/> 2015-2018 学年 校级校
        歌大赛团体二等奖<br/>
        <img src="img/1122.png" class="aboutry"/> 2015-2018 学年 院级运
        动会 1500 米第四名<br/>
    </div>
    <div class="xiahuaxian2">
        <img src="img/tbxq1.png" />兴趣爱好
    </div>
    <div class="text2">
          听音乐     阅读   旅游
    </div>
    <div class="xiahuaxian2">
        <img src="img/grn1.png" />个人能力
    </div>
    <div class="text2">
        <img src="img/xx1122.png" class="aboutry2"/>  软件技
        能<br/>
        <img src="img/xx1122.png" class="aboutry2"/>  学习能
        力<br/>
        <img src="img/xx1122.png" class="aboutry2"/>  耐心
        <br/>
        <img src="img/xx1122.png" class="aboutry2"/>  团队合
        作<br/>
    </div>
    </div>
</div>
```

（2）在 index.css 文件中设置所需的 CSS 样式。

① 设置类名为 rongyu 的<div>的左右、上外边距。代码如下：

```
.rongyu{
    margin-left: 5%;
    margin-right: 5%;
    margin-top: 15%;
}
```

② 为类名为 aboutry 的图片设置尺寸。代码如下：

```
.aboutry{
    width: 7%;
}
```

③ 设置有下画线修饰的<div>的字号、加粗、下画线、内边距、行高。代码如下：

```
.xiahuaxian2{
    font-size: 50px;
```

```
        font-weight: bold;
        border-bottom: white solid 1px;
        padding: 10px;
        line-height: 50px;
}
```

④ 设置有下画线修饰的<div>中图片的宽度。代码如下：

```
.xiahuaxian2 img{
        width: 9%;
}
```

⑤ 设置文字的左、下外边距，上下内边距。代码如下：

```
.text2{
        margin-left: 2%;
        margin-bottom: 5%;
        padding-top: 10px;
        padding-bottom: 10px;
}
```

⑥ 为类名为 aboutry2 的图片设置宽度。代码如下：

```
.aboutry2{
        width: 6%;
}
```

（3）添加动画。为此页面添加整体的动画效果。

```
<div class="rongyu ani" swiper-animate-effect="bounceInRight" swiper-
animate-duration="0.3s" swiper-animate-delay="0s">
```

（4）预览。预期效果已实现。

任务 7-5 制作"我的技能"页面

 扫一扫看制作
"我的技能"页面
教学课件

 扫一扫看制作
"我的技能"页
面微课视频

"我的技能"页面效果如图 7-60 所示。该页面中左上角是页面标题，并且不规则地依次出现所具备的技能的图片。

（1）创建"我的技能"页面结构。代码如下：

```
    <div class="swiper-slide s4">
        <div class="jineng">
            <h1>我的技能</h1>
            <img src="img/html5.jpeg" class="jn1"/>
            <img src="img/ps.jpeg" class="jn2"/>
            <img src="img/css3.jpg" class="jn3"/>
            <img src="img/js.jpeg" class="jn4"/>
            <img src="img/java.jpeg" class="jn5"/>
            <img src="img/php.jpg" class="jn6"/>
        </div>
    </div>
```

图 7-60 "我的技能"
页面效果

（2）在 index.css 文件中设置所需的 CSS 样式。

① 为页面文字设置位置。代码如下：

```css
.jineng h1{
    margin-top: 10%;
    margin-left: 10%;
}
```

② 为页面图片设置宽度。代码如下：

```css
.jineng img{
    width: 20%;
}
```

③ 分别为 6 张图片设置位置。代码如下：

```css
.jn1{
    position: absolute;
    top: 20%;
    left: 60%;
}
.jn2{
    position: absolute;
    top: 30%;
    left: 30%;
}
.jn3{
    position: absolute;
    top: 50%;
    left: 20%;
}
```

```css
.jn4{
    position: absolute;
    top: 40%;
    left: 50%;
}
.jn5{
    position: absolute;
    top: 60%;
    left: 60%;
}
.jn6{
    position: absolute;
    top: 70%;
    left: 30%;
}
```

（3）添加动画。分别为此页面 6 张图片添加动画效果。代码如下：

```html
<img src="img/html5.jpeg" class="jn1 ani" swiper-animate-effect="zoomIn"
swiper-animate-duration="0.3s" swiper-animate-delay="0.2s" />
<img src="img/ps.jpeg" class="jn2 ani" swiper-animate-effect="zoomIn"
swiper-animate-duration="0.3s" swiper-animate-delay="0.5s"/>
<img src="img/css3.jpg" class="jn3 ani" swiper-animate-effect="zoomIn"
swiper-animate-duration="0.3s" swiper-animate-delay="1s"/>
<img src="img/js.jpeg" class="jn4 ani" swiper-animate-effect="zoomIn"
swiper-animate-duration="0.3s" swiper-animate-delay="1.3s"/>
<img src="img/java.jpeg" class="jn5 ani" swiper-animate-effect="zoomIn"
swiper-animate-duration="0.3s" swiper-animate-delay="1.6s"/>
<img src="img/php.jpg" class="jn6 ani" swiper-animate-effect="zoomIn"
swiper-animate-duration="0.3s" swiper-animate-delay="1.9s"/>
```

（4）预览。预期效果已实现。

任务 7-6　制作"我的作品"页面

 扫一扫看制作
"我的作品"页
面教学课件

 扫一扫看制作
"我的作品"页
面微课视频

"我的作品"页面效果如图 7-61 所示。页面左上角是标题，下面是 4 张作品图。动画效果是 4 张作品图从左右两侧依次进入。

（1）创建"我的作品"页面结构。代码如下：

```
<div class="swiper-slide s5">
    <div class="zuopin">
        <h1>我的作品</h1>
        <img src="img/1.png"/>
        <img src="img/5.png"/>
        <img src="img/3.png"/>
        <img src="img/4.png"/>
    </div>
</div>
```

（2）添加动画。为 4 张作品图片分别添加动画。代码如下：

```
<img src="img/1.png" class="ani" swiper-
animate-effect="slideInLeft"
swiper-animate-duration="0.5s" swiper-
animate-delay="0.2s" />
<img src="img/5.png" class="ani" swiper-
animate-effect="slideInRight"
swiper-animate-duration="0.5s"
swiper-animate-delay="0.5s"/>
<img src="img/3.png" class="ani" swiper-animate-effect="slideInLeft"
swiper-animate-duration="0.5s" swiper-animate-delay="1.2s"/>
<img src="img/4.png" class="ani" swiper-animate-effect="slideInRight"
swiper-animate-duration="0.5s" swiper-animate-delay="1.7s"/>
```

图 7-61 "我的作品"页面效果

（3）预览。预期效果已实现。

任务 7-7 制作尾页

 扫一扫看制作尾页教学课件

 扫一扫看制作尾页微课视频

尾页效果如图 7-62 所示。该页面上是一张图片，动画效果是整体从侧边进入。

（1）创建尾页的页面结构。代码如下：

```
<div class="swiper-slide s6">
    <img src="img/end.jpg"/>
</div>
```

（2）在 index.css 文件中设置所需的 CSS 样式。设置页面上图片的宽度。代码如下：

```
.s6 img{
    width: 100%;
}
```

（3）添加动画。为页面上的图片添加动画。代码如下：

图 7-62 尾页效果

```
<img src="img/end.jpg" class="ani"
swiper-animate-effect="rotateInDownRight" swiper-animate-duration="0.5s"
swiper-animate-delay="0s"/>
```

（4）预览。预期效果已实现。

7.6 代码汇总

目前，本项目已基本完成，但还有一些可以进一步完善的地方，比如：目前页面切换是依靠前进、后退导航按钮来实现的，而移动端的推广项目基本是依靠在屏幕上滑动来实现的（在 PC 端用鼠标滚轮控制）。请同学们在此基础上，查阅 API 文档后再进一步完善。另外，移动端的推广项目一般是没有前进、后退导航按钮和分页器的，也请大家优化下代码。

（1）本项目的 index.html 代码如图 7-63～图 7-68 所示。

```
<!DOCTYPE html>
<html>
  <head>
    <meta charset="utf-8" />
    <title></title>
    <link rel="stylesheet" type="text/css" href="css/swiper-bundle.min.css"/>
    <link rel="stylesheet" type="text/css" href="css/animate.min.css"/>
    <link rel="stylesheet" type="text/css" href="css/index.css"/>
  </head>
  <body>
    <div class="swiper">
      <div class="swiper-wrapper">
        <div class="swiper-slide s1">
          <div class="jldiv ani" swiper-animate-effect="bounceInDown"
            swiper-animate-duration="0.5s" swiper-animate-delay="0s">
            <img src="img/jianli.png" class="j1"/>
          </div>
          <div class="wenzidiv ani" swiper-animate-effect="zoomIn"
            swiper-animate-duration="0.5s" swiper-animate-delay="0.5s">
            <h1>不一样的简历</h1>
            <h2>展示不一样的自己</h2>
          </div>
          <img id="ditu" src="img/zp_index_bg.png"/>
        </div>
```

图 7-63　加载 CSS 文件及简历首页结构代码

```
<div class="swiper-slide s2">
  <img class="touxiang ani" swiper-animate-effect="flip"
  swiper-animate-duration="0.5s" swiper-animate-delay="0s" src="img/tx.png"/>
  <div class="aboutus ani" swiper-animate-effect="bounceInLeft"
  swiper-animate-duration="0.3s" swiper-animate-delay="0.5s">
  <div class="xiahuaxian">
    <img src="img/tubiaojbzl.png"/>基本资料
  </div>
  <div class="text">
    姓名：***       籍贯：浙江**<br/>
    学校：金华职业技术学院     专业：软件技术<br/>
    面试岗位：Web 前端工程师
  </div>
  <div class="xiahuaxian">
    <img src="img/tbjingli.png"/>经历经验
  </div>
  <div class="text">
    2017.09-2018.06  ****班担任****<br/>
```

图 7-64　基本资料页结构代码

```
        2017.09-2018.06  ****有限公司担任****<br/>
        2018.09-2018.12  ***协会担任****<br/>
        2018.09-2018.12  ******担任******
      </div>
      <div class="xiahuaxian">
        <img src="img/tbzwpj.png"/>自我评价
      </div>
      <div class="text">
        本人学习认真，有较强的学习能力，工作积极负责，守时守信，具有亲和力，也有团队协作精神。
        平时*****，希望学习更多的专业技能，不断对自己的不足进行总结和检讨，力争今天做得比昨天
        更好。
      </div>
    </div>
  </div>
</div>
```

图 7-64　基本资料页结构代码（续）

```
<div class="swiper-slide s3">
  <div class="rongyu ani"  swiper-animate-effect="bounceInRight"
    swiper-animate-duration="0.3s" swiper-animate-delay="0s">
    <div class="xiahuaxian2">
      <img src="img/1121.png" />荣誉
    </div>
    <div class="text2">
      <img src="img/1122.png" class="aboutry"/> 2015-2018 学年 浙江省政府奖学金<br/>
      <img src="img/1122.png" class="aboutry"/> 2015-2018 学年 国家励志奖学金<br/>
      <img src="img/1122.png" class="aboutry"/> 2015-2018 学年 连续五次二等奖学金<br/>
      <img src="img/1122.png" class="aboutry"/> 2015-2018 学年 三好学生<br/>
      <img src="img/1122.png" class="aboutry"/> 2015-2018 学年 优秀团干部<br/>
      <img src="img/1122.png" class="aboutry"/> 2015-2018 学年 职业生涯规划大赛优秀奖<br/>
      <img src="img/1122.png" class="aboutry"/> 2015-2018 学年 校级国学经典知识竞赛季军<br/>
      <img src="img/1122.png" class="aboutry"/> 2015-2018 学年 校级校歌大赛团体二等奖<br/>
      <img src="img/1122.png" class="aboutry"/> 2015-2018 学年 院级运动会 1500 米第四名<br/>
    </div>
    <div class="xiahuaxian2">
      <img src="img/tbxq1.png" />兴趣爱好
    </div>
    <div class="text2">
        听音乐      阅读   旅游
    </div>
    <div class="xiahuaxian2">
     <img src="img/grnl.png" />个人能力
    </div>
    <div class="text2">
      <img src="img/xx1122.png" class="aboutry2"/>  软件技能<br/>
      <img src="img/xx1122.png" class="aboutry2"/>  学习能力<br/>
      <img src="img/xx1122.png" class="aboutry2"/>  耐心<br/>
      <img src="img/xx1122.png" class="aboutry2"/>  团队合作<br/>
    </div>
  </div>
</div>
```

图 7-65　荣誉页结构代码

```
<div class="swiper-slide s4">
  <div class="jineng">
    <h1>我的技能</h1>
    <img src="img/html5.jpeg" class="jn1 ani" swiper-animate-effect="zoomIn"
      swiper-animate-duration="0.3s" swiper-animate-delay="0.2s"/>
    <img src="img/ps.jpeg" class="jn2 ani" swiper-animate-effect="zoomIn"
      swiper-animate-duration="0.3s" swiper-animate-delay="0.5s"/>
    <img src="img/css3.jpg" class="jn3 ani" swiper-animate-effect="zoomIn"
      swiper-animate-duration="0.3s" swiper-animate-delay="1s"/>
    <img src="img/js.jpeg" class="jn4 ani" swiper-animate-effect="zoomIn"
      swiper-animate-duration="0.3s" swiper-animate-delay="1.3s"/>
    <img src="img/java.jpeg" class="jn5 ani" swiper-animate-effect="zoomIn"
      swiper-animate-duration="0.3s" swiper-animate-delay="1.6s"/>
    <img src="img/php.jpg" class="jn6 ani" swiper-animate-effect="zoomIn"
      swiper-animate-duration="0.3s" swiper-animate-delay="1.9s"/>
  </div>
</div>
```

图 7-66　我的技能页结构代码

```
<div class="swiper-slide s5">
  <div class="zuopin">
    <h1>我的作品</h1>
      <img src="img/1.png" class="ani" swiper-animate-effect="slideInLeft"
        swiper-animate-duration="0.5s" swiper-animate-delay="0.2s" />
      <img src="img/5.png" class="ani" swiper-animate-effect="slideInRight"
        swiper-animate-duration="0.5s" swiper-animate-delay="0.5s"/>
      <img src="img/3.png" class="ani" swiper-animate-effect="slideInLeft"
        swiper-animate-duration="0.5s" swiper-animate-delay="1.2s"/>
      <img src="img/4.png" class="ani" swiper-animate-effect="slideInRight"
        swiper-animate-duration="0.5s" swiper-animate-delay="1.7s"/>
  </div>
</div>
    <div class="swiper-slide s6">
      <img src="img/end.jpg" class="ani" swiper-animate-effect="rotateInDownRight"
        swiper-animate-duration="0.5s" swiper-animate-delay="0s"/>
    </div>
</div>
```

图 7-67 我的作品页和尾页结构代码

```
    <!-- 如果需要滚动条 -->
    <div class="swiper-scrollbar"></div>
</div>
<script type="text/javascript" src="js/swiper-bundle.min.js"></script>
<script type="text/javascript" src="js/swiper.animate1.0.3.min.js"></script>
<script>
  var mySwiper = new Swiper ('.swiper', {
    direction: 'vertical',           // 垂直切换选项
    loop: true,                      // 循环模式选项
    mousewheel: true,                // 开启鼠标滚轮控制 Swiper 切换
    // 如果需要滚动条
    scrollbar: {
      el: '.swiper-scrollbar',
    },
    on:{
      init: function(){
        swiperAnimateCache(this);     //隐藏动画元素
        swiperAnimate(this);          //初始化完成开始动画
      },
      slideChangeTransitionEnd: function(){
        swiperAnimate(this); //每个 slide 切换结束时也运行当前 slide 动画
        //this.slides.eq(this.activeIndex).find('.ani').removeClass('ani');
        //动画只展现一次，去除 ani 类名
      }
    }
  })
</script>
</body>
</html>
```

图 7-68 分页器及加载、初始化 JavaScript 代码

（2）本项目的 index.css 文件代码如图 7-69～图 7-72 所示。

借助 Swiper，结合 HTML5+CSS3 技术，实现了移动端推广项目——简历。在开发过程中，首先要明确 Swiper 插件的使用方法，会使用 Swiper 的 API，会设置 Swiper Animate，并且要结合之前学过的定位、布局等 HTML5 技术进行排版，最后设置相应的 CSS 样式。

```
*{
  margin: 0;
  padding: 0;
}
html,body{
  width: 100%;
  height: 100%;
}
.swiper{
  width: 100%;
  height: 100%;
  font-size: 40px;
}
.swiper-slide{
  background: url(../img/bg.jpg);
  color: white;
  font-family: "Microsoft JhengHei";
}
.jldiv{
  margin-top: 20%;
  margin-left: 35%;
}
.j1{
  width: 50%;
  background: rgba(255,255,255,.2);
  border-radius: 1000px;
  padding: 10px;
}
.wenzidiv{
  margin-top: 20%;
  margin-left: 15%;
  margin-right: 15%;
  text-align: center;
}
```

图 7-69　CSS 文件代码 1

```
.wenzidiv h1{
  font-size: 60px;
  line-height: 100px;
}
.wenzidiv h2{
  font-size: 50px;
}
.s1 #ditu{
  position: absolute;
  bottom: 0;
  width: 100%;
}
.touxiang{
  margin-top: 5%;
  margin-left: 40%;
}
.aboutus,.rongyu{
  margin-left: 5%;
  margin-right: 5%;
}
.rongyu{
  margin-top: 15%;
}
.xiahuaxian{
  font-size: 50px;
  font-weight: bold;
  border-bottom: white solid 1px;
  padding: 10px;
}
.xiahuaxian img{
  width: 9%;
}
```

图 7-70　CSS 文件代码 2

```
.text{
  line-height: 70px;
  margin-bottom: 20px;
  padding-top: 10px;
  padding-bottom: 10px;
}
.aboutry{
  width: 7%;
}
.xiahuaxian2{
  font-size: 50px;
  font-weight: bold;
  border-bottom: white solid 1px;
  padding: 10px;
  line-height: 50px;
}
.xiahuaxian2 img{
  width: 9%;
}
.text2{
  margin-left: 2%;
  margin-bottom: 5%;
  padding-top: 10px;
  padding-bottom: 10px;
}
.aboutry2{
  width: 6%;
}
.jineng h1{
  margin-top: 10%;
  margin-left: 10%;
}
.jineng img{
  width: 20%;
}
```

图 7-71　CSS 文件代码 3

```
.jn1{
  position: absolute;
  top: 20%;
  left: 60%;
}
.jn2{
  position: absolute;
  top: 30%;
  left: 30%;
}
.jn3{
  position: absolute;
  top: 50%;
  left: 20%;
}
.jn4{
  position: absolute;
  top: 40%;
  left: 50%;
}
.jn5{
  position: absolute;
  top: 60%;
  left: 60%;
}
.jn6{
  position: absolute;
  top: 70%;
  left: 30%;
}
.s6 img{
  width: 100%;
}
```

图 7-72　CSS 文件代码 4

项目拓展

请从下面两个选题中任选一个，完成自己的移动端推广项目：

（1）设计自己的个人简历。

（2）为某一品牌的农产品或者某一个文化活动设计制作移动端推广项目。

要求：

（1）使用 Swiper 技术并结合 HTML5+CSS3 技术进行设计、制作。

（2）根据所选题目，自行搜索、处理素材。

（3）布局美观，配色合理，符合主题需求。

（4）设计合理的动画效果。

讨论：软件开发文档可有可无吗？

通常，软件开发项目的分工严密、流程明确且管理规范，同时软件规模和复杂程度均较高，多由团队集体完成。为了保障软件开发流程的顺利进行，保证产品质量稳定可靠，均引入"软件工程"理念进行过程控制与管理。因此，计算机软件通常是指软件代码与开发文档整体。大家一定要认识到，开发文档与源代码对项目而言同等重要。

对于一次项目开发，一般要经过需求分析、概要设计、详细设计、编写代码及单元测试、接口测试、系统测试、运用维护等过程。在这些过程中产生的文档合集就是开发文档。而源代码只产生于编写代码阶段，这个阶段的耗时和成本有时甚至不到软件开发工作量的 30%，完成代码需要进行大量的准备工作和收尾工作，这都需要通过文档来完成。

软件行业要求在项目开发过程中应编写各阶段的软件开发文档，它是软件开发使用和维护过程中的必备资料。软件文档的规范编写，在软件开发工作中占有突出的地位。高质量、高效率地编写、分发、管理、维护文档，及时地变更、修正、扩充和使用文档，对于软件产品的设计开发、发行使用、变更维护、转让移植、二次开发等，对于充分发挥软件产品的效益，都有着重要的意义。相反，若没有规范的开发文档，往往会产生各种流程问题，甚至最终导致项目失败，引发所谓的"软件危机"。例如，缺少历史的开发设计方案或需求分析方案就会造成开发方式不统一，后期系统架构混乱，工作交接时无法追溯历史，存在极大的风险。

同学们在走上软件开发岗位后，可能会听到一些老员工说"代码就是最好的文档"。在接收一个新项目时，我们可能发现项目文档少且不规范，文档中描述的设计方案与当前系统设计严重不符，有些甚至在架构上出现严重的偏离。当我们询问交接人员时，可能会得到项目开发周期紧、需求变化频繁、文档缺少时间完成或维护等各种理由，最后再建议你去看源代码，但这是完全错误的。如果大家在软件开发中不注意按规范编写文档，上面的问题就会变成一个死循环，永远困扰着项目开发流程。因此，建议同学们在遇到上述问题时，应及时补充开发文档，阻断问题的流转过程，为后续开发人员打好基础，同时也能帮助我们更好地理解这个项目。

项目 8

使用 canvas 制作飞机大战游戏

教	教学重点	1. 图片预加载； 2. ES6 中类及对象的应用； 3. canvas 中 2D 绘图环境相关 API 的运用； 4. 检测碰撞原理及应用
	教学难点	1. ES6 中类及对象的应用； 2. 检测碰撞原理及应用
	推荐教学方式	任务驱动、项目引导、教学做一体化
	建议学时	12 学时
学	推荐学习方法	跟随教师做好项目准备工作，理解项目中的相关思路，完成 canvas 飞机大战游戏
	必须掌握的理论知识	1. ES6 中类相关概念的理解及使用； 2. canvas 中 2D 绘图环境相关 API 的运用
	必须掌握的技能	1. 会使用 canvas 中 2D 绘图环境基础 API； 2. 会使用图片预加载； 3. 能运用 canvas 中的碰撞检测； 4. 熟练 ES6 中的类及对象的使用
	必须具备的职业素养	1. 培养职业使命感， 2. 培养主动探索、积极创新的能力

项目描述

　　canvas 作为 HTML5 新增元素，在 Web 开发中起着重要作用。在本项目中使用 canvas 结合 JavaScript 制作一个飞机大战游戏。通过游戏的制作，了解并掌握 canvas 的基本操作及利用 JavaScript 制作小游戏的原理。

　　在这个项目的完成过程中，首先会针对项目中用到的基础知识做相关的讲解；然后整体介绍项目相关玩法及思路，最后根据项目思路及规则一步一步地完成本项目。

在制作 canvas 飞机大战游戏前，会针对项目中遇到的 canvas 中的一些基础内容做部分讲解，主要为方便没有基础的同学能够更好地理解和制作本项目。如果有一定的 canvas 绘图基础，可以直接开始制作游戏。

8.1 canvas 的应用

扫一扫下载使用 canvas 制作飞机大战游戏等素材

扫一扫看 canvas 使用教学课件

canvas 是 HTML5 新增的标签之一。canvas 又称"画布"，是 HTML5 核心技术之一。canvas 提供 2D 图形绘制及 WebGL 的 3D 图形绘制支持，在这里我们主要针对 2D 环境来进行讲解。我们可以通过 canvas 实现图形绘制、图片处理、动画制作、游戏制作等。利用 canvas，可以使 Web 页面更加绚丽多彩，对比图片实现某些效果。canvas 的应用主要有以下几方面。

1. 绘制图形

用 canvas 实现各种基本图形的绘制，如矩形、曲线、圆等，同样可以结合 JavaScript 实现一些比较复杂的图形，如图 8-1 所示。

2. 绘制图表

可以借助一些框架如 highcharts、echarts 等，用 canvas 实现图表的绘制，如图 8-2 所示。

图 8-1　用 canvas 绘制的时钟

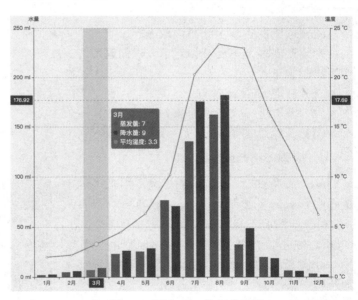

图 8-2　用 canvas 绘制的图表

3. 制作游戏

使用 canvas 及基于 canvas 实现的游戏引擎可实现 HTML5 游戏开发，lufylegend 是一个 canvas 开源引擎，基于 lufylegend 引擎开发的游戏如图 8-3 所示。

4. 动画效果

canvas 结合 JavaScript 的 WebGL 可以实现各种绚丽的 3D 动画效果，为丰富 Web 页面提供更多的可能，如图 8-4 所示。

图 8-3　基于 lufylegend 引擎开发的游戏　　　图 8-4　基于 WebGL 实现的 3D 动画效果

8.2　canvas 绘图步骤

　　canvas 绘图实际上就是调取 canvas 上下文环境中的 API 实现各种图形的绘制，所以在绘制前都需要获取上下文环境对象，进而调取上下文环境对象中的 API 实现各种效果。具体的实现步骤如下：

　　（1）获取 canvas 对象。

　　（2）获取上下文环境对象 context。

　　（3）开始绘制图形。

1．获取 canvas 对象

　　canvas 是 HTML5 新增的标签，用来指定在页面中 canvas 的绘制区域。canvas 是一个行内元素，在一般情况下我们需要指定其 3 个属性：id、width、height。在默认情况下 canvas 画布的宽度为 300 像素，高度为 150 像素，默认的背景颜色为透明。

　　注意：在设置 canvas 画布大小时除了利用属性设置外，还可以通过样式来设置。但是在一般情况下都是通过属性来设置宽、高的，因为通过样式来设置宽、高会导致 canvas 无法获取到画布真实的宽、高，可能会导致 canvas 画布图像变形。

　　在 canvas 中我们可以通过 document. getElementById（元素的 id 名）方法来获取 canvas 对象，具体代码如图 8-5 所示。

```html
<!DOCTYPE html>
<html>
  <head>
    <meta charset="UTF-8">
    <title></title>
    <style type="text/css">
      #myCanvas{
        border: 1px solid red;
      }
    </style>
  </head>
  <body>
    <canvas id="myCanvas" width="500" height=
      "500">
      对不起您的浏览器不支持 canvas!!
    </canvas>
  </body>
<script>
  let canvas = document.getElementById
    ("myCanvas");
  console.log(canvas);
  let context = canvas.getContext("2d");
  // console.log(context);
</script>
</html>
```

图 8-5　获取 canvas 对象代码

2. 获取上下文环境对象 context

我们可以通过 canvas 对象里的 getContext("2d")方法来获取上下文环境对象，这里的"2d"代表我们获取的是 2D 上下文环境对象，后面项目全部是基于 2D 环境来进行开发的。代码如下：

```
Let context = canvas.getContext("2d")
```

我们在获取到上下文环境对象后，就可以开始绘制图形了。

8.3　canvas 绘图基础

1. canvas 中的坐标系

在绘制图形前，必须要了解 canvas 中的坐标系，下面一起来认识 canvas 中的坐标系。

由于当前使用的是 2D 图形，所以在这里所说的坐标系也是针对二维空间的。在数学中我们以前学过一种坐标系称为笛卡儿坐标系，也称为直角坐标系。canvas 中的坐标系可以与数学中的坐标系类比。唯一的区别在于：数学中的坐标系的方向是 y 轴向上的，而 canvas 中的坐标系的 y 轴方向是向下的。这里 canvas 画布的原点是在画布的左上方，如图 8-6 和图 8-7 所示。

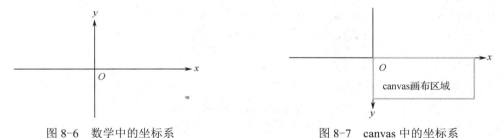

图 8-6　数学中的坐标系　　　　图 8-7　canvas 中的坐标系

2. 绘制一条直线

在获取到上下文环境对象 context 后，绘制一条直线最简单的代码就是：

```
context.moveTo(x1,y1);
context.lineTo(x2,y2);
context.stroke();
```

说明：context 是我们获取到的上下文环境对象；

moveTo 是将画笔移动到指定位置，可以理解为绘图起点；x1、y1 是绘图起点的坐标变量。

lineTo 是从 moveTo 的起点连一条直线到 lineTo 的终点；x2、y2 是绘图终点的坐标变量。

只有起点和终点，直线是不会出现的，还必须使用 stroke 实现起点和终点之间的直线创建。这样就可以绘制出一条直线了。代码如图 8-8 所示。

浏览器呈现效果如图 8-9 所示。

上面是一个基本的图形，针对上面的直线还可以设置各种样式，如图 8-10 所示。

```
<!DOCTYPE html>
<html>
  <head>
    <meta charset="UTF-8">
    <title></title>
    <style type="text/css">
      #myCanvas{
        border: 1px dashed red;
      }
    </style>
  </head>
  <body>
    <canvas id="myCanvas" width="300" height="300">
      对不起您的浏览器不支持canvas!!
    </canvas>
  </body>
<script>
  let canvas = document.getElementById("myCanvas");
  let context = canvas.getContext("2d");
  context.moveTo(100,100); //将画笔移动到(100,100)坐标
  context.lineTo(200,100); //将线的终点设置在(200,100)坐标
  context.stroke();        //将线画在画布上
</script>
</html>
```

图 8-8　绘制直线代码

图 8-9　绘制直线浏览器呈现效果

3. 绘制一个矩形

绘制矩形有两种方式，第一种通过 4 条线组成一个矩形。第二种可以用"strokeRect(x,y,w,h);"或"fillRect(x,y,w,h);"来绘制无填充矩形和有填充矩形，其中，x 表示矩形左上角的 x 坐标；y 表示矩形左上角的 y 坐标；w 表示矩形的宽度；h 表示矩形的高度。不管是无填充图形还是有填充图形，这些参数都是一样的。下面以另一种方式来做示例，如图 8-11 和图 8-12 所示。

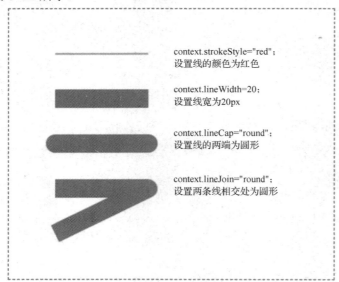

```
context.strokeStyle="red";
设置线的颜色为红色

context.lineWidth=20;
设置线宽为20px

context.lineCap="round";
设置线的两端为圆形

context.lineJoin="round";
设置两条线相交处为圆形
```

图 8-10　绘制不同样式的直线

图 8-11　无填充方块

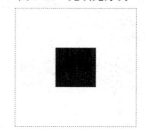

图 8-12　有填充方块

绘制矩形代码如图 8-13 所示。

在这里针对 stroke 及 fill 都会有对应的各种样式设置。例如，strokeStyle 表示设置或返回用于笔触的颜色、渐变或模式；shadowColor 表示设置或返回用于阴影的颜色；fillStyle 表示

设置或返回用于填充绘画的颜色、渐变或模式等。具体可通过网络搜索和学习相应文档后进行详细设置。

```html
<!DOCTYPE html>
<html>
 <head>
  <meta charset="UTF-8">
  <title></title>
  <style type="text/css">
   #myCanvas{
    border: 1px dashed red;
   }
  </style>
 </head>
 <body>
  <canvas id="myCanvas" width="300" height="300">
   对不起您的浏览器不支持 canvas!!
  </canvas>
 </body>
 <script>
  let canvas = document.getElementById("myCanvas");
  let context = canvas.getContext("2d");
  context.beginPath();                 //开启一条路径
  context.strokeRect(100,100,100,100);  //绘制无填充方块
  // context.fillRect(100,100,100,100); //绘制有填充方块
 </script>
</html>
```

图 8-13　绘制矩形代码

4．绘制国际象棋棋盘

在学会绘制一个方块后，结合 JavaScript 中的循环可以实现国际象棋棋盘的绘制。绘制棋盘效果如图 8-14 所示。绘制国际象棋棋盘的代码如图 8-15 所示。

```html
<!DOCTYPE html>
<html>
 <head>
  <meta charset="UTF-8">
  <title></title>
 </head>
 <body>
  <canvas id="myCanvas" width="800" height="800">
   对不起您的浏览器不支持 canvas!!
  </canvas>
 </body>
 <script>
  let canvas = document.getElementById("myCanvas");
  let context = canvas.getContext("2d");
  context.beginPath();                 //开启一条路径
  for(var i=0;i<800;i+=200){
  for(var j=0;j<800;j+=200){
  context.fillRect(i,j,100,100);
     //x 和 y 每隔 200px 绘制一个宽、高都为 100 的黑色块
  context.fillRect(i+100,j+100,100,100);
     //将上面所有方块向右下各移动 100 再绘制一遍
  }
  }
 </script>
</html>
```

图 8-14　绘制棋盘效果　　　　　　　图 8-15　绘制国际象棋棋盘代码

5．绘制图片

在 canvas 中除可以自己绘制很多图形外，我们还可以在加载图片后将图片绘制到画布上。在下面要做的项目中就用到了各种图片的绘制。这里可以通过 drawImage()函数来绘制图

片。drawImage()函数有以下 3 种方式来调用。

（1）drawImage(img,x,y)。

img：要绘制在画布上的图片对象；

x：图像在画布起点的 x 坐标；

y：图像在画布起点的 y 坐标。

通过 drawImage(img,x,y)来绘制图片到画布上，代码如图 8-16 所示。

浏览器呈现效果如图 8-17 所示。

```
<!DOCTYPE html>
<html>
  <head>
    <meta charset="UTF-8">
    <title></title>
    <style>
      #myCanvas{
        border: 1px solid red;
      }
    </style>
  </head>
  <body>
      <canvas id="myCanvas" width="500" height="500">
      </canvas>
  </body>
<script>
let canvas = document.getElementById("myCanvas");
let context = canvas.getContext("2d");
var img = new Image();            //创建一个图片对象
img.src = "img/pic.png";          //设置图片对象的路径
img.onload = function(){          //监控图片是否加载完成
context.drawImage(img,50,50); //绘制图片到(50,50)坐标
}
</script>
</html>
```

图 8-16　绘制图片到画布上代码 1　　　　图 8-17　用 3 个参数绘制图片浏览器呈现效果

注意：在使用 drawImage()函数时，必须要在图片载入完成后才能将图片绘制在画布上，所有通过onload事件监听保证图片已经加载完成，不然会导致图片不能绘制在canvas画布上。

（2）drawImage(img,x,y,w,h)。

img：要绘制在画布上的图片对象；

x：在画布上放置图像的 x 坐标；

y：在画布上放置图像的 y 坐标；

w：图像在画布上显示的宽度；

h：图像在画布上显示的高度。

通过 drawImage(img,x,y,w,h)实现图片绘制，在设置图片宽、高时要注意宽高比例，否则图像会拉伸。代码如图 8-18 所示。浏览器呈现效果如图 8-19 所示。

（3）drawImage(img,sx,sy,sw,sh,x,y,w,h)。

img：要画在画布上的图片对象；

sx：开始剪切的 x 坐标；

sy：开始剪切的 y 坐标；

sw：被剪切图像的宽度；

sh：被剪切图像的高度；

x：在画布上放置图像的 x 坐标；

y：在画布上放置图像的 y 坐标；

w：要使用的图像的宽度；

h：要使用的图像的高度。

```html
<!DOCTYPE html>
<html>
  <head>
    <meta charset="UTF-8">
    <title></title>
    <style>
      #myCanvas{
        border: 1px solid red;
      }
    </style>
  </head>
  <body>
    <canvas id="myCanvas" width="500" height="500">
    </canvas>
  </body>
<script>
  let canvas = document.getElementById("myCanvas");
  let context = canvas.getContext("2d");
  var img = new Image();     //创建一个图片对象
  img.src = "img/pic.png";  //设置图片对象的路径
  img.onload = function(){  //监控图片是否加载完成
  context.drawImage(img,50,50,100,100);
      //绘制图片到(50,50)坐标
  }
</script>
</html>
```

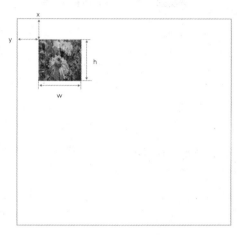

图 8-18　绘制图片到画布上代码 2　　　　图 8-19　用 5 个参数绘制图片浏览器呈现效果

利用 drawImage(img,sx,sy,sw,sh,x,y,w,h)来绘制图形，代码如图 8-20 所示。

```html
<!DOCTYPE html>
<html>
  <head>
    <meta charset="UTF-8">
    <title></title>
    <style>
      #myCanvas{
        border: 1px solid red;
      }
    </style>
  </head>
  <body>
    <canvas id="myCanvas" width="500" height="500"></canvas>
  </body>
  <script>
    let canvas = document.getElementById("myCanvas");
    let context = canvas.getContext("2d");
    var img = new Image();     //创建一个图片对象
    img.src = "img/pic.png";  //设置图片对象的路径
    img.onload = function(){  //监控图片是否加载完成
    context.drawImage(img,50,50,100,100,50,50,100,100); //在源图坐标(50,50)位置
        //裁剪宽高为(100,100)的区域，放置在画布坐标(50,50)宽高为(100,100)的位置；
    }
  </script>
</html>
```

图 8-20　绘制图片到画布上代码 3

用 9 个参数绘制图片的相关参数如图 8-21 所示。浏览器呈现效果如图 8-22 所示。

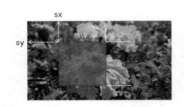

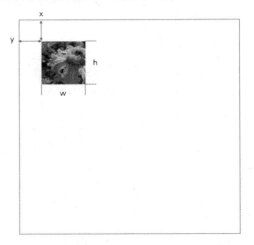

图 8-21　用 9 个参数绘制图片的相关参数　　　图 8-22　用 9 个参数绘制图片浏览器呈现效果

8.4　canvas 动画基础

在很多情况下，我们都需要用到 canvas 动画来实现一些效果。然而动画又会涉及各种运动，如匀速运动、加速运动、圆周运动等。下面以匀速运动来讲解，因为这个项目中主要用到匀速运动。在 canvas 中实现动画的思路比较简单，实际上就是一个不断清除、重绘、清除、重绘的循环过程，主要用到的函数有以下两个：

（1）clearRect( )："清除"指定大小内画布的内容。

（2）requestAnimationFrame( )：实现循环重新绘制。

实现方块的匀速运动代码如图 8-23 所示。

```html
<!DOCTYPE html>
<html>
  <head>
    <meta charset="UTF-8">
    <title></title>
    <style type="text/css">
      #myCanvas{
        border: 1px dashed red;
      }
    </style>
  </head>
  <body>
    <canvas id="myCanvas" width="500" height="500">
      对不起您的浏览器不支持 canvas!!
    </canvas>
  </body>
  <script>
    let canvas = document.getElementById("myCanvas");
    let context = canvas.getContext("2d");
    //创建一个 Rect 类
    class Rect{
      constructor(x,y,w,h,color,speed){
      //初始化方块类的 x、y 坐标，宽高分别为 w、h，方块颜色为 color，方块运动速度为 speed
        this.x = x;
        this.y = y;
        this.w = w;
        this.h = h;
```

图 8-23　实现方块的匀速运动代码

```
      this.color = color;
      this.speed = speed;
    }
  //定义方块类中方法 draw，主要是负责把方块画到画布上
  draw(){
    context.fillStyle = this.color;
    context.fillRect(this.x,this.y,this.w,this.h);
  }
  //定义方块的移动方法，每次清空画布的时候都会让方块 x 坐标增加
  move(){
    this.x += this.speed;
  }
}
//实例化一个方块对象为 newRect
let newRect = new Rect(0,0,50,50,'red',1);
//定义一个动画函数；这个函数可以理解为类似于递归函数，在函数内部用 requestAnimationFrame
//实现函数的循环调用；
function animate(){
  //清空画布
  context.clearRect(0,0,canvas.width,canvas.height);
  //清空完成后重新绘制图像，但是会改变原来的 x 坐标
  newRect.move();
  newRect.draw();
  //循环调用函数 animate
  window.requestAnimationFrame(animate);
}
//调用函数 animate
animate();
</script>
</html>
```

图 8-23　实现方块的匀速运动代码（续）

　　在上面一段代码中，首先定义了一个方块类，然后定义了 draw 和 move 方法。这里运用了 JavaScript 中的面向对象的思想，类的定义方式用的是 ES6 的相关写法。在 ES5 规范中是采用构造函数的方式来实现的，对 ES6 语法不熟悉的同学可以先通过网络查阅 ES6 相关文档。最后的 animate 函数实际上采取 JavaScript 中的定时器也可以实现，但是性能相对于 requestAnimationFrame 要差一些。浏览器中方块运动动画呈现效果如图 8-24 所示。

　　结合 canvas 绘制的图片可以实现背景图的滚动。代码如图 8-25 所示。

方块从左至右运动

图 8-24　浏览器中方块运动动画呈现效果

```
<!DOCTYPE html>
<html>
  <head>
    <meta charset="UTF-8">
    <title></title>
    <style type="text/css">
      #myCanvas {
        border: 1px dashed red;
      }
    </style>
  </head>
  <body>
    <canvas id="myCanvas" width="300" height=
      "300">
```

```
      对不起您的浏览器不支持 canvas!!
    </canvas>
  </body>
  <script>
    let canvas = document.getElementById
      ("myCanvas");
    let context = canvas.getContext("2d");
    //创建一个图片对象
    var img = new Image();
    //设置图片路径
    img.src = "img/sky1.png";
    //监控图片已经加载完成
```

图 8-25　背景图的滚动代码

```
img.onload = function() {
//设置画布宽度为图片宽度
canvas.width = img.width;
//设置画布高度为图片高度
canvas.height = img.height;
//设置背景图滚动速度
var speed = 5;
//设置初始值为0，也就是将图片开始画在左上角
var x = 0;
function animate() {
//清空画布
context.clearRect(0, 0, canvas.width,
    canvas.height);
//为了保证背景图的无缝滚动，当两张图滚动完后，重
    新滚动一遍
if(x < -canvas.width) {
```

```
x = 0;
}
//每次清空画布后将x坐标减小一个speed
x -= speed;
//绘制第一张图
context.drawImage(img, x, 0);
//绘制第二张图
context.drawImage(img, x + canvas.width, 0);
//调用requestAnimationFrame循环执行animate函数
window.requestAnimationFrame(animate);
}
animate();
}
</script>
</html>
```

图 8-25　背景图的滚动代码（续）

浏览器中背景图滚动动画呈现效果如图 8-26 所示。

上面实现背景图滚动的主要思路是将一张背景图资源在画布的不同位置绘制两次，然后在移动时让两张图的变化速度相同，最后当可视区域内的背景图滚动完时，两张图回到初始位置，如图 8-27 所示。

图 8-26　浏览器中背景图滚动动画呈现效果

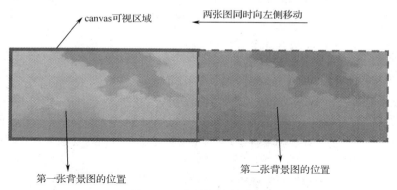

图 8-27　背景图无缝滚动

8.5　动画中的碰撞检测

不管是 canvas 动画还是其他的动画效果都会涉及两个问题，即运动物体和边界的碰撞检测问题及运动物体间的碰撞检测问题。在接下来要制作的项目中也涉及各种碰撞检测，下面通过案例来了解碰撞检测。

1. 边界碰撞检测

在上面的方块直线动画案例中，我们所画的方块会向右侧运动，如果不设置边缘碰撞检测，那么方块就会运动到画布外边去。所以这里可以设置当方块碰到左边界或右边界时让方块的运动方向相反。

当方块的 x 坐标小于 0 时，可以证明方块碰到了左边界。当方块的 x 坐标加上方块的宽度大于 canvas 画布的宽度时，可以证明方块与右边界碰撞了，如图 8-28 所示。

加上边界碰撞检测后方块匀速运动的代码如图 8-29 所示。

加上边界碰撞后，方块碰撞到边界后就会沿反方向运动，如图 8-30 所示。

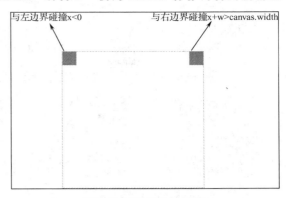

图 8-28　碰撞边界坐标

```
<script>
  let canvas = document.getElementById("myCanvas");
  let context = canvas.getContext("2d");
  class Rect{
    constructor(x,y,w,h,color,speed){
      this.x = x;
      this.y = y;
      this.w = w;
      this.h = h;
      this.color = color;
      this.speed = speed;
    }
    draw(){
      context.fillStyle = this.color;
      context.fillRect(this.x,this.y,this.w,this.h);
    }
    move(){
      this.x += this.speed;
      //检测边界碰撞
      if(this.x<0 || this.x+this.w>canvas.width){
      //当碰到左边界或者右边界的时候改变方块运动方向
        this.speed *= -1;
      }
    }
  }
  let newRect = new Rect(0,0,50,50,'red',2);
  function animate(){
    context.clearRect(0,0,canvas.width,canvas.height);
    newRect.move();
    newRect.draw();
    window.requestAnimationFrame(animate);
  }
  animate();
</script>
```

图 8-29　加上边界碰撞后方块匀速运动的代码

2. 物体碰撞检测

在很多情况下，除了要检测边界碰撞外，还需要检测两个运动物体间的碰撞。在检测物体碰撞时一般情况下我们都会把要碰撞的物体抽象成矩形或圆形，利用检测矩形的碰撞和检测圆形的碰撞来实现。

检测矩形的碰撞原理，可以假设存在一个点，同时在 x 轴和 y 轴上满足以下条件（可以理解为存在某个点，其坐标既在碰撞物体 A 上又在碰撞物体 B 上）即可：

图 8-30　方块碰撞边界后反方向运动

```
(Rect1.x+Rect1.w)>Rect2.x  &&  (Rect1.x<  (Rect2.x+Rect2.w))  &&  (Rect1.y+
Rect1.h)> Rect2.y && (Rect1.y<(Rect2.y+Rect2.h))
```

这里通过一个案例来了解物体碰撞检测。代码如下：

```
<!DOCTYPE html>
<html>
    <head>
        <meta charset="UTF-8">
        <title></title>
        <style type="text/css">
            #myCanvas{ border: 1px dashed red; }
        </style>
    </head>
    <body>
        <canvas id="myCanvas" width="500" height="500">对不起您的浏览器不支持
canvas!! </canvas>
    </body>
<script>
    let canvas = document.getElementById("myCanvas");
    let context = canvas.getContext("2d");
    //创建一个方块类
    class Rect{
        //初始化方块属性
        constructor(x,y,w,h,speedx,speedy,color){
            this.x = x; //方块的 x 坐标
            this.y = y; //方块的 y 坐标
            this.w = w; //方块的宽度
            this.h = h; //方块的高度
            this.speedx = speedx;   //x 方向的速度
            this.speedy = speedy;   //y 方向的速度
            this.color = color;        //方块的颜色
        }
        //绘制方块的方法
        draw(){
            context.fillStyle = this.color;//设置方块的颜色
            context.fillRect(this.x,this.y,this.w,this.h);//开始画填充的方块
        }
        //方块移动的方法
        move(){
            //判断 x 方向的边界检测，如果碰到左右边界改变方块运动的方向
            if(this.x<0 || (this.x+this.w)>canvas.width){
                this.speedx *= -1;
            }
            //判断 y 轴方向上的边界检测，如果碰到上下边界改变方块运动方向
            if(this.y<0 || (this.y+this.h)>canvas.height){
                this.speedy *= -1;
            }
            //每次做动画时改变 x 轴位置
```

```
                    this.x += this.speedx;
                    this.y += this.speedy; //每次做动画时改变 y 轴位置
                }
        }
        //物体碰撞检测函数
        function isCrash(Rect1,Rect2){
                //如果两个方块同时满足以下条件时，就证明两个方块碰撞上了
                if((Rect1.x+Rect1.w)>Rect2.x && (Rect1.x<(Rect2.x+Rect2.w)) &&
                    (Rect1.y+Rect1.h)>Rect2.y && (Rect1.y<(Rect2.y+Rect2.h)))){
                    return true;
                }else{
                    return false; //未碰撞上
                }
        }
        //实例化红色的方块
        var Rect1 = new Rect(0,0,50,50,2,1.5,'red');
        var Rect2 = new Rect(450,0,50,50,-1,2,'blue');//实例化蓝色的方块
        function animate(){ //定义动画函数
                context.clearRect(0,0,canvas.width,canvas.height); //清空画布
                Rect1.draw(); //调用方块一的绘制方法
                Rect1.move(); //调用方块一的移动方法
                Rect2.draw(); //调用方块二的绘制方法
                Rect2.move(); //调用方块二的移动方法
                if(isCrash(Rect1,Rect2)){ //调用物体检测碰撞函数
                    console.log("碰撞上了");
                };
                window.requestAnimationFrame(animate);
        }
        animate();
    </script>
</html>
```

在上面的代码中，通过 isCrash 函数来判断物体是否发生了碰撞，这个函数不仅判断 x 轴方向的方块碰撞，同样也判断 y 轴方向的方块碰撞，在碰撞后会打印出"碰撞上了"。同样，两个方块在碰撞边界后会沿反方向运动。两个方块的碰撞检测浏览器呈现效果如图 8-31 所示。

上面对我们接下来要写的游戏相关基础知识做了简单的介绍，当然 canvas 的基础知识还有很多，如绘制文字、物理运动、图片及视频处理、像素碰撞等，在这里就不再一一说明了。以下是完成飞机大战游戏的具体过程。

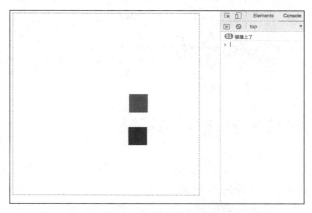

图 8-31　两个方块的碰撞检测浏览器呈现效果

任务 8-1　游戏功能分析

　　在本游戏中有英雄机、敌机两个主要元素。可以通过键盘中的"上""下""左""右"键来控制英雄机向四周运动来躲避敌机的碰撞。敌机会持续向下运动，英雄机可以发射子弹。敌机有 3 种随机类型，当子弹打到敌机上时，敌机血量减少。当敌机碰撞到英雄机时，英雄机血量减少。当英雄机或敌机血量都没有时，飞机会爆炸。当英雄机爆炸时游戏结束。图 8-32 是游戏截图。

　　项目中使用的图片资源大都是雪碧图，以提高游戏性能，图 8-33～图 8-38 是项目中需要用到的图。

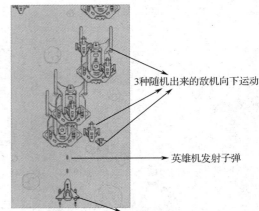

3 种随机出来的敌机向下运动

英雄机发射子弹

英雄机（可以通过方向键来控制方向）

图 8-32　游戏截图

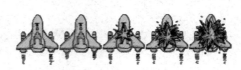

图 8-34　英雄机及爆炸过程图（herofly.png）

图 8-35　子弹（bullet.png）

图 8-36　敌机一及爆炸过程图（enemy1.png）

图 8-33　游戏背景图（background.png）

图 8-37　敌机二及爆炸过程图（enemy2.png）

图 8-38　敌机三及爆炸过程图（enemy3.png）

任务 8-2　图片预加载

扫一扫看网
页图片预加
载教学课件

扫一扫看网
页图片预加
载微课视频

　　由于这个游戏都是通过绘制图片来实现的，上面说过通过 drawImage 函数来绘制图片时必须要保证图片全部加载好，所以在这里必须对所有要绘制在 canvas 画布上的图片进行预加载，保证所有图片全部加载完毕，不然会出现图片无法绘制在画布上的情况。图片预加载代码如下：

```
<!DOCTYPE html>
<html>
    <head>
```

```
    <meta charset="UTF-8">
    <title></title>
    <style type="text/css">
        #myCanvas{ border: 1px dashed red; }
    </style>
</head>
<body>
    <canvas id="myCanvas" width="300" height="300">
        对不起您的浏览器不支持 canvas!!
    </canvas>
</body>
<script>
        //用一个对象存放需要预加载的图片路径
        let urlObj = {
            background:"img/background.png",
            herofly:'img/herofly.png',
            bullet:'img/bullet.png',
            enemy1:'img/enemy1.png',
            enemy2:'img/enemy2.png',
            enemy3:'img/enemy3.png'
        }
        //变量 imgLength 用来统计对象中元素的个数
        let imgLength = 0;
        for(let i in urlObj){
            imgLength++;
        }
        //定义一个对象存放已经加载好的图片对象
        let loadImgObj = {};
        //定义 num 来记录已经加载图片的数量
        let num = 0;
        for(let i in urlObj){
            let newImg = new Image();
            newImg.src = urlObj[i];
            //判断图片是否已经加载好
            newImg.onload = function(){
                num++;
                loadImgObj[i] = newImg;
                if(num==imgLength){
                    console.log("图片已经加载完成");
                }
            }
        }
</script>
</html>
```

根据以上代码可以看出"console.log（图片已经加载完成）"的打印位置表示图片已经加载完成，此时可以继续完成其他逻辑代码。但是如果代码直接写在此处，则会显得代码比较臃肿，所以为增加代码的可读性及可维护性，这里可以用回调函数将逻辑代码提取到 main

函数中。代码如下：

```html
<!DOCTYPE html>
<html>
    <head>
        <meta charset="UTF-8">
        <title></title>
        <style type="text/css">
            #myCanvas{ border: 1px dashed red; }
        </style>
    </head>
    <body>
        <canvas id="myCanvas" width="300" height="300">
            对不起您的浏览器不支持 canvas!!
        </canvas>
    </body>
    <script>
            let urlObj = {
                background:"img/background.png",
                herofly:'img/herofly.png',
                bullet:'img/bullet.png',
                enemy1:'img/enemy1.png',
                enemy2:'img/enemy2.png',
                enemy3:'img/enemy3.png'
            }
            let imgLength = 0;
            for(let i in urlObj){
                imgLength++;
            }
            let loadImgObj = {};
            let num = 0;
            for(let i in urlObj){
                let newImg = new Image();
                newImg.src = urlObj[i];
                newImg.onload = function(){
                    num++;
                    loadImgObj[i] = newImg;
                    if(num==imgLength){
                        //执行函数，传递加载好的图片对象
                        main(loadImgObj);
                    }
                }
            }
            function main(loadImgObj){
                //这里写相关逻辑代码
            }
    </script>
</html>
```

任务 8-3　绘制滚动背景图

虽然在游戏规则里英雄机是向上飞行的，实际上并不是英雄机在移动，而是背景图在向下移动，在前面我们介绍过 x 轴方向的背景图滚动的思路，这里可以参照横向的背景图滚动，来绘制背景图的向下滚动。思路同样是用两张图拼接在一起，然后移动 y 轴坐标的位置。具体实现代码如下：

```html
<!DOCTYPE html>
<html>
    <head>
        <meta charset="UTF-8">
        <title></title>
        <style type="text/css">
            #myCanvas{ border: 1px dashed red; }
        </style>
    </head>
    <body>
        <canvas id="myCanvas" width="300" height="300">
            对不起您的浏览器不支持 canvas！！
        </canvas>
    </body>
    <script>
            let urlObj = {
                background:"img/background.png",
                herofly:'img/herofly.png',
                bullet:'img/bullet.png',
                enemy1:'img/enemy1.png',
                enemy2:'img/enemy2.png',
                enemy3:'img/enemy3.png'
            }
            let imgLength = 0;
            for(let i in urlObj){
                imgLength++;
            }
            let loadImgObj = {};
            let num = 0;
            for(let i in urlObj){
                let newImg = new Image();
                newImg.src = urlObj[i];
                newImg.onload = function(){
                    num++;
                    loadImgObj[i] = newImg;
                    if(num==imgLength){
                        main(loadImgObj);
```

```
            }
        }
    }
    function main(loadImgObj){
        let canvas = document.getElementById("myCanvas");
        let context = canvas.getContext("2d");
        //将 canvas 画布大小设置为背景图大小
        canvas.width = loadImgObj.background.width;
        canvas.height = loadImgObj.background.height;
        //定义背景图滚动速度
        var speed = 2;
        //定义 y 的初始值
        var y = 0;
        //定义一个动画函数
        function animate(){
            context.clearRect(0,0,canvas.width,canvas.height);
            y += speed;
            //绘制第一张背景图
            context.drawImage(loadImgObj.background,0,y);
            //因为背景图要向上
            context.drawImage(loadImgObj.background,0,-canvas.
                height+y);
            //当两张图都滚动完的时候让 y 值重新回到初始位置
            if(y>loadImgObj. background.
                height){
                y = 0;
            }
            //循环调用函数
            window.requestAnimationFrame(
                animate);
        }
        animate();
    }
    </script>
</html>
```

游戏背景图滚动浏览器呈现效果如图 8-39 所示。

图 8-39　游戏背景图滚动浏览器
呈现效果

任务 8-4　创建英雄机对象

 扫一扫看创建英
雄机对象教学课
件（PDF 版）

扫一扫看创建
游戏英雄机对
象微课视频

在背景图可以滚动后我们就可以把英雄机绘制上去了。这里会创建一个英雄机的类，然后实例化一个英雄机对象。注意英雄机的设计图是多个图形在一起的雪碧图，所以在绘制英雄机时必须对设计图进行裁剪处理。默认会把英雄机绘制在画布底部的中间位置。代码如下：

```
<!DOCTYPE html>
<html>
```

```
<head>
    <meta charset="UTF-8">
    <title></title>
    <style type="text/css">
        #myCanvas{ border: 1px dashed red; }
    </style>
</head>
<body>
    <canvas id="myCanvas" width="300" height="300">
        对不起您的浏览器不支持canvas!!
    </canvas>
</body>
<script>
        let urlObj = {
            background:"img/background.png",
            herofly:'img/herofly.png',
            bullet:'img/bullet.png',
            enemy1:'img/enemy1.png',
            enemy2:'img/enemy2.png',
            enemy3:'img/enemy3.png'
        }
        let imgLength = 0;
        for(let i in urlObj){
            imgLength++;
        }
        let loadImgObj = {};
        let num = 0;
        for(let i in urlObj){
            let newImg = new Image();
            newImg.src = urlObj[i];
            newImg.onload = function(){
                num++;
                loadImgObj[i] = newImg;
                if(num==imgLength){
                    main(loadImgObj);
                }
            }
        }
        function main(loadImgObj){
            let canvas = document.getElementById("myCanvas");
            let context = canvas.getContext("2d");
            canvas.width = loadImgObj.background.width;
            canvas.height = loadImgObj.background.height;
            //创建一个英雄机类
```

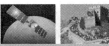

```
class Hero{
    //初始化英雄机的基本属性
    constructor(obj,x,y){
        this.obj = obj;              //需要绘制的英雄机图片对象
        this.w = obj.width/5;        //这里因为雪碧图是由 5 架英雄机
                                     //构成的，所以一架英雄机宽度应该
                                     //是图片的 1/5
        this.h = obj.height;         //英雄机高度为英雄机图片对象高度
        this.x = (canvas.width/2-this.w/2);
        this.y = (canvas.height-this.h);
    }
    //绘制英雄机的方法
    draw(){
        //这里需要把英雄机绘制在默认的画布底部的中间位置，详见图 8-40
        context.drawImage(this.obj,0,0,this.w,this.h,
            this.x,this.y,this.w,this.h);
    }
}
var speed = 1;
var y = 0;
//实例化英雄机
var newHero = new Hero(loadImgObj.herofly,0,0);
function animate(){
    //清空画布
    context.clearRect(0,0,canvas.width,canvas.height);
    y += speed;
    context.drawImage(loadImgObj.background,0,y);
    context.drawImage(loadImgObj.background,0,-canvas.
        height+y);
    if(y>loadImgObj.
        background.height){
        y = 0;
    }
    //调用绘制方法
    newHero.draw();
    window.request
        AnimationFrame(
        animate);
}
animate();
    }
    </script>
</html>
```

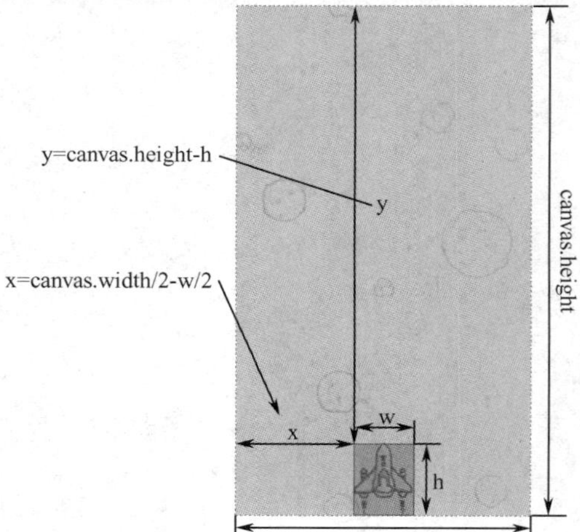

绘制英雄机浏览器呈现效果如图 8-40 所示。

图 8-40　绘制英雄机浏览器呈现效果

 扫一扫看绘制
游戏飞机子弹
教学课件

 扫一扫看绘制
游戏飞机子弹
微课视频

任务 8-5　绘制子弹

　　这里由于子弹是由英雄机发射出来的，所以子弹的坐标是跟随英雄机的坐标的，所以必须在英雄机创建完成后创建子弹对象。同样也可以创建一个子弹类，再实例化多个子弹出来。代码如下：

```
<!DOCTYPE html>
<html>
    <head>
        <meta charset="UTF-8">
        <title></title>
        <style type="text/css">
            #myCanvas{ border: 1px dashed red; }
        </style>
    </head>
    <body>
        <canvas id="myCanvas" width="300" height="300">
            对不起您的浏览器不支持 canvas!!
        </canvas>
    </body>
<script>
        let urlObj = {
            background:"img/background.png",
            herofly:'img/herofly.png',
            bullet:'img/bullet.png',
            enemy1:'img/enemy1.png',
            enemy2:'img/enemy2.png',
            enemy3:'img/enemy3.png'
        }
        let imgLength = 0;
        for(let i in urlObj){
            imgLength++;
        }
        let loadImgObj = {};
        let num = 0;
        for(let i in urlObj){
            let newImg = new Image();
            newImg.src = urlObj[i];
            newImg.onload = function(){
                num++;
                loadImgObj[i] = newImg;
                if(num==imgLength){
                    main(loadImgObj);
                }
            }
        }
```

```
function main(loadImgObj){
    let canvas = document.getElementById("myCanvas");
    let context = canvas.getContext("2d");
    canvas.width = loadImgObj.background.width;
    canvas.height = loadImgObj.background.height;
    class Hero{
        constructor(obj,x,y){
            this.obj = obj;
            this.w = obj.width/5;
            this.h = obj.height;
            this.x = (canvas.width/2-this.w/2);
            this.y = (canvas.height-this.h);
        }
        draw(){ context.drawImage(this.obj,0,0,this.w,this.h,
            this.x,this.y,this.w,this.h);
        }
    }
    //创建一个子弹类
    class Bullet{
        //初始化子弹相关数据
        constructor(obj,x,y,speed){
            this.obj = obj;
            this.x = x;
            this.y = y;
            this.w = obj.width;
            this.h = obj.height;
            this.speed = speed;
        }
        //将子弹绘制到画布的方法
        draw(){
            context.drawImage(this.obj,this.x,this.y,
                this.w,this.h);
        }
        //子弹移动的方法，这里子弹只需要在 y 轴向上移动
        move(){
            this.y -= this.speed;
        }
    }
    var speed = 1;
    var y = 0;
    //定义一个容器来存放实例化的子弹对象，因为这里子弹不仅仅只有一个
    var arr = [];
    var newHero = new Hero(loadImgObj.herofly,0,0);
    function animate(){
        context.clearRect(0,0,canvas.width,canvas.height);
        //实例化多个子弹出来
        //这里子弹的坐标是根据英雄机的左边来定的，所以子弹的 x 坐标为
        //(newHero.x+newHero.w/2-loadImgObj.bullet.width/2),
```

```
                //子弹的 y 坐标为(newHero.y-loadImgObj.bullet.height)
                var newBullet = new Bullet(loadImgObj.bullet,(newHero.x
                    +newHero.w/2-loadImgObj.bullet.width/2),(newHero.y-
                    loadImgObj.bullet.height),2);
                //将实例化的子弹存放在 arr 数组里
                arr.push(newBullet);
                y += speed;
                context.drawImage(loadImgObj.background,0,y);
                context.drawImage(loadImgObj.background,0,-canvas.height+y);
                if(y>loadImgObj.background.height){
                    y = 0;
                }
                newHero.draw();
                //分别调用每一个实例化子弹对象的 draw 和 move 方法
                for(let i=0;i<arr.length;i++){
                    arr[i].draw();
                    arr[i].move();
                }
                window.requestAnimationFrame(animate);
            }
            animate();
        }
    </script>
</html>
```

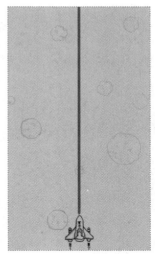

图 8-41　绘制子弹浏览器呈现效果

这时，子弹就生成好了，绘制子弹浏览器呈现效果如图 8-41 所示。

综上所述，子弹绘制仍然存在两个问题。①由于动画函数执行速度过快，导致子弹生成过程变成了一条线；②动画函数一直在执行，所以子弹对象一直在生成，这样会导致存放子弹的数组 arr 无限增大，最终导致内存溢出。针对第一个问题可以通过数学中的取余方法来解决；第二个问题可以判断生成的子弹是否已经运动到了 canvas 画布外，若是，则可以把子弹清除。代码如下：

```
<!DOCTYPE html>
<html>
    <head>
        <meta charset="UTF-8">
        <title></title>
        <style type="text/css">
            #myCanvas{ border: 1px dashed red; }
        </style>
    </head>
    <body>
```

```html
        <canvas id="myCanvas" width="300" height="300">
            对不起您的浏览器不支持 canvas!!
        </canvas>
</body>
<script>
        let urlObj = {
            background:"img/background.png",
            herofly:'img/herofly.png',
            bullet:'img/bullet.png',
            enemy1:'img/enemy1.png',
            enemy2:'img/enemy2.png',
            enemy3:'img/enemy3.png'
        }
        let imgLength = 0;
        for(let i in urlObj){
            imgLength++;
        }
        let loadImgObj = {};
        let num = 0;
        for(let i in urlObj){
            let newImg = new Image();
            newImg.src = urlObj[i];
            newImg.onload = function(){
                num++;
                loadImgObj[i] = newImg;
                if(num==imgLength){
                    main(loadImgObj);
                }
            }
        }
        function main(loadImgObj){
            let canvas = document.getElementById("myCanvas");
            let context = canvas.getContext("2d");
            canvas.width = loadImgObj.background.width;
            canvas.height = loadImgObj.background.height;
            class Hero{
                constructor(obj,x,y){
                    this.obj = obj;
                    this.w = obj.width/5;
                    this.h = obj.height;
                    this.x = (canvas.width/2-this.w/2);
                    this.y = (canvas.height-this.h);
                }
                draw(){
                    context.drawImage(this.obj,0,0,this.w,this.h,this.
                      x,this.y,this.w,this.h);
                }
            }
```

```
class Bullet{
    constructor(obj,x,y,speed){
        this.obj = obj;
        this.x = x;
        this.y = y;
        this.w = obj.width;
        this.h = obj.height;
        this.speed = speed;
    }
    draw(){
        context.drawImage(this.obj,this.x,this.y,this.w,
          this.h);
    }
    move(){
        this.y -= this.speed;
    }
    //定义 isClean 方法来判断是否应该清除生成的子弹
    isClean(){
        if(this.y<0){
            return true;
        }else{
            return false;
        }
    }
}
var speed = 1;
var y = 0;
var arr = [];
var newHero = new Hero(loadImgObj.herofly,0,0);
//定义一个取余的数字，来控制子弹实例化的频率
var num = 0
function animate(){
    num++
    context.clearRect(0,0,canvas.width,canvas.height);
    //这样实例化子弹对象的速度不会随着动画执行速度
    if(num%20==0){
        var newBullet = new Bullet(loadImgObj.bullet,
          (newHero.x+newHero.w/2-loadImgObj.bullet.width/2),
          (newHero.y-loadImgObj.bullet. height),2);
        arr.push(newBullet);
    }
    y += speed;
    context.drawImage(loadImgObj.background,0,y);
    context.drawImage(loadImgObj.background,0,-canvas.
      height+y);
    if(y>loadImgObj.background.height){
        y = 0;
    }
    newHero.draw();
    for(let i=0;i<arr.length;i++){
```

```
                                    arr[i].draw();
                                    arr[i].move();
//这里判断是否应该清除超出画布的多余子弹
if(arr[i].isClean()){
 arr.splice(i,1);
  }
 }
 window.requestAnimationFrame (animate);
}
 animate();
}
</script>
</html>
```

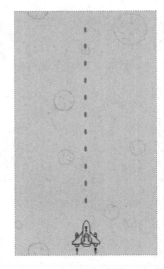

这时，按照上面取余的频率，屏幕上一般会有 12 个子弹对象，多余的子弹对象会通过 splice 函数给删除掉，这样游戏性能在运行一段时间后会提升不少。控制子弹间隔浏览器呈现效果如图 8-42 所示。

图 8-42　控制子弹间隔浏览器呈现效果

任务 8-6　监听键盘事件控制英雄机方向

扫一扫看游戏监听键盘事件控制英雄机方向微课视频

接下来实现通过监听键盘方向键 "上""下""左""右" 事件来控制英雄机方向的功能。注意英雄机不能超出 canvas 画布之外，不然会出现英雄机消失的情况。代码如下：

扫一扫看游戏监听键盘事件控制英雄机方向教学课件

```
<!DOCTYPE html>
<html>
    <head>
        <meta charset="UTF-8">
        <title></title>
        <style type="text/css">
            #myCanvas{ border: 1px dashed red; }
        </style>
    </head>
    <body>
        <canvas id="myCanvas" width="300" height="300">
            对不起您的浏览器不支持 canvas!!
        </canvas>
    </body>
    <script>
        let urlObj = {
            background:"img/background.png",
            herofly:'img/herofly.png',
            bullet:'img/bullet.png',
            enemy1:'img/enemy1.png',
            enemy2:'img/enemy2.png',
            enemy3:'img/enemy3.png'
        }
        let imgLength = 0;
```

```javascript
for(let i in urlObj){
    imgLength++;
}
let loadImgObj = {};
let num = 0;
for(let i in urlObj){
    let newImg = new Image();
    newImg.src = urlObj[i];
    newImg.onload = function(){
        num++;
        loadImgObj[i] = newImg;
        if(num==imgLength){
            main(loadImgObj);
        }
    }
}
function main(loadImgObj){
    let canvas = document.getElementById("myCanvas");
    let context = canvas.getContext("2d");
    canvas.width = loadImgObj.background.width;
    canvas.height = loadImgObj.background.height;
    class Hero{
        constructor(obj,x,y){
            this.obj = obj;
            this.w = obj.width/5;
            this.h = obj.height;
            this.x = (canvas.width/2-this.w/2);
            this.y = (canvas.height-this.h);
            this.direction = "none";//定义英雄机初始移动方向
            this.speed = 4;          //定义每次点击英雄机运动的距离
        }
        draw(){
            context.drawImage(this.obj,0,0,this.w,this.h,this.
                x,this.y,this.w,this.h);
        }
        //定义一个可以通过键盘事件来控制的移动方法
        move(){
            //英雄机根据方向来做不同方向的移动
            switch(this.direction){
                case 'left':
                    this.x -= this.speed;
                    if(this.x<0){
                        this.x = 0; //移动时控制英雄机不能移动出
                                    //canvas 画布
                    }
                    break;
                case 'up':
```

```
                    this.y -= this.speed;
                    if(this.y<0){
                        this.y = 0;
                    }
                    break;
                case 'down':
                    this.y += this.speed;
                    if(this.y>canvas.height-this.h){
                        this.y = canvas.height-this.h;
                    }
                    break;
                case 'right':
                    this.x += this.speed;
                    if(this.x>canvas.width-this.w){
                        this.x = canvas.width-this.w;
                    }
                    break;
            }
        }
}
class Bullet{
    constructor(obj,x,y,speed){
        this.obj = obj;
        this.x = x;
        this.y = y;
        this.w = obj.width;
        this.h = obj.height;
        this.speed = speed;
    }
    draw(){
        context.drawImage(this.obj,this.x,this.y,this.w,
            this.h);
    }
    move(){
        this.y -= this.speed;
    }
    //定义isClean方法来判断是否应该清除生成的子弹
    isClean(){
        if(this.y<0){
            return true;
        }else{
            return false;
        }
    }
}

var speed = 1;
var y = 0;
```

```javascript
var arr = [];
var newHero = new Hero(loadImgObj.herofly,0,0);
var num = 0
function animate(){
    num++
    context.clearRect(0,0,canvas.width,canvas.height);
    if(num%20==0){
        var newBullet = new Bullet(loadImgObj.bullet,
            (newHero.x+newHero.w/2-loadImgObj.bullet.width/2),
            (newHero.y-loadImgObj.bullet.height),2);
        arr.push(newBullet);
    }
    y += speed;
    context.drawImage(loadImgObj.background,0,y);
    context.drawImage(loadImgObj.background,0,-canvas.
      height+y);
    if(y>loadImgObj.background.height){
        y = 0;
    }
    newHero.draw();
    newHero.move();
    for(let i=0;i<arr.length;i++){
        arr[i].draw();
        arr[i].move();
        if(arr[i].isClean()){
            arr.splice(i,1);
        }
    }
    window.requestAnimationFrame(animate);
}
animate();
//监听键盘事件
document.onkeydown = function(e){   //当按钮被按下时通过方向来控制
                                    //英雄机移动
    var event = e || window.event;
    var keyCodeNumber = event.keyCode;
    console.log(keyCodeNumber);
    switch(keyCodeNumber){
        case 37:
            newHero.direction = "left";
            break;
        case 38:
            newHero.direction = "up";
            break;
        case 39:
            newHero.direction = "right";
            break;
        case 40:
```

```
                         newHero.direction = "down";
                         break;
                }
        }
        document.onkeyup = function(e){  //当"上""下""左""右"键松开时
                                        //英雄机停止移动
                var event = e || window.event;
                var keyCodeNumber = event.keyCode;
                switch(keyCodeNumber){
                        case 37:
                                newHero.direction = "none";
                                break;
                        case 38:
                                newHero.
direction = "none";
                                break;
                        case 39:
                                newHero.
direction = "none";
                                break;
                        case 40:
                        newHero. direction
                          = "none";
                        break;
                }
        }
    </script>
</html>
```

控制英雄机方向浏览器呈现效果如
图 8-43 所示。

可以通过"上"
"下""左"
"右"键来控
制英雄机方向

图 8-43　控制英雄机方向

任务 8-7　绘制敌机

接下来可以绘制敌机。敌机会涉及几个问题。①敌机需要持续生成，所以我们需要实例
化多次；②敌机的出现类型是随机的，需要通过随机函数来控制敌机的生成；③敌机出现后
一定要在 canvas 画布内，不然就看不到敌机了；④敌机只能向下运动，同样敌机如果不停地
实例化也会和子弹一样出现无限多个的问题，所以需要将飞出画布的敌机清除掉。带着这些
问题我们来把绘制敌机的代码加上。代码如下：

```
<!DOCTYPE html>
<html>
    <head>
        <meta charset="UTF-8">
        <title></title>
        <style type="text/css">
```

```
        #myCanvas{ border: 1px dashed red; }
    </style>
</head>
<body>
    <canvas id="myCanvas" width="300" height="300">
        对不起您的浏览器不支持 canvas!!
    </canvas>
</body>
<script>
        let urlObj = {
            background:"img/background.png",
            herofly:'img/herofly.png',
            bullet:'img/bullet.png',
            enemy1:'img/enemy1.png',
            enemy2:'img/enemy2.png',
            enemy3:'img/enemy3.png'
        }
        let imgLength = 0;
        for(let i in urlObj){
            imgLength++;
        }
        let loadImgObj = {};
        let num = 0;
        for(let i in urlObj){
            let newImg = new Image();
            newImg.src = urlObj[i];
            newImg.onload = function(){
                num++;
                loadImgObj[i] = newImg;
                if(num==imgLength){
                    main(loadImgObj);
                }
            }
        }
        function main(loadImgObj){
            let canvas = document.getElementById("myCanvas");
            let context = canvas.getContext("2d");
            canvas.width = loadImgObj.background.width;
            canvas.height = loadImgObj.background.height;
            class Hero{
                constructor(obj,x,y){
                    this.obj = obj;
                    this.w = obj.width/5;
                    this.h = obj.height;
                    this.x = (canvas.width/2-this.w/2);
                    this.y = (canvas.height-this.h);
                    this.direction = "none";
                    this.speed = 4;
                }
                draw(){
                    context.drawImage(this.obj,0,0,this.w,this.h,
```

```
                                this.x,this.y,this.w,this.h);
                }
            move(){
                switch(this.direction){
                    case 'left':
                        this.x -= this.speed;
                        if(this.x<0){
                            this.x = 0;
                        }
                        break;
                    case 'up':
                        this.y -= this.speed;
                        if(this.y<0){
                            this.y = 0;
                        }
                        break;
                    case 'down':
                        this.y += this.speed;
                        if(this.y>canvas.height-this.h){
                            this.y = canvas.height-this.h;
                        }
                        break;
                    case 'right':
                        this.x += this.speed;
                        if(this.x>canvas.width-this.w){
                            this.x = canvas.width-this.w;
                        }
                        break;
                }
            }
        }
        class Bullet{
            constructor(obj,x,y,speed){
                this.obj = obj;
                this.x = x;
                this.y = y;
                this.w = obj.width;
                this.h = obj.height;
                this.speed = speed;
            }
            draw(){
                context.drawImage(this.obj,this.x,this.y,
                    this.w,this.h);
            }
            move(){
                this.y -= this.speed;
            }
            isClean(){
```

```
            if(this.y<0){
                return true;
            }else{
                return false;
            }
        }
    }
    //定义一个敌机类
    class Enemy{
        constructor(){
            //随机产生 1~10 数字，当为 1~5 时出现小敌机，为 5~8 时出现
            //中等敌机，为 8~10 时出现大敌机
            let chioseEnemyNum = this.randNum(1,11);
            if(chioseEnemyNum<=5){
                this.obj = loadImgObj.enemy1;
                this.w = this.obj.width/5    //因为每种敌机组成雪碧
                                             //图的数量不同，所以这
                                             //里要按雪碧图来计算
                this.speed = 3;  //设置小敌机的飞行速度
            }else if(chioseEnemyNum>5 && chioseEnemyNum<=8){
                this.obj = loadImgObj.enemy2;
                this.w = this.obj.width/6;
                this.speed = 2;
            }else{
                this.obj = loadImgObj.enemy3;
                this.w = this.obj.width/10;
                this.speed = 1;
            }
            this.h = this.obj.height;
            //随机敌机出现的x坐标，这里坐标保证全部随机在 canvas 画布内
            this.x = this.randNum(0,canvas.width-this.w);
            //敌机出现在上方一个敌机高度的位置，这样敌机会飞入画布内
            this.y = -this.h;
        }
        //绘制敌机的方法
        draw(){
            context.drawImage(this.obj,0,0,this.w,this.h,this.
              x,this.y,this.w,this.h);
        }
        //敌机移动方法，这里只能向下移动，所以只加 y 坐标即可
        move(){
            this.y += this.speed;
        }
        //判断是否飞出 canvas 画布，在动画函数里根据这个方法来清除多余的
        //敌机
        isClean(){
            if(this.y>canvas.height){
                return true ;
```

```
        }else{
            return false;
        }
    }
    //随机函数
    randNum(min,max){
        return parseInt(Math.random()*(max-min)+min);
    }
}
var speed = 1;
var y = 0;
var arr = [];
var newHero = new Hero(loadImgObj.herofly,0,0);
var num = 0;
//定义一个存放敌机的数组，类似于上面存放子弹的函数
var EnemyArr = [];
function animate(){
    num++
    context.clearRect(0,0,canvas.width,canvas.height);
    if(num%20==0){
        var newBullet = new Bullet(loadImgObj.bullet,
          (newHero.x+newHero.w/2-loadImgObj.bullet.width/
            2),(newHero.y-loadImgObj.bullet.height),2);
        arr.push(newBullet);
        //实例化敌机
        var newEnemy = new Enemy();
        EnemyArr.push(newEnemy);
    }
    y += speed;
    context.drawImage(loadImgObj.background,0,y);
    context.drawImage(loadImgObj.background,0,-
      canvas.height+y);
    if(y>loadImgObj.background.height){
        y = 0;
    }
    newHero.draw();
    newHero.move();
    for(let i=0;i<EnemyArr.length;i++){
        EnemyArr[i].draw();
        EnemyArr[i].move();
        //清空多余的敌机
        if(EnemyArr[i].isClean()){
            EnemyArr.splice(i,1);
        }
    }

    for(let i=0;i<arr.length;i++){
        arr[i].draw();
        arr[i].move();
```

```
                if(arr[i].isClean()){
                    arr.splice(i,1);
                }
            }
            window.requestAnimationFrame(animate);
        }
        animate();
        document.onkeydown = function(e){
            var event = e || window.event;
            var keyCodeNumber = event.keyCode;
            switch(keyCodeNumber){
                case 37:
                    newHero.direction = "left";
                    break;
                case 38:
                    newHero.direction = "up";
                    break;
                case 39:
                    newHero.direction = "right";
                    break;
                case 40:
                    newHero.direction = "down";
                    break;
            }
        }
        document.onkeyup = function(e){
            var event = e || window.event;
            var keyCodeNumber = event.keyCode;
            console.log(keyCodeNumber);
            switch(keyCodeNumber){
                case 37:
                    newHero.direction = "none";
                    break;
                case 38:
                    newHero.direction = "none";
                    break;
                case 39:
                    newHero.direction = "none";
                    break;
                case 40:
                    newHero.direction = "none";
                    break;
            }
        }
    }
    </script>
</html>
```

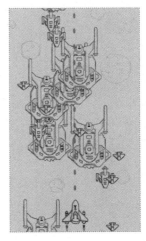

图 8-44　绘制敌机浏览器
呈现效果

把敌机绘制到画布上后，游戏里的元素就不再单调了，绘制敌机浏览器呈现效果如图 8-44 所示。

扫一扫看游
戏碰撞检测
教学课件

扫一扫看游
戏碰撞检测
微课视频

任务 8-8　碰撞检测

　　在完成英雄机、敌机、子弹的绘制后，接下来就应该来检测相互之间的碰撞了。这里的碰撞主要会涉及两种。第一种碰撞是子弹和敌机的碰撞，也就是子弹打在敌机身上时敌机血量会减小。第二种碰撞就是敌机碰撞英雄机，碰撞后英雄机血量会减小。当英雄机血量被碰撞完的时候英雄机消失，游戏结束。这里需要注意的是，无论英雄机还是敌机，其血量没有的时候爆炸都会有对应的爆炸效果。这里的效果实际上就是雪碧图。我们需要做的就是改变裁剪雪碧图的 x 坐标，显示不同爆炸状态的英雄机或敌机。还需要注意一个细节，就是当子弹和敌机碰撞后子弹不应该穿过敌机，而是应该和敌机坐标保持一致。这里的碰撞检测借用之前写好的 isCrash( )函数。代码如下：

```
<!DOCTYPE html>
<html>
    <head>
        <meta charset="UTF-8">
        <title></title>
        <style type="text/css">
            #myCanvas{ border: 1px dashed red; }
        </style>
    </head>
    <body>
        <canvas id="myCanvas" width="300" height="300">
            对不起您的浏览器不支持canvas!!
        </canvas>
    </body>
<script>
        let urlObj = {
            background:"img/background.png",
            herofly:'img/herofly.png',
            bullet:'img/bullet.png',
            enemy1:'img/enemy1.png',
            enemy2:'img/enemy2.png',
            enemy3:'img/enemy3.png'
        }
        let imgLength = 0;
        for(let i in urlObj){
            imgLength++;
        }
        let loadImgObj = {};
        let num = 0;
        for(let i in urlObj){
            let newImg = new Image();
            newImg.src = urlObj[i];
            newImg.onload = function(){
                num++;
```

```
            loadImgObj[i] = newImg;
            if(num==imgLength){
                main(loadImgObj);
            }
        }
}
function main(loadImgObj){
    let canvas = document.getElementById("myCanvas");
    let context = canvas.getContext("2d");
    canvas.width = loadImgObj.background.width;
    canvas.height = loadImgObj.background.height;
    class Hero{
        constructor(obj,x,y){
            this.obj = obj;
            this.w = obj.width/5;
            this.h = obj.height;
            this.x = (canvas.width/2-this.w/2);
            this.y = (canvas.height-this.h);
            this.direction = "none";
            this.speed = 4;
            this.blood = 100; //定义英雄机的血量
            this.index = 0; //定义一个值来控制英雄机裁剪的 x 坐标位置
            this.num = 0;    //取余来控制动画执行速度
            this.isDead = false; //定义一个布尔值来判断游戏是否结束，
                                 //如果游戏结束停止动画
        }
        draw(){
            this.num++;
            //当英雄机血量小于 0 时始执行爆炸动画
            if(this.blood<0){
                if(this.num%10==0){
                    this.index++;
                }
            }
            //英雄机动画执行完成后，将 isDead 属性设置为 true
            if(this.index>5){
                this.isDead = true;
            }
            context.drawImage(this.obj,this.index*this.w,0,
              this.w,this.h,this.x,this.y,this.w,this.h);
        }
        move(){
            switch(this.direction){
                case 'left':
                    this.x -= this.speed;
                    if(this.x<0){
                        this.x = 0;
                    }
                    break;
```

```javascript
            case 'up':
                this.y -= this.speed;
                if(this.y<0){
                    this.y = 0;
                }
                break;
            case 'down':
                this.y += this.speed;
                if(this.y>canvas.height-this.h){
                    this.y = canvas.height-this.h;
                }
                break;
            case 'right':
                this.x += this.speed;
                if(this.x>canvas.width-this.w){
                    this.x = canvas.width-this.w;
                }
                break;
        }
    }
}
class Bullet{
    constructor(obj,x,y,speed){
        this.obj = obj;
        this.x = x;
        this.y = y;
        this.w = obj.width;
        this.h = obj.height;
        this.speed = speed;
        this.power = 1;  //定义子弹的杀伤力
    }
    draw(){
        context.drawImage(this.obj,this.x,this.y,this.w,
          this.h);
    }
    move(){
        this.y -= this.speed;
    }
    isClean(){
        if(this.y<0){
            return true;
        }else{
            return false;
        }
    }
}

class Enemy{
    constructor(){
```

```
        let chioseEnemyNum = this.randNum(1,11);
        if(chioseEnemyNum<=5){
            this.obj = loadImgObj.enemy1;
            this.w = this.obj.width/5
            this.speed = 3;
            this.blood = 1;  //定义小敌机血量为1
            this.power = 1;  //定义小敌机杀伤力为1
        }else if(chioseEnemyNum>5 && chioseEnemyNum<=8){
            this.obj = loadImgObj.enemy2;
            this.w = this.obj.width/6;
            this.speed = 2;
            this.blood = 2;//定义中等敌机血量为2
            this.power = 2;//定义中等敌机杀伤力为2
        }else{
            this.obj = loadImgObj.enemy3;
            this.w = this.obj.width/10;
            this.speed = 1;
            this.blood = 3;  //定义大敌机血量为3
            this.power = 3;  //定义大敌机杀伤力为3
        }
        this.index = 0; //定义一个数值来控制敌机爆炸时裁剪图的x
                        //坐标
        this.num = 0;    //同样定义一个数字来取余控制飞机爆炸的速度
        this.h = this.obj.height;
        this.x = this.randNum(0,canvas.width-this.w);
        this.y = -this.h;
    }
    draw(){
        this.num++;
        //判断血量是否为空
        if(this.blood<0){
            if(this.num%5==0){
                this.index++;
            }
        }
        //清空已经爆炸完的敌机
        if(this.index>this.obj.width/this.w){
            this.y = canvas.height+10;
                //这里改变敌机坐标，当大于canvas画布高度时会被
                //isClean检测到然后清空
        }
        context.drawImage(this.obj,this.index*this.w,0,
          this.w,this.h,this.x,this.y,this.w,this.h);
    }
    move(){
        this.y += this.speed;
    }
    isClean(){
        if(this.y>canvas.height){
```

```
                return true;
            }else{
                return false;
            }
        }
        randNum(min,max){
            return parseInt(Math.random()*(max-min)+min);
        }
    }
    var speed = 1;
    var y = 0;
    var arr = [];
    var newHero = new Hero(loadImgObj.herofly,0,0);
    var num = 0;
    var EnemyArr = [];
    function animate(){
        num++
        context.clearRect(0,0,canvas.width,canvas.height);
        if(num%20==0){
            var newBullet = new Bullet(loadImgObj.bullet,
            (newHero.x+newHero.w/2-loadImgObj.bullet.width/2),
            (newHero.y-loadImgObj.bullet. height),2);
            arr.push(newBullet);
            var newEnemy = new Enemy();
            EnemyArr.push(newEnemy);
        }
        y += speed;
        context.drawImage(loadImgObj.background,0,y);
        context.drawImage(loadImgObj.background,0,-canvas.
          height+y);
        if(y>loadImgObj.background.height){
            y = 0;
        }
        newHero.draw();
        newHero.move();
        for(let i=0;i<EnemyArr.length;i++){
            EnemyArr[i].draw();
            EnemyArr[i].move();
            if(EnemyArr[i].isClean()){
                EnemyArr.splice(i,1);
            }
        }

        for(let i=0;i<arr.length;i++){
            arr[i].draw();
            arr[i].move();
            if(arr[i].isClean()){
                arr.splice(i,1);
            }
```

```
        }
        //子弹和敌机碰撞检测
        for(let i=0;i<EnemyArr.length;i++){
            for(let j=0;j<arr.length;j++){
                if(isCrash(EnemyArr[i],arr[j])){
                    //这里证明有子弹和任何一个敌机碰撞上了
                    arr[j].y = -1000;
                    //当碰撞上时把子弹 y 坐标设置为小于 0 就会自动被
                    //清空,并且保证子弹不会穿过敌机;但是需要注意
                    //的是,因为敌机随机生成的位置也在 canvas 画布
                    //可视区域之外,所以确保子弹 y 坐标一定要小于生
                    //成飞机的 y 坐标位置,防止在画布外碰撞
                    //根据子弹的杀伤力来改变敌机的血量
                    EnemyArr[i].blood -= arr[j].power;
                }
            }
        }
        //敌机和英雄机碰撞检测
        for(let i=0;i<EnemyArr.length;i++){
            if(isCrash(newHero,EnemyArr[i])){
                //通过敌机的杀伤力来减小英雄机的血量
                newHero.blood -= EnemyArr[i].power;
            }
        }
        //如果英雄机没有死亡,就执行动画函数,否则停止循环
        if(!newHero.isDead){
            window.requestAnimationFrame(animate);
        }else{
            //当英雄机血量及动画效果执行完成后停止动画并且显示游戏结束的提示
            context.font = "40px 黑体";//canvas 设置文字大小及样式
            context.textAlign = "center"; //设置文本左右基准为中间
            context.fillText("游戏结束!",canvas.width/2,canvas.
              height/2-20);//在画布上绘制文字
        }
    }
    animate();
    //碰撞检测函数
    function isCrash(Rect1,Rect2){
        //如果两个方块同时满足以下条件,就证明两个方块碰撞上了
        if((Rect1.x+Rect1.w)>Rect2.x && (Rect1.x<(Rect2.x+
          Rect2.w)) && (Rect1.y+Rect1.h)>Rect2.y &&
          (Rect1.y<(Rect2.y+Rect2.h))){
            return true;
        }else{
            return false; //未碰撞上
        }
    }
```

```
        document.onkeydown = function(e){
            var event = e || window.event;
            var keyCodeNumber = event.keyCode;
            switch(keyCodeNumber){
                case 37:
                    newHero.direction = "left";
                    break;
                case 38:
                    newHero.direction = "up";
                    break;
                case 39:
                    newHero.direction = "right";
                    break;
                case 40:
                    newHero.direction = "down";
                    break;
            }
        }
        document.onkeyup = function(e){
            var event = e || window.event;
            var keyCodeNumber = event.keyCode;
            switch(keyCodeNumber){
                case 37:
                    newHero.direction = "none";
                    break;
                case 38:
                    newHero.direction = "none";
                    break;
                case 39:
                    newHero.direction = "none";
                    break;
                case 40:
                    newHero.direction = "none";
                    break;
            }
        }
    }
    </script>
</html>
```

通过两个碰撞检测已经实现一个完整的游戏流程，需要注意的地方可以在上面代码的注释中看到。碰撞检测和游戏结束浏览器呈现效果如图 8-45 和 8-46 所示。

至此，整个项目都已经完成了。针对这个项目其实还有很多可以扩展的方面。例如，设置关卡，设置分数的显示或加上声音等效果，这些内容可以根据具体的需求来进行添加。如果需要把项目放在移动端，还需要做移动端的相关适配。有兴趣的同学可以在本项目的基础上继续扩展游戏功能。

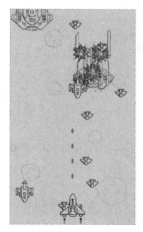

图 8-45　碰撞检测浏览器呈现效果　　　　图 8-46　游戏结束浏览器呈现效果

讨论：对单位不满意时可以"删库跑路"吗？

在 IT 行业时有"删库跑路"的信息出现。在某公司掌握着重要信息的软件开发人员，在离开该公司时由于产生不满情绪等原因，在未经公司许可的情况下，轻轻敲下一段代码，就能删除所有文件，让公司损失惨重，从而达到自己宣泄情绪的目的。但这是违反法律的行为，软件开发人员被判刑的案例并不少见，因此，在面对工作和生活压力时，要通过正常的渠道排解才是上策。下面有两个报道案例，大家要吸取经验教训，培养积极向上的职业情操。

在 2021 年 3 月，某程序员入职上海某公司，负责某电商平台的代码开发工作。在同年 6 月 18 日，他从公司离职。在离职当日，他未经许可用本人账户登录代码控制平台，将其在职期间所写的平台优惠券、预算系统以及补贴规则等代码删除，导致公司准备上线的项目延期。在删除代码后，为保证系统的顺利运行，该公司花费 3 万元聘请第三方公司恢复数据。该程序员对计算机信息系统的存储数据进行删除，后果严重，其行为已构成破坏计算机信息系统罪，在 2022 年 2 月，被判处有期徒刑 10 个月。

在 2020 年 2 月 23 日，某港股上市公司有一位 IT 运维员，因"生活不如意、无力偿还网贷"等原因，在其个人住所通过电脑连接公司虚拟专用网络、登录公司服务器后执行删除任务，4 分钟便将公司服务器内的数据全部删除。他的行为导致 300 余万用户无法正常使用该公司产品，故障时间长达 8 天 14 个小时。在该事件发生后，次日开盘时该公司股价一路下跌，其市值蒸发超过 6 亿港元。在 2020 年 9 月，该运维员被判处有期徒刑 6 年。

参 考 文 献

1. 黑马程序员. 响应式 Web 开发项目教程（HTML5+CSS3+Bootstrap）[M]. 北京：人民邮电出版社，2017.
2. 杨习伟，等. HTML5+CSS3 网页开发实战精解[M]. 北京：清华大学出版社，2013.
3. 传智播客高教产品研发部. HTML5+CSS3 网站设计基础教程[M]. 北京：人民邮电出版社，2016.
4. W3school 网站
5. 菜鸟教程网站
6. MDN Web Docs 中文网站
7. Swiper 中文网站